高等院校电子信息与电气学科系列规划教材

EDA技术及应用实践

王锦 鞠兰 等编著

机械工业出版社
China Machine Press

图书在版编目（CIP）数据

EDA技术及应用实践 / 王锦等编著. —北京：机械工业出版社，2014.11
（高等院校电子信息与电气学科系列规划教材）

ISBN 978-7-111-48479-0

I. E… II. 王… III. 电子电路－电路设计－计算机辅助设计－高等学校－教材 IV. TN702

中国版本图书馆CIP数据核字（2014）第257578号

本教材是针对高校电子信息类专业本科生的“EDA实验基础及应用”课程所编写的，首先介绍EDA技术的基础知识，包括EDA技术的发展历程、硬件描述语言的特点以及EDA的设计流程、实验平台及设计工具等，之后安排了23个实验内容，涵盖了数字电子系统典型的功能模块——由易到难，由组合逻辑到时序逻辑。本教材将更多综合性、实用性较强的实验引入课程中，使学生能够更加贴近实际地了解各种常见数字系统的设计方法，提高学生的学习兴趣，培养学生自主设计的能力。

本教材可作为高校电子信息类本科生的EDA技术指导书，也可以作为相关专业技术人员的自学参考书。

出版发行：机械工业出版社（北京市西城区百万庄大街22号 邮政编码：100037）
责任编辑：谢晓芳　　责任校对：董纪丽
印　　刷：北京诚信伟业印刷有限公司　　版　　次：2015年1月第1版第1次印刷
开　　本：185mm×260mm 1/16　　印　　张：13
书　　号：ISBN 978-7-111-48479-0　　定　　价：35.00元

凡购本书，如有缺页、倒页、脱页，由本社发行部调换
客服热线：(010) 88378991 88361066　　投稿热线：(010) 88379604
购书热线：(010) 68326294 88379649 68995259　　读者信箱：hzjsj@hzbook.com

版权所有 · 侵权必究
封底无防伪标均为盗版
本书法律顾问：北京大成律师事务所 韩光 / 邹晓东

前　　言

自 20 世纪 90 年代起，EDA 技术与可编程逻辑器件就大踏步地进入人们的视野，并深刻影响和改变着数字电子系统设计的方式和方法。在电子信息、通信、自动控制以及计算机应用等众多领域，EDA 技术的重要性日益突显，相关行业对掌握 EDA 技术的人才需求与日俱增。这反映到教学领域中，就是绝大多数高等学校都开设了 EDA 技术相关课程。在本科和研究生教学中，EDA 技术的教学和实践内容十分密集，而且 EDA 技术融合、渗透到诸多相关课程中，比如，数字逻辑电路、计算机组成原理、计算机接口技术、数字通信技术、嵌入式系统、数字信号处理等。在实际教学中，EDA 技术教学更加注重实践性、自主性和创新性。

本书的编排力图贴近工程实践，启发读者自主学习，并引导读者在某些工程实验项目中进行创新设计。全书分为 5 章，第 1 章首先从全貌上介绍 EDA 技术的概念及其发展历程，介绍硬件描述语言的产生和发展，并阐述 EDA 实验教学目标，帮助读者较全面地了解 EDA 技术。第 2 章对 EDA 技术的常用开发工具和开发流程进行概述，并着重对 Altera 公司的 Quartus Ⅱ软件进行介绍，帮助读者了解 EDA 技术的设计过程和典型环境，有利于初学者全面了解 EDA 设计相关工具。第 3 章描述可编程逻辑器件的基本原理和发展演变，介绍主流可编程逻辑器件的内部结构，帮助读者了解 EDA 技术和可编程逻辑的数字逻辑原理，有助于读者理解 EDA 设计的内容。第 3 章还详细介绍了本书所采用的 EDA 实验开发系统的外部接口和设备电路，帮助读者了解开发系统的全部硬件资源和可编程逻辑器件的引脚分配，便于进行自主性、综合性、创新性设计。第 4 章详细描述 Quartus Ⅱ软件的应用流程，逐步讲解应用 Quartus Ⅱ软件进行工程设计的完整过程，帮助读者学习 Quartus Ⅱ软件应用，尤其有利于初学者快速上手。第 5 章介绍 23 个实验项目，内容涵盖数字电子系统典型的功能模块——由组合逻辑到时序逻辑，使读者充分理解组合逻辑和时序逻辑设计的方法。同时，多数实验项目来源于工程实践，具有实战性和启发性，能够引导读者开拓思路和创新。

本书由王锦、鞠兰、梁科、司敏山、李国峰共同编写，在编写过程中得到南开大学电子信息与光学工程学院和电子信息实验教学中心领导的大力支持，在此表示感谢。由于统稿时间紧张，书中难免存在瑕疵，甚至错误，请读者不吝批评指正。有任何意见和建议，请与编者联系，邮箱：wangjnk@nankai.edu.cn。

编　者

2014 年 8 月于南开园

教学建议

【教学目的】

1）了解 EDA 技术在现代电子系统设计中的地位和作用，使学生认识到学习本课程的理论与实践意义，激发学习兴趣。

2）学习和掌握 EDA 设计工具软件 Quartus Ⅱ，学会利用 Quartus Ⅱ 进行设计输入，时序仿真，生成下载编程文件，进行程序下载。

3）熟悉 Verilog HDL 语言的基本结构、语言要素、顺序语句、并行语句、库和程序包、设计流程，掌握运用 Verilog HDL 语言进行可编程逻辑设计的方法。

4）熟悉 VHDL 语言的基本结构、语言要素、库和程序包、设计流程，掌握运用 VHDL 语言进行可编程逻辑设计的方法。

5）掌握数字系统 EDA 自顶向下的模块化设计方法，能够在 FPGA 开发平台上完成简单的组合逻辑和时序逻辑的设计。

【教学实施】

教学内容	学习要点	课时安排
第 1 章 概述	• EDA 技术概述 • 硬件描述语言概述	2
第 2 章 EDA 设计流程及工具简介	• EDA 设计流程 • 常用 EDA 工具简介	2
第 3 章 PLD 与 EDA 实验平台	• 简单 PLD 原理 • CPLD 原理 • FPGA 原理 • EDA 实验平台电路详解	8
第 4 章 Quartus Ⅱ应用向导	• Quartus Ⅱ设计流程概述 • Quartus Ⅱ基本设计流程：新建工程，设计输入，编译，时序仿真，引脚锁定，配置文件下载，RTL 电路观察器，元件封装	4
第 5 章 EDA 实验	• 加法器 • 数据选择器 • 3-8 译码器 • 静态数码管显示 • 动态数码管显示 • 按键消抖电路	56

（续）

教学内容	学习要点	课时安排
第 5 章 EDA 实验	• 小数分频器 • 数控分频器 • 8 位十进制频率计 • 硬件电子琴设计 • 硬件乐曲自动演奏电路设计 • 数字时钟设计 • 状态机设计 • 抢答器设计 • 双控开关电路设计 • TLC549（A/D）采样控制 • TLC5620（D/A）控制 • LED 16×16 点阵显示电路 • VGA 显示器彩条方格显示电路设计 • VGA 显示器图像静态显示电路设计 • VGA 动态数字时钟显示电路设计 • 正弦波、三角波发生器设计 • 基于 Nios Ⅱ的流水灯设计	56

【教学方法】

EDA 技术是利用计算机强大的计算能力和图形处理能力，以大规模 PLD 为设计载体，以硬件描述语言为系统逻辑描述的主要表达方式进行复杂电子系统设计的一门新技术。开展 EDA 技术教学，应突出其实践性，边学边练，于练中学。有条件的院校可结合相应的实践创新项目，鼓励学生自主动手开发设计具有实用价值的作品，面向实际工程问题开展教学。

【说明】

本书总学时为 72 学时，对于不同的专业和课程设置，教师可根据实际情况对内容进行适当的调整，以利于学生学习理解。

目　录

第1章 概　述

1.1 EDA技术概述

EDA是电子设计自动化（Electronic Design Automation）的英文缩写。EDA技术就是利用计算机强大的计算能力和图形处理能力，以大规模可编程逻辑器件为设计载体，以硬件描述语言为系统逻辑描述的主要表达方式，以计算机、大规模可编程逻辑器件的开发软件及实验开发系统为设计工具，自动完成用软件的方式设计的电子系统到硬件系统的逻辑编译、逻辑化简、逻辑分割、逻辑综合及优化、逻辑布局布线、逻辑仿真，直至完成对于特定目标芯片的适配编译、逻辑映射、编程下载等工作，最终实现既定的逻辑功能。

EDA技术是20世纪90年代初从计算机辅助设计（Computer Aided Design，CAD）、计算机辅助制造（Computer Aided Manufacturing，CAM）、计算机辅助测试（Computer Aided Testing，CAT）和计算机辅助工程（Computer Aided Engineering，CAE）的概念发展而来的。可以把EDA技术的发展分为CAD、CAE和EDA三个阶段。

20世纪70年代，随着MOS工艺的出现和广泛应用，中小规模集成电路迅速发展，人们选用集成电路和分立元件设计电子系统。这个时期，电路设计在印制电路板（Printed Circuit Board，PCB）和集成电路方面都得到了快速发展。同一时期，可编程逻辑器件问世，计算机作为一种运算工具在科研领域得到广泛应用。20世纪70年代后期，CAD的概念已见雏形。人们开始利用计算机的计算能力和图形处理能力取代高度重复的、繁杂的手工劳动，辅助进行集成电路版图编辑、PCB布局布线等工作。但当时的计算机硬件功能有限，软件功能较弱，所以其支持的设计工作有限且性能较差。这一阶段，最具代表性的CAD软件工具是美国ACCEL公司开发的Tango PCB布局布线软件。

20世纪80年代，随着微电子工艺的发展，集成电路设计进入了CMOS时代。这一时期，相继出现了集成上万只晶体管的微处理器，集成几十万直到上百万存储单元的随机存储器和只读存储器。此外，支持定制单元电路设计的硅编辑、掩膜编程的门阵列，如标准单元的半定制设计方法以及可编程逻辑器件（PAL和GAL）等一系列微结构和微电子学的研究成果为电子系统的设计提供了新天地。20世纪80年代初，EDA工具软件主要以逻辑模拟、定时分析、故障仿真、自动布局和布线为核心，重点解决电路设计没有完成之前的功能检测等问题。而随后出现了具有自动综合能力的CAE工具，利用这些工具，设计师能在产品制作之前预知产品的功能与性能，能生成产品制造文件，这对保证电子系统的设计，制造出最佳的电子产品起到了关键的作用。20世纪80年代后期，各种硬件描述语言（Hardware Description Language，HDL）出现，并在应用和标准化方面取得重大进步，为EDA技术必须解决的电路建模、标准文档及仿真测试奠定了基础。20世纪80年代末，复杂可编程逻辑器件FPGA（现场可编程门阵列）进入商业应用，相应的辅助设计软件也被广泛地投入使用，EDA 工具已经可以进行设计描述、综合与优化和设计结果验证。CAE 阶段的 EDA 工具不仅为成功开发电子产品创造了有利条件，而且为高级设计人员的创造性劳动提供了方便。但是，大部分从原理图出发的 EDA 工具仍然不能满足复杂电子系统的设计要求，具体化的元件图形制约着优化设计。

20 世纪 90 年代，微电子工艺有了惊人的发展，工艺水平达到了深亚微米级，在一个芯片上可以集成上百万乃至上亿只晶体管，芯片速度达到了吉比特 / 秒量级，百万门以上的可编程逻辑器件陆续面世，这样就为电子设计提供了更为广阔的空间。为了满足千差万别的系统用户提出的设计要求，设计师逐步从使用通用芯片设计系统转向设计系统芯片，即把想设计的电路系统直接设计在自己的专用芯片上。这对 EDA 工具提出了更高的要求。EDA 工具应以系统设计为核心，包括系统行为级描述与结构综合、系统仿真与测试验证、系统划分与指标分配、系统决策与文件生成等一整套的电子系统设计自动化工具。这时的 EDA 工具不仅要具有电子系统设计的能力，而且要能提供独立于工艺和厂家的系统级设计能力，具有高级抽象的设计构思手段。而进入 20 世纪 90 年代以后，硬件描述语言的标准化也得到了进一步的确立，VHDL 和 Verilog HDL 相继成为具有广泛应用与影响力的硬件描述语言 IEEE 标准，为 EDA 工具实现不同抽象级别的描述、建立独立于工艺和厂家的标准元件库奠定了基础。EDA 工具的发展，为设计师提供了全新的 EDA 解决方案，在设计前期，就可以把设计师从事的许多高层次设计用 EDA 工具来完成，如可以将用户要求转换为设计技术规范，有效地处理可用的设计资源与理想的设计目标之间的矛盾，按具体的硬件、软件和算法分解设计等。借助 EDA 工具，电子系统工程师可以在不熟悉各种半导体工艺的情况下，在不太长的时间内，通过一些简单标准化的设计过程，利用微电子厂家提供的设计库来完成数万门甚至数千万门 ASIC 和集成系统的设计和验证。

进入 21 世纪以来，EDA 技术得到了更大的发展，突出体现在以下几个方面。

- 电子设计成果以自主知识产权（Intellectual Property，IP）的方式得以明确表达和确认。基于 EDA 工具，用于集成芯片设计的标准单元已涵盖大规模电子系统及复杂 IP 核模块。软硬件 IP 在产业领域、技术领域和设计应用领域得到广泛的认可和应用。
- 在仿真和设计两方面支持标准硬件描述语言的功能强大的 EDA 软件不断推出。随着行为算法级硬件描述仿真和综合工具的发展，复杂电子系统的设计和验证趋于简单。
- 电子技术全方位融入 EDA 领域，传统的电路系统设计建模理念发生了重大的变化：数字可编程技术日益成熟，软件无线电技术崛起，模拟电路系统硬件描述语言得以表达和设计标准化，系统可编程模拟器件出现，数字信号处理和数字图像处理的全硬件实现方案得到普遍接受，软硬件技术进一步融合等。
- 更大规模的 FPGA 与 CPLD 的不断推出和复杂 IP 核模块的发展，使得在 FPGA 上实现 DSP（数字信号处理）应用成为现实。随着嵌入式处理器软核的实现，SOPC（可编程片上系统）步入了大规模应用阶段。在一片 FPGA 芯片上实现协处理器甚至完备的数字处理系统成为可能。
- EDA 技术使得电子领域各学科的界限更加模糊，如模拟与数字、软件与硬件、系统与器件、ASIC 与 PPGA、行为与结构等。它们之间相互包容、相互融合、相互补充，使得系统结构越来越清晰、系统性能越来越优秀，而体积和功耗越来越小。

随着计算机技术和微电子技术的进步、市场需求的增长和集成电路工艺水平的提高，EDA 技术也呈现出了快速发展的趋势。这一趋势主要表现在如下几个方面。

- 硬件描述语言的发展：现有的 HDL 语言能够提供行为级和功能级的描述，但在系统抽象描述方面存在瓶颈。人们正在尝试开发一种新的系统级设计语言来完成这一工作，现在已经开发出更趋于电路行为级的硬件描述语言，如 System C、System Verilog 及系统级混合仿真工具，它们可以在同一个开发平台上完成高级语言（C、C++）与标准 HDL 语言（Verilog HDL、VHDL）或其他更低层次描述模块的混合仿真。
- EDA 工具的发展：随着 SOPC 技术发展的需求，EDA 开发环境要能够提供更加丰富的宏单元库（包括常用的功能模块和 CPU、DSP 软 IP 核），能够提供对数字系统的灵活构建和仿真优化，能够提供可编程模拟器件功能模块并实现对数字系统、模拟系统的混合仿真和优化，还要能够实现可编程硬件电路与嵌入式操作软件的联合开发。
- 可编程芯片的发展：专用集成电路芯片与可编程逻辑芯片将更大程度地相互融合，如 ASIC 与 FPGA 正在相互融合、取长补短。一些 ASIC 厂家在芯片中提供了可编程逻辑的标准单元，而 FPGA 芯片中则嵌入了 CPU 硬核、DSP 硬核或者乘法器等专用的运算处理单元。

1.2　硬件描述语言概述

硬件描述语言（Hardware Description Language，HDL）是一种用形式化方法描述数字电路和设计数字逻辑系统的语言。具体地说，硬件描述语言就是指对硬件电路进行行为描述、寄存器传输描述或者结构化描述的语言。数字逻辑电路的设计者可以利用这种语言来从抽象到具体地描述自己的设计思想，即先用一系列分层次的模块来表示复杂的数字逻辑系统，然后应用 EDA 工具软件逐层进行仿真验证，再自动综合到门级逻辑电路，最后由 ASIC 或 FPGA 实现数字逻辑功能。HDL 可应用到数字系统设计的各个阶段：建模、仿真、验证、综合。应用 HDL 进行数字系统设计已成为电子系统设计领域广泛使用的方法。

20 世纪 80 年代，出现了上百种硬件描述语言，对促进 EDA 技术的发展和电子技术的应用起到了极大的推动作用。但是，这些语言中有很多都是面向特定的设计领域的，使得电子设计工程师无所适从。在硬件描述语言向着标准化方向发展的过程中，绝大多数语言退出了历史舞台。现在来看，常用的硬件描述语言主要有：ABEL、AHDL、Verilog HDL 和 VHDL。

ABEL（Advanced Boolean Equation Language）是一种早期的硬件描述语言，从早期的可编程逻辑器件的设计中发展而来。它支持逻辑电路的多种表达形式，包括逻辑方程、真值表和状态图。由于其语言描述的独立性，它可适用于各种不同规模的可编程器件的设计。比如，在对 GAL 器件进行设计时，可以进行全方位的逻辑描述和设计，可以对所设计的逻辑系统进行功能仿真，还可以通过标准格式设计转换文件转换成其他设计语言，如 Verilog HDL、VHDL 等。

AHDL（Altera Hardware Description Language）是Altera公司开发的硬件描述语言，其功能强大，适合描述复杂的组合逻辑电路、状态机等。AHDL语言易学易用，学过高级语言的人可以很容易就掌握AHDL。由于AHDL语言是Altera公司配合其自产可编程逻辑器件开发的，所以可移植性不好，通常只能用于Altera自己的芯片和开发系统。

VHDL（Very-High-Speed Integrated Circuit Hardware Description Language）是1982年由美国国防部开发的硬件描述语言。这种语言首次被开发时，其目标是成为电路文本化的一种标准，主要是为了使采用了文本描述的设计能够为他人所理解，同时作为模型语言，能利用计算机软件进行模拟。VHDL吸纳了很多其他硬件描述语言的优点，于1987年被美国电子与电气工程师协会（Institute of Electrical and Electronics Engineers，IEEE）和美国国防部确认为标准硬件描述语言。目前所执行的VHDL标准为1993年修订的IEEE 1076—1993。VHDL成为标准以后，各EDA公司相继推出了自己的VHDL设计环境，或宣布自己的设计工具可以和VHDL接口。此后VHDL在电子设计领域得到了广泛的接受，很快在世界各地得到了广泛的应用，为电子设计自动化（EDA）的推广和发展起到了巨大的推动作用。

Verilog HDL是1983年由美国硬件描述语言公司Gateway Design Auto mation(GDA)的Philip Moorby首创的，最初只设计了一个仿真与验证工具，之后又陆续开发了相关的故障模拟与时序分析工具。1985年，Moorby提出了用于快速门级仿真的Verilog HDL-XL算法并推出Verilog HDL的第三个商用仿真器Verilog-XL，取得巨大成功，从而使得Verilog HDL得到迅速发展。1989年，Cadence公司收购了Gateway公司，并将Verilog HDL与Verilog HDL-XL分开，公开发布了Verilog HDL。1993年，几乎所有的ASIC生产商都开始支持Verilog HDL，并认为Verilog HDL-XL是最好的仿真器。1995年，Verilog HDL成为IEEE标准。目前Verilog HDL标准的版本是2001年修订的IEEE 1364—2001。

VHDL和Verilog HDL都是硬件描述语言的IEEE标准，都能够形式化地抽象表示电路的结构和行为，可借用高级语言的精巧结构来简化电路的描述，具有电路仿真与验证机制，支持电路描述由高层到低层的综合转换，系统设计与实现工艺无关，易于理解和设计复用。但两者也存在各自的特点。由于GDA公司本就偏重于硬件，所以不可避免地Verilog HDL偏重于硬件一些，故Verilog HDL在门级开关电路描述方面比VHDL要强得多。而VHDL在系统级抽象方面比Verilog HDL要出色。但近些年，随着EDA技术和硬件描述语言工具的发展，两者之间的建模能力差异已经越来越小。

1.3 EDA实验教学目标

EDA技术是现代电子学的重要核心技术之一，是现代数字系统设计的主要方法和发展方向。开展EDA实验，可以让学生掌握现代数字系统设计的方法、基于FPGA进行数字系统设计的流程和Verilog HDL硬件描述语言的实际运用。

课程任务是：学习和掌握Altera公司推出的优秀EDA设计工具软件Quartus Ⅱ，学会利用Quartus Ⅱ进行设计输入，时序仿真，生成下载编程文件，进行程序下载；熟悉Verilog HDL语言的基本结构、语言要素、顺序语句、并行语句、库和程序包、设计流程，掌握运用Verilog HDL语言进行可编程逻辑设计的方法；能够在FPGA开发平台上完成简单的组合逻辑和时序逻辑的设计。

第2章 EDA设计流程及工具简介

了解 EDA 设计流程和常用的设计开发工具是进行基于 EDA 技术的设计开发的基础，对于正确选择和使用 EDA 软件、优化设计项目、提高设计效率十分有益。在 EDA 实验的实践过程中，进一步深入体会 EDA 的设计流程，熟练掌握诸多 EDA 的设计工具，有利于真正掌握 EDA 技术，提高设计能力和水平。

2.1 EDA 设计流程

图 2-1 是利用 EDA 技术进行 FPGA/CPLD 设计开发的流程。这个设计流程适用于主流的 EDA 工具软件，具有一般性。下面将分别介绍各设计环节的内涵和功能特点。

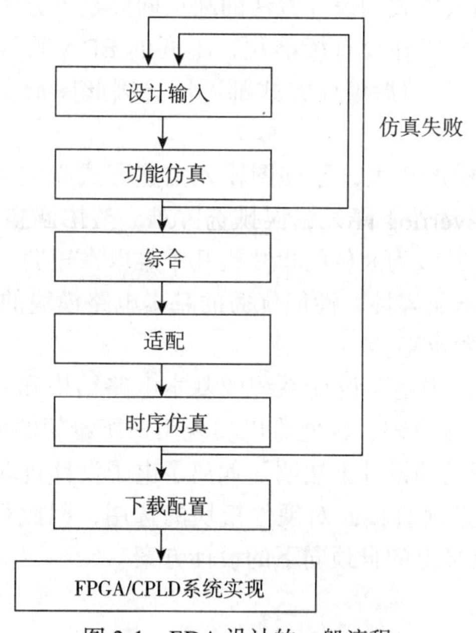

图 2-1 EDA 设计的一般流程

2.1.1 设计输入

利用 EDA 技术进行 FPGA/CPLD 设计开发最初的步骤是将所做的电路系统设计以一定的表达方式输入计算机。通常，主流的 EDA 设计开发工具支持的设计输入方式可分为两种类型。

1. 图形输入

图形输入方式通常包括原理图输入、状态图输入和波形图输入三种。

- 原理图输入是类似于传统电子设计方法的原理图编辑输入方式，即在 EDA 软件的图形编辑界面上绘制完成特定功能的电路原理图。原理图由逻辑器件（符号）

和互联线构成，图中的逻辑器件可以是 EDA 工具软件库预制的功能模块，如与门、非门、或门、触发器以及各种 74 系列器件功能的宏功能块，也可以是一些定制的 IP 功能块或自定义的层次原理图功能模块。原理图绘制完成以后，原理图编辑器将对输入的图形文件进行电气规则检查，之后再将其编译成逻辑网表文件。

- ❑ 状态图输入是在 EDA 工具的状态图编辑器上用绘图的方法绘出状态图，然后由 EDA 编译器和综合器将此状态变化流程图形编译综合成电路网表。
- ❑ 波形图输入是将待设计的电路看成一个黑盒子，只需告诉 EDA 工具黑盒子电路的输入和输出时序波形图，EDA 工具根据该时序波形图完成黑盒子电路的设计。

在这三种图形输入方式中，原理图输入是最常用的一种输入方式。用原理图进行设计输入的方法的优点是显而易见的。

1）设计者进行电子线路设计不需要增加新的相关知识（诸如 HDL 等）。

2）该方法与用电子电路 CAD 软件（如 Protel）作图相似，设计过程形象直观，适用于初学或教学演示。

3）由于设计方式接近于底层电路分布，因此易于控制逻辑资源的耗用。

然而，使用原理图输入方式的设计方法的缺点同样是十分明显的。

1）由于原理图设计方法并没有标准化，不同的 EDA 软件中的图形处理工具对图形的设计规则、存档格式和图形编译方式都不同，因此图形文件兼容性差，难以交换和管理。

2）随着电路设计规模的扩大，原理图输入描述方式必然引起一系列难以克服的困难，如电路功能原理的易读性下降，错误排查困难，整体调整和结构升级困难。例如，将一个 4 位的单片机设计升级为 8 位的单片机几乎难以在短期内实现。

3）由于图形文件的不兼容性，性能优秀的基本电路模块的移植和再利用十分困难，这是 EDA 技术应用的最大障碍。

4）由于在原理图中已确定了设计系统的基本电路结构和元件，留给综合器和适配器的优化选择的空间已十分有限，因此难以实现用户所希望的面积、速度以及不同风格的综合优化。显然，原理图的设计方法明显偏离了电子设计自动化最本质的含义。

5）在设计中，由于必须直接面对硬件模块的选用，因此行为模型的建立将无从谈起，从而无法实现真实意义上的自顶向下的设计方案。

2. HDL 文本输入

HDL 文本输入方式与传统的计算机编程语言的输入方式基本一致，就是将使用某种硬件描述语言（HDL）描述电路设计的文本，如 VHDL 或 Verilog HDL 的源程序文件，进行编辑输入。

采用 HDL 的文本输入方式克服了原理图输入方式存在的所有弊端，为 EDA 技术的应用和发展打开了一个广阔的天地。

目前主流的 EDA 输入工具可以把图形的直观性与 HDL 文本的优势结合起来。比如，在原理图输入方式中，可以调用由 HDL 文本描述生成的电路功能模块，直观地表示系统的总体框架，再用自动 HDL 生成工具生成相应的 VHDL 或 Verilog 程序。原理图输入和 HDL 文本输入相结合的设计输入方式是 EDA 技术初学者经常采用的一种方式。

但对于有经验的EDA设计开发工程师而言，HDL文本输入方式始终是最纯粹、最基本、最全面、最有效的设计输入方式。

2.1.2 功能仿真

EDA技术能够让设计者在整个设计流程的最开始就对所做设计进行基本的逻辑功能验证，这是EDA设计开发方法最显著的优点之一。逻辑功能验证是通过计算机根据一定的算法和相应的逻辑测试平台对所做设计进行模拟，以验证所设计的逻辑功能，查找和修正错误，即所谓的仿真。

功能仿真是直接对HDL文本、原理图描述或其他描述形式的逻辑功能进行测试模拟，以了解其实现的功能是否满足原设计的要求，仿真过程不涉及任何具体器件的硬件特性。不必经历综合与适配阶段，在设计项目编辑编译后即可进入门级仿真器进行模拟测试。直接进行功能仿真的好处是设计耗时短，对硬件库、综合器等没有任何要求。对于规模比较大的设计项目，综合与适配在计算机上的耗时是十分可观的，如果每一次修改后的模拟都必须进行时序仿真，显然会极大地降低开发效率。因此，通常的做法是，首先进行功能仿真，待确认设计文件所表达的功能满足设计者原有的意图，即逻辑功能满足要求后，再进行综合、适配和时序仿真，以便把握设计项目在硬件条件下的运行情况。

2.1.3 综合

一般来说，综合是仅对硬件描述语言而言的。利用HDL综合器对设计进行综合是十分重要的一步，因为综合过程将把软件设计的HDL描述与硬件结构挂钩，是将软件转化为硬件电路的关键步骤，是文字描述与硬件实现的一座桥梁。综合就是将电路的高级语言（如行为描述）转换成低级的、可与FPGA/CPLD的基本结构相映射的网表文件或程序。

当输入的HDL文件在EDA工具中检测无误后，首先面临的是逻辑综合，因此要求HDL源文件中的语句都是可综合的。

在综合之后，HLD综合器一般都可以生成一种或多种文件格式的网表文件，如EDIF、VHDL、Verilog、VQM等标准格式，在这种网表文件中用各自的格式描述电路的结构。如在VHDL网表文件中采用VHDL的语法，用结构描述的风格重新诠释综合后的电路结构。

整个综合过程就是将设计者在EDA平台上编辑输入的HDL文本、原理图或状态图形描述，依据给定的硬件组件和约束控制条件进行编辑、优化、转换和综合，最终获得门级电路甚至更底层的电路描述网表文件。由此可见，综合器工作之前，必须给定最后实现的硬件结构参数，它的功能是将软件描述与给定的硬件结构用某种网表文件的方式对应起来，成为相应的映射关系。

如果把综合理解为映射过程，那么显然这种映射不是唯一的，并且综合的优化也不是单方向的。为达到速度、面积、性能的要求，往往需要对综合加以约束，称为综合约束。

2.1.4 适配

适配器也称为结构综合器，它的功能是将由综合器产生的网表文件配置于指定的目标器件中，使之产生最终的下载文件，如JEDEC、JAM格式的文件。适配所选定的目标器件必须属于原综合器指定的目标器件系列。通常，EDA软件中的综合器可由专业的第三方EDA公司提供，而适配器则需要由FPGA/CPLD供应商提供，因为适配器的适配对象之间与器件的结构细节相对应。

适配器将综合后的网表文件针对某一具体的目标器件进行逻辑映射操作，其中包括底层器件配置、逻辑分割、逻辑优化、逻辑布局布线操作。适配完成后可以利用适配所产生的仿真文件进行精确的时序仿真，同时产生可用于编辑的文件。

2.1.5 时序仿真

时序仿真就是接近真实器件运行特性的仿真，仿真文件中已包含了器件硬件特性参数，因而仿真精度高。但时序仿真的仿真文件必须来自针对具体器件的综合器与适配器。综合后所得的EDIF等网表文件通常作为FPGA适配器的输入文件，产生的仿真网文件中包含了精确的硬件延迟信息。

2.1.6 下载配置

把适配后生成的下载或配置文件，通过编程器或编程电缆向FPGA或CPLD下载，以便进行硬件调试和验证。

通常，将对CPLD的下载称为编程（Programming），对FPGA中的SRAM进行直接下载的方式称为配置（Configure），但对于反熔丝结构和Flash结构的FPGA的下载和对FPGA的专用配置ROM的下载称为编程。

2.2 常用EDA工具

EDA工具在EDA技术应用中占据极其重要的位置，EDA的核心是利用计算机完成电子设计全程自动化，因此，基于计算机环境的EDA软件的支持是必不可少的。

由于EDA的整个流程涉及不同技术环节，每一环节中必须有对应的软件包或专用EDA工具独立处理，包括对电路模型的功能模拟、对VHDL行为描述的逻辑综合等，因此单个EDA工具往往只涉及EDA流程中的某一步骤。这里就以EDA设计流程中涉及的主要软件包为EDA工具分类，并给予简要介绍。

EDA工具大致可以分为如下5个模块：设计输入编辑器、HDL综合器、仿真器、适配器（或布局布线器）、下载器。

当然，这种分类不是绝对的，还有些辅助的EDA工具没有出现在上面的分类中，如：

- 物理综合器，例如，Synplicity公司的Amplify和Mentor公司的Precision Physical Synthesis。
- HDL代码分析调试器，例如，Debussy。

由于它们在一般设计中使用不是很多，在这里就不再详细讲述，另外为了方便用户，每个FPGA/CPLD生产厂家往往都提供集成开发环境，如Altera的Quartus Ⅱ等。

2.2.1 设计输入编辑器

2.1节已经对设计输入编辑器或称设计输入环境作了部分介绍，它们可以接受不同的设计输入方式，如原理图输入方式、状态图输入方式、波形图输入方式以及HDL的文本输入方式。在各可编程逻辑器件厂商提供的EDA开发工具中，一般都包含这类输入编辑器，如Xlininx公司的ISE、Altera公司的MAX+plus Ⅱ和Quartus Ⅱ等。

通常专业的EDA工具供应商也提供相应的设计输入工具，这些工具一般与该公司的其他电路设计整合，这点尤其体现在原理图输入环境上。如Innovada公司的eProuduct Designer中的原理图输入，又可作为IC设计、模拟仿真和FPGA设计的原理图输入环境。比较常见的还有Cadence公司的OrCAD产品中的Caprure工具等。这一类工具一般都设计成通用型的原理图输入工具，由于针对FPGA/CPLD设计的原理图需要特殊原理图库（含原理图中的Symbol）的支持，因此其输出并不与EDA流程的下步设计工具直接相连，而要通过网表文件（如EDIF文件）来传递。

由于HDL（包括VHDL、Verilog HDL等）的输入方式是文本格式，所以它的输入实现要比原理图输入简单得多，用普通的文本编辑器即可完成。如果要求HDL输入时有语法色彩提示，可用带语法提示功能的通用文本编辑器，如UltraEdit、Vim、XEmacs等。当然，EDA工具中提供的HDL编辑器会更好用些，如Aldec公司的Active HDL中的HDL编辑器、Altium公司的DXP2004中的HDL编辑器。

另一方面，由于可编程逻辑器件规模的增大，设计的可选性大为增加，需要有完善的设计输入文档管理，Mentor公司提供的HDL Designer Series就是此类工具的一个典型代表。

有的EDA设计输入工具把图形设计与HDL文本设计相结合，如在提供HDL文本编辑器的同时提供状态机编辑器，用户可用图形（状态图）来描述状态机，最后生成HDL文本输出。如Mentor公司的FPGA Advantage（含HDL Designer Series）\Active HDL中的Active State等。尤其是HDL Designer Series中的各种输入编辑器，可以接受诸如原理图、状态图、波形图等输入形式，并将它们转成HDL（VHDL/Verilog）文本表达方式，很好地解决了通用性（HDL输入的优点）与易用性（图形法的优点）之间的矛盾。

设计输入编辑器在多样性、易用性和通用性方面的功能不断增强，标志着EAD技术中自动化设计程度的不断提高。

2.2.2 HDL 综合器

硬件描述语言诞生的初衷是用于电路逻辑的建模和仿真，但直到Synopsys公司推出了HDL综合器后，才改变了人们的看法，于是可以将HDL直接用于电路的设计。

由于HDL综合器是目标器件硬件结构细节、数字电路设计技术、化简优化算法以及计算软件的复杂结合体，而且HDL可综合子集的标准化过程缓慢，所以相比于形式多样的设计输入工具，成熟的HDL综合器并不多。比较常用的、性能良好的FPGA/CPLD设计的HDL综合器有如下三类产品：

- ❑ Synopsys公司的FPGA Compiler Ⅱ和DC-FPGA综合器；
- ❑ Synplicity公司的Synplify Pro综合器；
- ❑ Mentor的Exemplar Logic子公司的Leonardo Spectrum综合器和Precision RTL Synthesis综合器。

较早推出综合器的是Synopsys公司，它为FPGA/CPLD开发推出的综合器是FPGA Compiler及DC-FPGA。为了便于处理，Synopsys公司在综合器中增加了一些用户自定义类型，如 Std-logic 等，后被纳入 IEEE 标准。而其他综合器只能支持 VHDL 中的可综合子集。FPGA Compiler 中带有一个原理图生成浏览器，可以把综合出的网表用原理图的方式画出来，以便于验证设计；还附有强大的延时分析器，可以对关键路径进行单独分析。

Synplicity 公司的 Synplify 除了有原理图生成器、延时分析器外，还带有一个 FSM Compify（有限状态机编译器），可以从提交的 VHD/Verlog 设计文本中提出潜在的有限状态机设计模块，并用状态图的方式显示出来，用表格来说明状态的转移条件及输出。Synplify Pro 的原理图浏览器可以定位原理图中元件在 VHDL/Verilog 源文件中的对应语句，便于调试。

Exemplar 公司的 Leonardo Spectrum 也是一个很好的 HDL 综合器，它同时可用于 FPGA/CPLD 和 ASIC 设计两类工程目标。Leonardo Spectrum 作为 Mentor 公司的 FPGA Advantage 中的组成部分，与 FPGA Advantage 的设计输入管理工具和仿真工具有很好的结合。

当然，也有应用于 ASIC 设计的 HDL 综合器，如 Synopsys 公司的 Design Compiler、Synplicity 公司的 Synplify ASIC、Cadence 公司的 Synergy 等。

在把可综合的 VHDL/Verlog 转成硬件电路时，HDL 综合器一般要经过两个步骤：第一步，HDL 综合器对 VHD/Verilog 进行分析处理，并将其转化成相应的电路结构或模块，这时不考虑实际器件的实现，即完全与硬件无关，这个过程是一个通用电路原理图形成的过程；第二步，对实际实现的目标器件的结构进行优化，并使之满足各种约束条件，优化关键路径等。

HDL 综合器的输出文件一般是网表文件，如 EDIF（Electronic Design Interchange Format），文件后缀名是 edf，这是一种用于设计数据交换和交流的工业标准文件格式的文件，或者直接用 VHD/Verilog 语言表达的标准格式的网表文件，或者对应 FPGA 器件厂商的网表文件，如 Xilinx 公司的 XNF 网表文件。

由于综合器只完成 EDA 设计流程的一个独立设计步骤，所以它往往被其他 EDA 环境调用，以完成全部流程。它的调用方式一般有两种：一种是前台模式，被调用时显示的是最常见的窗口界面；另一种称为后台模式或控制台模式，被调用时不用出现图形界面，仅在后台运行。

综合器的使用也有两种模式：图形模式和命令模式（Shell 模式）。

2.2.3 仿真器

仿真器有基于元件（逻辑门）的仿真器和基于 HDL 语言的仿真器之分。基于元件的仿真器缺乏 HDL 仿真器的灵活性和通用性，在此主要介绍 HDL 仿真器。

在 EDA 设计技术中仿真的地位十分重要。行为模型的表达、电子系统的建模、逻辑电路的验证乃至门级系统的测试，每一步都离不开仿真器的模拟检测。在 EDA 发展的初期，快速地进行电路逻辑仿真是当时的核心问题，即使现在各设计环节的仿真仍然是整个 EDA 工程中最耗时间的一个步骤，因此仿真器的仿真速度、仿真的准确性、易用性成为衡量仿真器的重要指标。按仿真器对设计语言不同的处理方式分类，可分为编译型仿真器和解释型仿真器。

编译型仿真器的仿真速度较快，但需要预处理，因此不便及时修改；解释型仿真器的仿真速度一般，可随时修改仿真环境和条件。

按处理的硬件描述语言类型，HDL 仿真器可分为如下几类：

- VHDL 仿真器；
- Verilog 仿真器；
- Mixed HDL 仿真器（混合 HDL 仿真器，同时处理 Verilog 与 VHDL）；
- 其他 HDL 仿真器（针对其他 HDL 语言的仿真）。

Model Technology 公司的 ModelSim 是一个出色的 VHDL/Verilog 混合仿真器，它也属于编译型仿真器，仿真执行速度较快。

Cadence 公司的 Verilog-XL 是最好的 Verilog 仿真器之一，Verilog-XL 的前身与 Verilog 语言一起诞生。

按仿真的电路描述级别的不同，HDL 仿真器可以单独或综合完成以下各级仿真：系统级仿真、行为级仿真、RTL 级仿真和门级时序仿真。

按仿真时是否考虑硬件延时分类，可分为功能仿真和时序仿真。根据输入仿真文件的不同，可以由不同的仿真器完成，也可以由同一个仿真器完成。

几乎各个 EDA 厂商都提供基于 Verilog/VHDL 的仿真器。除上面提及的 ModelSim 与 Verilog-XL 外，常用的 HDL 仿真器还有 Aldec 公司的 Active HDL、Synopsys 公司的 VCS、Cadence 公司的 NC-Sim 等。

2.2.4 适配器

适配器（布局布线器）的任务是完成目标系统在器件上的布局布线。适配器（即结构综合）通常由可编程逻辑器件厂商提供的专门针对器件开发的软件来完成，这些软件可以单独存在或嵌入在厂商针对自己产品的集成 EDA 开发环境中。例如，Lattice 公司在其 ispLEVEL 开发系统中嵌有自己的适配器，但同时提供性能良好、使用方便的专用适配器 ispEXPERT Compiler；而 Altera 公司的 EDA 集成开发环境 MAX+plus Ⅱ、Quartus Ⅱ中都包含嵌入的适配器；Xilinx 公司的 Foundation 和 ISE 中也同样包含自己的适配器。

适配器最后输出的是各厂商自己定义的下载文件，用于下载到器件中以实现设计。

适配器输出如下多种用途的文件：

- 时序仿真文件，如 MAX+plus Ⅱ的 SCF 文件。
- 适配技术报告文件。
- 面向第三方 EDA 工具的输出文件，如 EDIF、VHDL 或 Verilog 格式的文件。
- FPGA/CPLD 编程下载文件，如用于 CPLD 编程的 JEDEC、POF、ISP 等格式的文件，用于 FPGA 配置的 SOF、JAM、BIT 等格式的文件。

2.2.5 下载器

下载器（编程器）的功能是把设计下载到对应的实际器件中，实现硬件设计。软件部分一般由可编程逻辑器件厂商提供的专门针对器件下载或编程的软件来完成。

2.3 Quartus Ⅱ简介

本书是基于 Altera 公司的 Cyclone 系列 FPGA 硬件平台和 Quartus Ⅱ集成开发环境编写的，所以在此对 Quartus Ⅱ软件做一个简要的介绍。相对于其他主流的 EDA 工具而言，Quartus Ⅱ的应用方法和设计流程具有一定的典型性和通用性。

Quartus Ⅱ是 Altera 公司提供的 FPGA/CPLD 集成开发环境，Altera 公司是世界上最大的可编程逻辑器件供应商之一。Quartus Ⅱ在 21 世纪初推出，是 Altera 公司前一代 FPGA/CPLD 集成开发环境 MAX+plus Ⅱ的更新换代产品，其界面友好，使用便捷。在 Quartus Ⅱ上可以完成 FPGA/CPLD 设计开发的整个流程，它提供了一种与结构无关的设计环境，使设计者能方便地进行设计输入、快速处理和器件编程。

Altera 公司的 Quartus Ⅱ提供了完整的多平台设计环境，能满足各种特定设计的需要，也是单芯片可编程系统（SOPC）设计的综合性环境和 SOPC 开发的基本设计工具，并为 Altera DSP 开发包进行系统模型设计提供了集成综合环境。Quartus Ⅱ设计工具完全支持 VHDL、Verilog 的设计流程，其内部嵌有 VHDL、Verilog 逻辑综合器。Quartus Ⅱ也可以利用第三方的综合工具，如 Leonardo Spectrum、Synplify Pro、FPGA Compiler Ⅱ，并能直接调用这些工具。同样，Quartus Ⅱ具备仿真功能，也支持第三方的仿真工具，如 ModelSim。此外，Quartus Ⅱ与 MATLAB 和 DSP Builder 结合，可以进行基于 FPGA 的 DSP 系统开发，是 DSP 系统开发、DSP 硬件系统实现的关键 EDA 工具。

Quartus Ⅱ包括模块化的编译器。编译器包括的功能模块有分析 / 综合器（Analysis & Synthesis）、适配器（Fitter）、装配器（Assembler）、时序分析器（Timing Analyzer）、设计辅助（Design Assistant）模块、EDA 网表文件生成器（EDA Netlist Writer）、编译数据库接口（Compiler Database Interface）等。可以通过选择 Start Compilation 来运行所有的编译器模块，也可以通过选择 Start 单独运行各个模块。还可以通过选择 Compiler Tool（Tools 菜单），在 Compiler Tool 窗口中运行该模块来启动编译器模块。在 Compiler Tool 窗口中，可以打开该模块的设置文件或报告文件，或打开其他相关窗口。

此外，Quartus Ⅱ还包含许多十分有用的 LPM（Library of Parameterized Module）模块，它们是复杂或高级系统的重要组成部分，也可在 Quartus Ⅱ中与普通设计文件一起使用。Altera 提供的 LPM 函数均基于 Altera 器件的构成做了优化设计。在许多情况中，必须借助宏功能模块才可以使用一些 Altera 特定器件的硬件功能。例如，各类片上存储器、DSP 模块、LVDS 驱动器、PLL 以及 SERDES 和 DDIO 电路模块等。

Quartus Ⅱ编译器支持的硬件描述语言有 VHDL（支持 VHDL87 及 VHDL97 标准）、Verilog HDL 及 AHDL（Altera HDL），AHDL 是 Altera 公司自己设计、制定的硬件描述语言，是一种以结构描述方式为主的硬件描述语言，只有企业标准。

Quartus Ⅱ允许来自第三方的 EDIF 文件输入，并提供了许多 EDA 软件的接口。Quartus Ⅱ支持层次化设计，可以在一个新的编辑输入环境中对使用不同输入设计方式完成的模块（元件）进行调用，从而解决了原理图与 HDL 混合输入设计的问题。在设计输入之后，Quartus Ⅱ的编辑器将给出设计输入的错误报告。对于使用 HDL 的设计，可以使用 Quartus Ⅱ带有的 RTL Viewer 窗口观察综合后的 RTL 图。在进行编译后，可对设计进行时序仿真。在仿真前，需要使用波形编辑器编辑一个波形激励文件。编译和仿真经检测无误后，便可以将下载信息通过 Quartus Ⅱ提供的编辑器下载到目标中了。

第3章

PLD 与 EDA 实验平台

可编程逻辑器件（Programmable Logic Devices，PLD）是20世纪70年代发展起来的一种新型的集成器件，是一种半定制的集成电路，可以结合EDA技术快速、方便地构建各种数字系统。PLD是EDA技术赖以存在的器件基础。

3.1 PLD 概述

数字电路系统，不论其功能和结构是简单还是复杂，都是由基本门电路构成的。基本门电路包括与门、或门、非门、与非门、或非门、与或门、与或非门、三态传输门等。由基本门电路构成的数字电路系统可分为两大类：组合逻辑电路和时序逻辑电路。所谓组合逻辑电路，其输出仅取决于当前输入，与电路所处的状态无关；而时序逻辑电路的输出不仅与当前的输入有关，还与电路所处的状态有关。相较于组合逻辑电路，时序逻辑电路增加了存储单元。通过对数字电路逻辑函数的分析，人们发现，任何形式的组合逻辑函数都可以化简为“与－或”表达式，即任何组合逻辑电路都可以由“与门－或门”二级电路结构和必要的非门实现。同样，任何时序逻辑电路都可以由相应的组合逻辑电路加上存储电路实现。基于这样的规律，在20世纪70年代，人们提出了一种由与门阵列和或门阵列为主体构成的乘积项可编程逻辑结构。

基于乘积项结构的PLD功能比较简单，不适用于构建较为复杂的数字电路系统。随着技术的发展，人们又提出了一种基于查找表的可编程逻辑结构。查找表结构来源于只读存储器（ROM）的工作原理，将地址信号与存储数据分别映射到逻辑输入和逻辑输出，利用对地址信号的查找实现组合逻辑函数功能。基于静态随机存取存储器（SRAM）的查找表采用了专用集成电路ASIC的门阵列方法，使用多个查找表构成一个查找表阵列，称为可编程门阵列（Programmable Gate Array）。

3.1.1 PLD 的发展历程

很早以前人们就曾设想设计一种逻辑可在线编程（重构）的器件，不过由于受到当时集成电路工艺技术的限制，一直未能如愿。直到20世纪后期，集成电路技术有了飞速的发展，PLD才得以实现。历史上，PLD经历了从PROM（Programmable Read Only Memory，可编程只读存储器）、PLA（Programmable Logic Array，可编程逻辑阵列）、PAL（Programmable Array Logic，可编程阵列逻辑）、可重复编程的GAL（Generic Array Logic，通用阵列逻辑），到采用大规模集成电路技术的EPLD（Erasable PLD），再到CPLD(Complex PLD）和FPGA(Field Programmable Gate Array）的发展过程，并在结构、工艺、集成度、功能、速度和灵活性方面有了很大的改进和提高。

可编程逻辑器件大致的演变过程如下。

1）20世纪70年代，熔丝编程的PROM和PLA器件是最早的可编程逻辑器件。

2）20 世纪 70 年代末，对 PLA 进行了改进，AMD 公司推出 PAL 器件。

3）20 世纪 80 年代初，Lattice 公司发明了比 PAL 使用更灵活的电可擦写的 GAL 器件。

4）20 世纪 80 年代中期，Xilinx 公司提出现场可编程概念，同时生产出了世界上第一片 FPGA 器件。同一时期，Altera 公司推出 EPLD 器件，这种器件较 GAL 器件有更高的集成度，可以用紫外线或电擦除。

5）20 世纪 80 年代末，Lattice 公司又提出在系统可编程技术，并且推出了一系列具备在系统可编程能力的 CPLD 器件，将可编程逻辑集成的性能和应用技术推向了一个全新的高度。

6）进入 20 世纪 90 年代后，可编程逻辑集成电路技术进入了飞速发展时期，可用逻辑门数超过了百万门，并出现了内嵌复杂功能模块（如加法器、乘法器、RAM、CPU 核、DSP 核、PLL 等）的 SOPC。

3.1.2 PLD 的分类

PLD 的种类繁多，有很多不同的分类标准，这里简单介绍三种常见的 PLD 分类方法，以及基于不同的分类方法的 PLD 种类。

按照集成度区分，PLD 一般可以分成两大类：一类是芯片集成度较低的，如早期出现的 PROM、PLA、PAL、GAL 等，可用的逻辑门数在 500 门以下，称为简单 PLD；另一类是芯片集成度较高的，如现在大量使用的 CPLD、FPGA 器件，称为复杂 PLD。这种分类方法比较粗糙，在具体区分时，一般以 GAL22V10 作为分水岭，集成度大于 GAL22V10 的称为复杂 PLD，反之归类为简单 PLD。

按照基本结构区分，PLD 可以分成两种主要类型：一类是乘积项结构器件，其结构为“与－或”阵列形式，大部分简单 PLD 和 CPLD 都属于这个范畴；另一类是查找表结构器件，由简单的查找表组成可编程门阵列形式，FPGA 属于此类器件。

第三种分类方法是按照不同的可编程工艺进行划分，可分为 6 大类。

- 熔丝（FUSE）型器件。早期的 PROM 器件就是采用熔丝技术，编程过程就是根据设计的熔丝图文件来烧断对应的熔丝，以此达到编程的目的。
- 反熔丝（ANTIFUSE）型器件。它是对熔丝技术的改进，在编程处通过击穿漏层使得两点之间获得导通。这与烧断熔丝获得开路正好相反。某些 FPGA 采用了这种编程方式，如 Actel 公司的 FPGA 器件。

无论是熔丝还是反熔丝结构，都只能编程一次，因而称为 OTP（One Time Programming）器件，即一次性可编程器件。

- EPROM 型，称为紫外线擦除电可编程器件。使用较高的电压进行编程，当需要再次编程时，用紫外线进行擦除。与熔丝、反熔丝型不同，EPROM 型可进行多次编程。但是为了降低生产成本，有时在制造时取消了用于紫外线擦除的石英窗口，于是只能编程一次，也成为 OTP 器件。
- EEPROM 型，即电可擦写编程器件。现有的大部分 CPLD 及 GAL 器件采用的是这种对 EPROM 改进的工艺，即不用紫外线擦除，而是直接用电擦除。
- SRAM 型，即查找表结构的器件。大部分 FPGA 器件都采用此种编程工艺，如 Xilinx 公司的 FPGA、ALTER 等。这种编程方式在速度和要求上都高于前 4 种器件。SRAM 型器件的编程信息存放在 RAM 上，在断电后就丢失了，再次上电需要再次编程，因而需要由专用器件来完成这类配置操作；而前 4 种器件在编程后是不丢失编程信息的。

- FLASH 型。反熔丝结构的可编程逻辑器件只能一次性可编程，因此对产品的研制和升级带来了麻烦。采用了反熔丝型器件的 Actel 公司，为了解决上述反熔丝器件的不足之处，推出了采用 FLASH 的 FPGA，它可以实现多次编程，也可以做到掉电后不需要重新配置。

3.2 简单 PLD 原理

简单 PLD 是早期出现的 PLD，其逻辑规模比较小，一般只能实现通用数字逻辑电路的一些简单功能，在结构上由简单的与阵列、或阵列和输入输出单元组成。常见的简单 PLD 有 PROM、PLA、PAL、GAL 等。

3.2.1 PLD 的表示方法

典型的 PLD 一般都是由与阵列、或阵列，起缓冲驱动作用的输入逻辑和输出逻辑组成，其通用结构框图如图 3-1 所示。其中，每个输出数据都是输入的与或函数。与阵列的输入线和或阵列的输出线都排成阵列结构，每个交叉处用逻辑器件或熔丝连接起来。逻辑编程的物理实现，一般都是通过熔丝或 PN 结的熔断和连接，或者对浮栅的充电和放电来实现的。

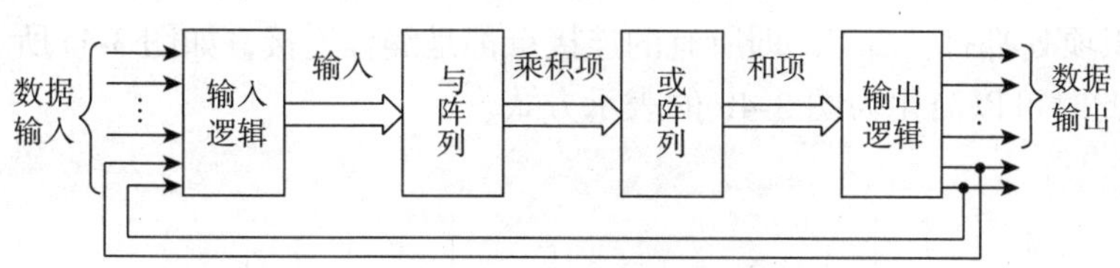

图 3-1　PLD 通用结构框图

由于 PLD 的阵列连接规模十分庞大，为了便于了解 PLD 的逻辑关系，PLD 的逻辑图中使用的是一种简化表示方法。PLD 阵列交点处的几种连接方式如图 3-2 所示。连线交叉处有实点的，表示固定连接（见图 3-2a）；连线交叉处有符号“ ×”的，表示可编程连接（见图 3-2b）；连线交叉处无任何符号的，表示不连接或者擦除单元（见图 3-2c）。

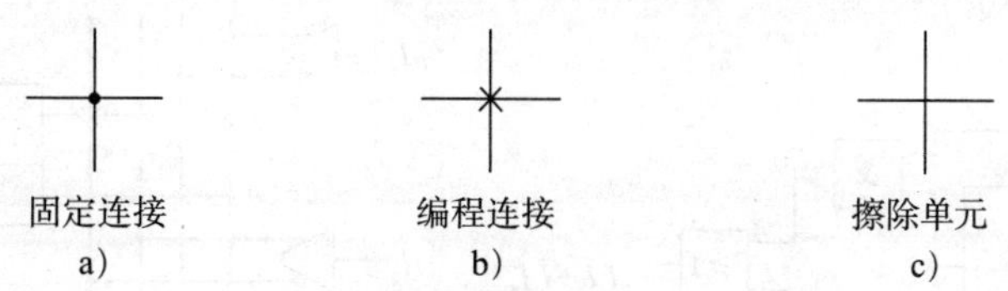

图 3-2　PLD 连接方式的表示法

图 3-3 是可编程与阵列和或阵列中常用到的与门、或门、输入缓冲器、三态输出缓冲器及非门的表示方法。

图 3-3a 表示一个三输入的与门，其中，3 条竖线 A、B、C 均为输入项，输入到与门

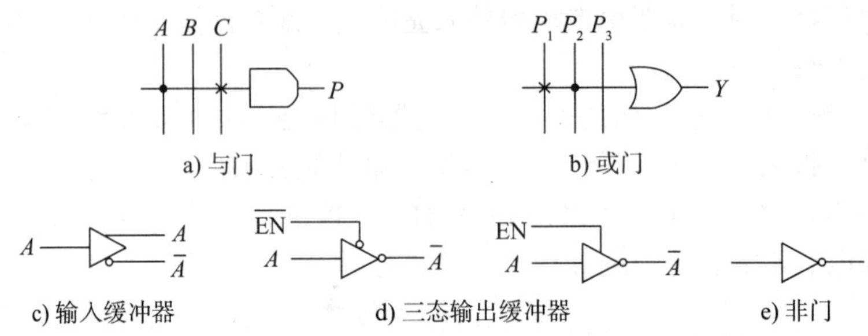

图 3-3　常用门电路在 PLD 中的表示法

的一条横线称为乘积项线。输入 A 与乘积项线是固定连接，输入 B 与乘积项线不相连，输入 C 与乘积项线是编程连接，所以该与门的乘积项输出是 $P = AC$。同理，图 3-3b 表示一个 3 输入的或门，它的输出是 $Y = P_1 + P_2$。图 3-3c 表示输入缓冲器，它有两个互补输出，一个是 A，另一个是 $\overline{A}$。PLD 的输入往往要驱动若干个乘积项，也就是说，一个输入量的输出同时要接到几个晶体管的栅极（或基极）上，为了增加其驱动能力，就必须通过一个缓冲器。不但如此，在与阵列中往往还要用到输入变量的补项，这一功能也同时由驱动电路来完成，因此，在 PLD 中的每一个输入变量均通过一个具有互补输出的缓冲器。当 I/O 作为输出端时，常常用到具有一定驱动能力的三态控制输出电路。在 PLD 的逻辑电路中的三态控制输出电路有如图 3-3d 表示的两种形式：一种是控制信号为高电平且反相输出；另一种是控制信号为低电平且反相输出。如果当所有输入的原码和反码在乘积项处都打“ × ”，即所有的连接点都是编程连接，如图 3-4a 所示，那么就有 $P = A\overline{A}B\overline{B}$，此时可以简化为图 3-4b 的表示方式。

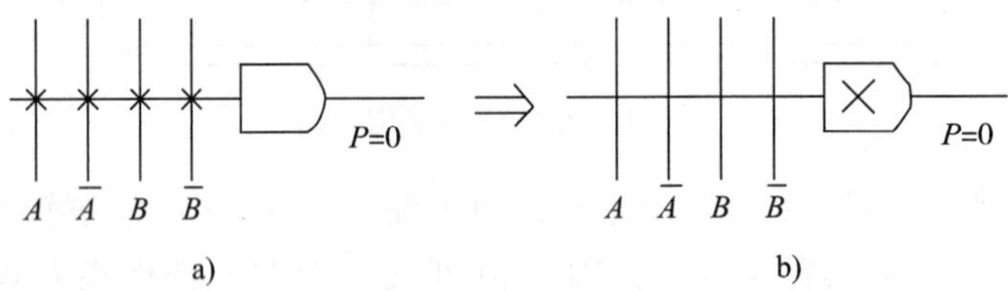

图 3-4　PLD 的默认表示方法

图 3-5 是一个简单的组合逻辑 $Y = I_1\overline{I}_2 + \overline{I}_1 I_2$ 的逻辑图和在 PLD 中的逻辑表示实例。图 3-5a 所示的组合逻辑电路的 PLD 表示法如图 3-5b 所示。

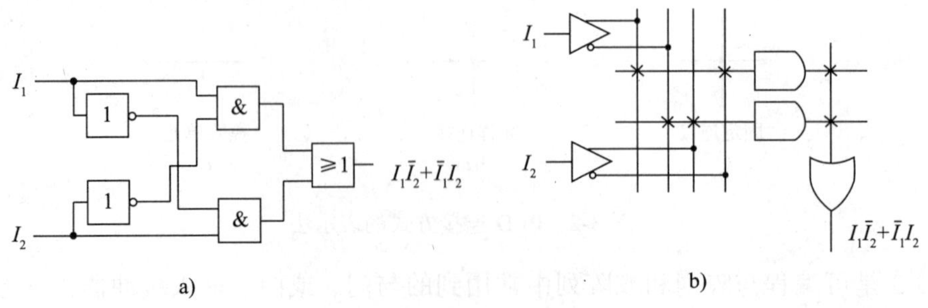

图 3-5　组合逻辑电路在 PLD 中的逻辑表示

3.2.2　PROM

PROM 是最早的 PLD，它出现在 20 世纪 70 年代初。PROM 一般用来存储计算机程序和数据，主要由地址译码器和存储单元阵列构成，如图 3-6 所示。

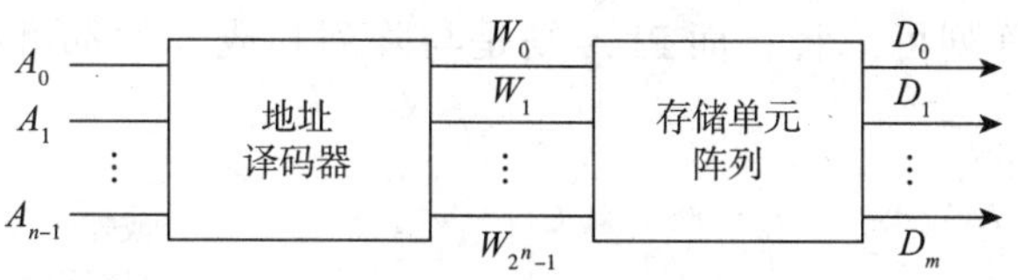

图 3-6　PROM 的基本结构

如果换一个角度来分析 PROM 的基本结构，把地址译码器看作与逻辑阵列，把存储单元看作或逻辑阵列，则 PROM 包含一个固定的与阵列和一个可编程的或阵列，其基本结构可以用图 3-7 表示。

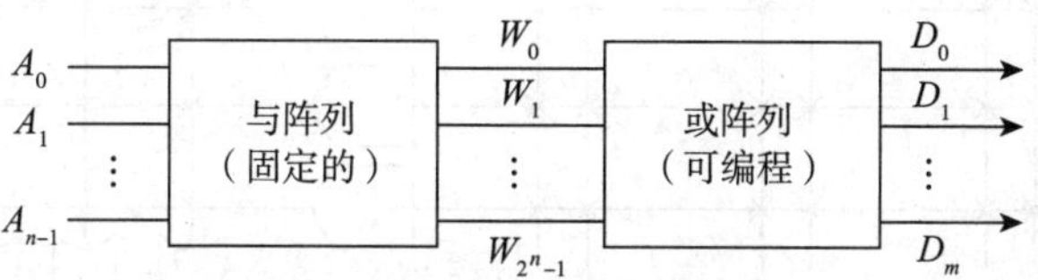

图 3-7　PROM 逻辑阵列结构

由图 3-7 可见，PROM 的与阵列是一个“全译码阵列”，即对某一组特定的输入 A_i（$i=0,1,2,\cdots$）只能产生一个唯一的乘积项。因为是全译码，当输入变量为 n 个时，阵列的规模为 2^n 个，所以 PROM 的规模一般很大。

PROM 中的地址译码器主要用于完成 PROM 存储阵列的行的选择，其逻辑函数是：

$$
\begin{aligned}
W_0 &= \overline{A}_{n-1}\cdots\overline{A}_1\overline{A}_0 \\
W_1 &= \overline{A}_{n-1}\cdots\overline{A}_1 A_0 \\
&\vdots \\
W_{2^n-1} &= A_{n-1}\cdots A_1 A_0
\end{aligned}
$$

如果我们不把地址线 A_i 当做存储器地址来看待，而是把它看做组合逻辑函数的输入，那么上式所表示的地址译码过程可以看做对逻辑输入 A_i 的逻辑与运算阵列。

对于 PROM 存储单元阵列的输出，可以用下列逻辑函数表示：

$$
\begin{aligned}
D_0 &= M_{2^n-1,0}W_{2^n-1} + \cdots + M_{1,0}W_1 + M_{0,0}W_0 \\
D_1 &= M_{2^n-1,1}W_{2^n-1} + \cdots + M_{1,1}W_1 + M_{0,1}W_0 \\
&\vdots \\
D_{m-1} &= M_{2^n-1,m-1}W_{2^n-1} + \cdots + M_{1,m-1}W_1 + M_{0,m-1}W_0
\end{aligned}
$$

其中，$M_{p,q}$ 是存储单元阵列第 q 列 p 行单元存储的值。我们把这个存储单元阵列看做一个或阵列，而且这个或阵列可编程连接。则 PROM 可以实现以地址线 A_i 为输入，以 m 个数据线 D_i 为输出的可编程组合逻辑。这里的 m 就是 PROM 的输出数据位宽。

3.2.3 PLA

PROM 实现组合逻辑函数在输入变量增多时，PROM 的存储单元的利用效率将大大降低。PROM 的与阵列是全译码器，产生了全部最小项，而在实际应用时，绝大多数组合逻辑函数并不需要所有的最小项。PLA 对 PROM 进行了改进，由图 3-7 可知，PROM 的与阵列固定、或阵列可编程；而 PLA 则是与阵列和或阵列都可编程，图 3-8 是 PLA 的逻辑阵列结构图。

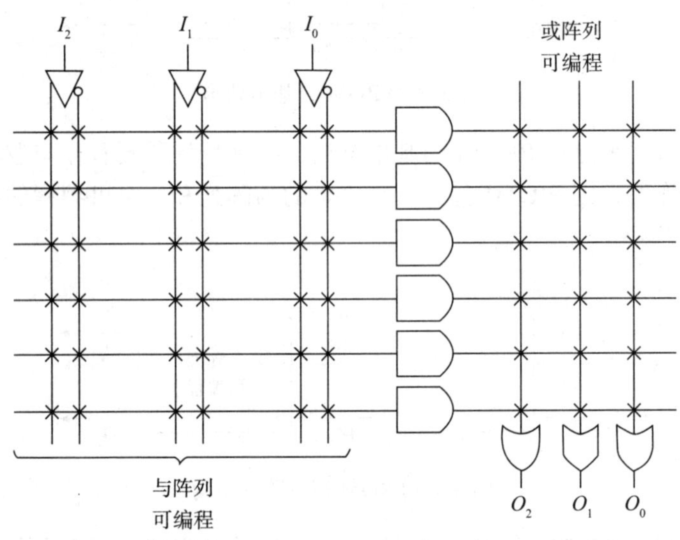

图 3-8 PLA 的逻辑阵列结构图

任何组合逻辑函数都可以采用 PLA 来实现，但在实现时，由于与阵列不采用全译码的方式，标准的“与－或”表达式已不适用，因此需要把逻辑函数化成最简的“与－或”表达式，然后用可编程的与阵列构成与项，用可编程的或阵列实现或运算。在有多个输出时，要尽量利用公共的与项，以提高阵列的利用率。

图 3-9 是利用 PLA 实现的一个组合逻辑，4 个输入 I_0、I_1、I_2、I_3 通过可编程的与阵

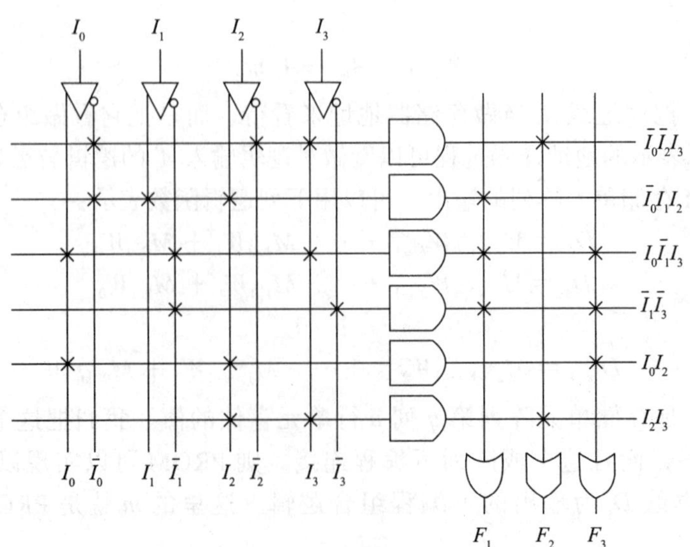

图 3-9 编程后的 PLA 器件的结构图

列构成了 6 个乘积项，再通过可编程的或阵列完成了 3 个或运算，实现了 3 个四输入组合逻辑函数。

由图 3-9 可知该 PLA 实现的组合逻辑函数为：

$$F_1 = \bar{I}_0 I_1 I_2 + I_0 \bar{I}_1 I_3 + \bar{I}_1 \bar{I}_3$$
$$F_2 = \bar{I}_0 \bar{I}_2 I_3 + I_2 I_3$$
$$F_3 = I_0 I_2 + I_0 \bar{I}_1 I_3 + \bar{I}_1 \bar{I}_3$$

虽然 PLA 的利用率较高，可是需要有逻辑函数的与或最简表达式，对于多输入函数需要提取、利用公共的与项，涉及的软件算法比较复杂，尤其是多输入变量和多输出的逻辑函数，处理起来更加困难。此外，PLA 的使用受到了限制，只应用在小规模数字逻辑上。

3.2.4　PAL

PLA 的利用率很高，但是与阵列、或阵列都可编程的结构造成软件算法过于复杂，运行速度下降。人们在 PLA 后又设计了另外一种可编程器件，即 PAL。PAL 的结构与 PLA 相似，也包含与阵列、或阵列，但是或阵列是固定的，只有与阵列可编程。PAL 的逻辑阵列结构如图 3-10 所示。

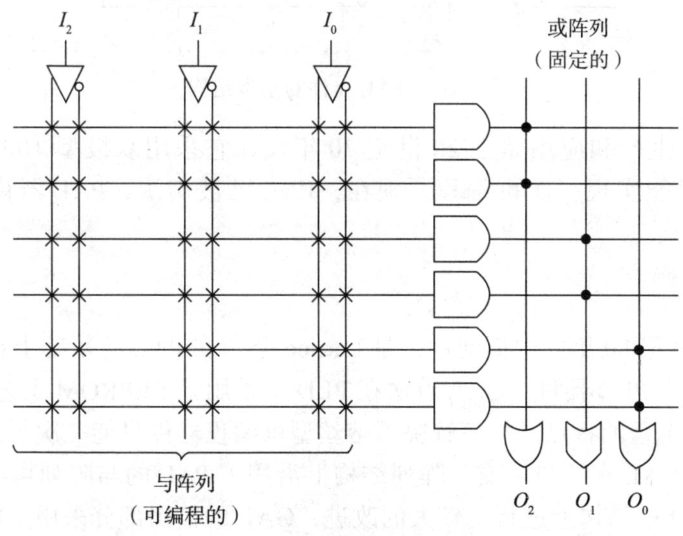

图 3-10　PAL 的逻辑阵列结构

PAL 器件由可编程的与阵列、固定的或阵列和灵活多变的输出电路三部分组成。与阵列可编程、或阵列固定的结构避免了 PLA 存在的一些问题，运行速度也有所提高。PAL 不必考虑公共的乘积项，送到或门的乘积项数目是固定的，大大化简了设计算法。由于单个或阵列输出的乘积颇为有限，对于需要多个乘积项的应用场合，PAL 通过输出反馈和互连的方式解决，即允许输出端的信号再馈入下一个与阵列。前面所述的可编程结构只能解决组合逻辑的可编程问题，而对时序电路却无能为力。由于时序电路由组合电路及存储单元（锁存器、触发器、RAM）构成，要在实现组合电路部分可编程的基础上，引入锁存器、触发器等存储单元，才能实现时序逻辑电路。PAL 加上了输出寄存器单元后，就可以实现时序电路的可编程。因此，我们不仅可以通过对 PAL 的“与”逻辑阵列编程得到各种组合逻辑电路，还可以通过选择输出电路中的触发器和反馈线构成不同形式的时序逻辑电路。PAL 器件的基本结构如图 3-11 所示。

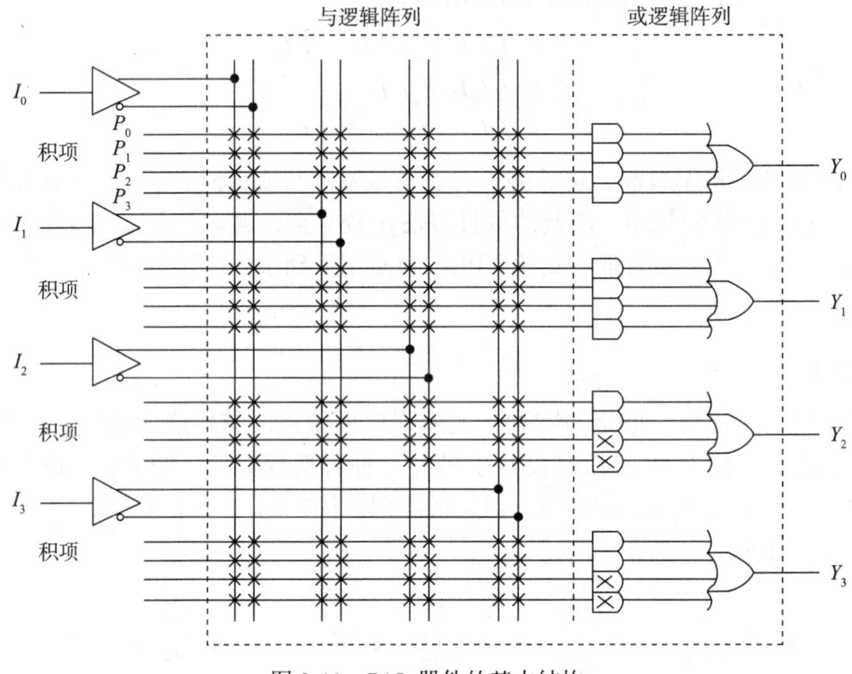

图 3-11　PAL 器件的基本结构

PAL 器件的生产和应用始于 20 世纪 70 年代，它采用双极型 TTL 制作工艺和熔丝编程方式，只能实现一次可编程。现在，PAL 已被淘汰，PAL 器件在市场上已不多见。

3.2.5　GAL

GAL 在 20 世纪 80 年代中期问世，是 Lattice 公司在 PAL 的基础上设计出来的，一般认为它是第二代 PLD 器件。GAL 首次在 PLD 上采用了 EEPROM 工艺，使得 GAL 具有电可擦除重复编程的特点，彻底解决了熔丝型可编程器件只能一次可编程的问题。与 PAL 器件相比，GAL 在“与 – 或”阵列结构上沿用了 PAL 的与阵列可编程、或阵列固定的结构，但在 I/O 结构上进行了较大的改进，GAL 的输出部分采用了输出逻辑宏单元（Output Logic Macro Cell，OLMC）。也就是说，PAL 器件的可编程与阵列是送到一个固定的或阵列上输出的，而 GAL 器件的可编程与阵列则是送到 OLMC 上输出的。通过对 OLMC 单元的编程，器件能满足更多的逻辑电路要求，从而使它比 PAL 器件具有更多的功能，设计也更为灵活。GAL 器件的基本结构如图 3-12 所示。

OLMC 是 GAL 比其他 PLD 器件更加灵活方便的关键，GAL 的 OLMC 设有多种组态，可配置成专用组合输出、专用输入、组合输出双向口、寄存器输出、寄存器输出双向口等，为逻辑电路设计提供了极大的灵活性。以 GAL16V8 为例，介绍 OLMC 的结构和应用特点。一片 GAL16V8 包含 8 个 OLMC 单元。图 3-13 给出了 GAL16V8 的一个 OLMC 单元的结构图。

从图 3-13 可以看出，GAL16V8 的 OLMC 包含 4 个数据选择器，即输出数据选择器（OMUX）、乘积项数据选择器（PTMUX）、三态数据选择器（TSMUX）以及反馈数据选择器（FMUX），一个异或门，一个或门，一个 D 触发器及一些门电路组成的控制电路。

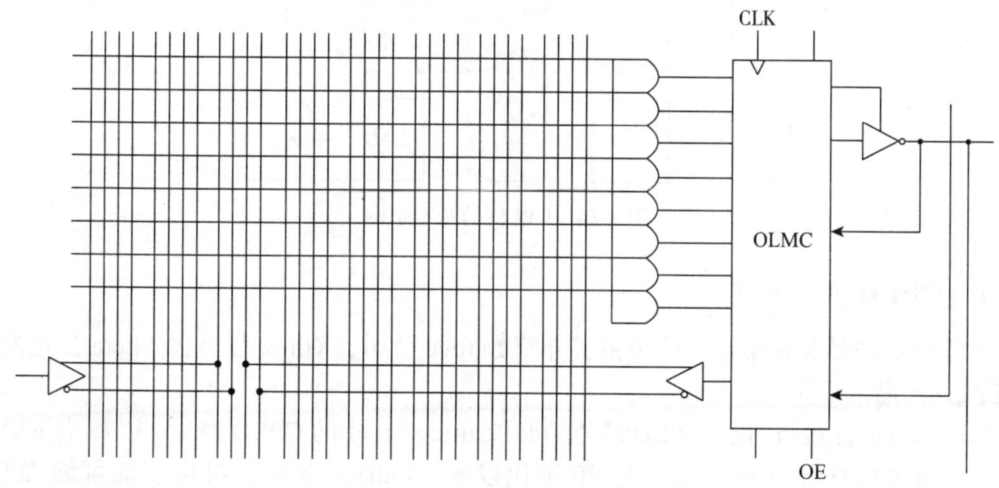

图 3-12　GAL 器件的基本结构

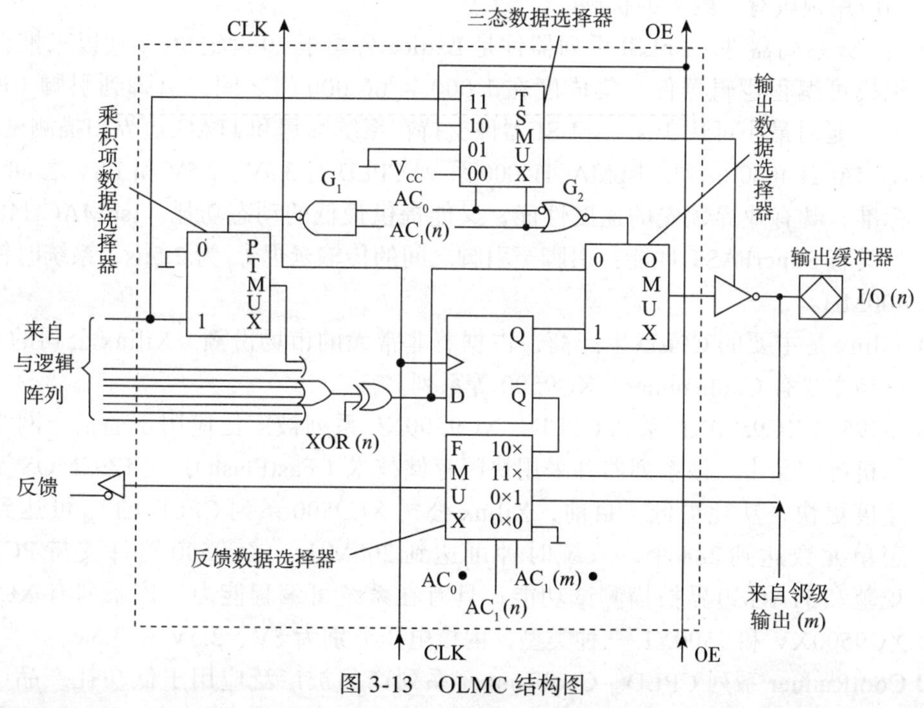

图 3-13　OLMC 结构图

3.3　CPLD 原理

复杂可编程逻辑器件（Complex Programmable Logic Device，CPLD）是在早期简单 PLD 的基础上发展而来的，是对 GAL 器件结构进行的扩展和改进。从概念上，CPLD 是由位于中心的可编程连线阵列（Programmable Interconnect Array，PIA）把多个类似 GAL 的宏单元功能块（Logic Array Block，LAB；或者 Function Block，FB）连接在一起，且具有很长的固定的布线资源的可编程器件，其基本结构如图 3-14 所示。

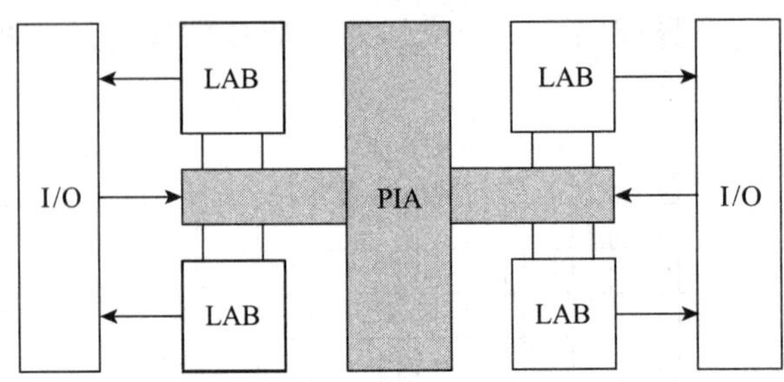

图 3-14 CPLD 的基本结构

3.3.1 CPLD 产品概述

CPLD 的产品非常丰富，这里主要介绍 Lattice 公司、Xilinx 公司和 Altera 公司的主流 CPLD 产品。

- Lattice 是最早推出 PLD 的公司。Lattice 公司的 CPLD 产品主要有 isLSI、ispMACH 等系列。20 世纪 90 年代以来，Lattice 首先发明在系统可编程 ISP（In-System Programmability）下载方式，并将 EECMOS 与 ISP 相结合，使 CPLD 的应用领域有了巨大的扩展。
- ispLSI 系列器件。ispLSI 系列器件是 Lattice 公司于 20 世纪 90 年代以来推出的大规模可编程逻辑器件，集成度在 1 000 ~ 60 000 门之间，引脚到引脚（Pin-to-Pin）延时最小可达 3ns。ispLSI 器件支持在系统编程和 JTAG 边界扫描测试功能。
- ispMACH 4000 系列。IspMACH4000 系列 CPLD 有 3.3V、2.5V 和 1.8V 之间的 I/O 标准，既有业界领先的速度性能，又能提供最低的动态功耗。IspMACH4000 系列具有 SuperFAST 性能：引脚至引脚之间的传输延迟 t_{pd} 为 2.5ns，系统时钟可达 400MHz。
- Xilinx 是主要的 CPLD 生产商，占据着非常大的市场份额。Xilinx 公司的 CPLD 产品主要有 CoolRunner、XC9500 等系列。
- XC9500/XC9500XL 系列 CPLD。XC9500XL 系列被广泛应用于通信、网络和计算机等产品中。该系列器件采用快闪存储技术（FastFlash），比 EECMOS 工艺的速度更快，功耗更低。目前，Xilinx 公司 XC9500 系列 CPLD 的 t_{pd} 可达到 4ns，宏单元数达到 288 个，系统时钟可达到 200MHz。XC9500 器件支持 PCI 总线规范和 JTAG 边界扫描测试功能；具有在系统可编程能力。该系列有 XC9500、XC9500XV 和 9500XL 三种类型，内核电压分别为 5V、2.5V 和 3.3V。
- CoolRunner 系列 CPLD。CoolRunner 系列产品被广泛应用于低功耗产品中。该系列器件包含 Cool-Runner-Ⅱ 和 CoolRunner XPLA3，内核电压分别为 1.8V 和 3.3V。CoolRunner XPLA3 的超低待机功耗为 56.1μW，可以支持 LVTTL、LVCMOS 等 I/O 标准。最新的 CoolRunner-Ⅱ 器件的超低待机功耗可以达到 28.8μW，可以支持 LVTTL、LVCMOS、HSTL、SSTL 等 I/O 标准。
- Altera 公司是著名的 PLD 生产商，在该行业一直占据着领先的地位。Altera 公司的 PLD 具有高性能、高集成度和高性价比的优点，并且它还提供了功能全面的开发工具。Altera 公司的 CPLD 有 MAX 系列和 MAX Ⅱ 系列。
- MAX 系列 CPLD。MAX 系列包括 MAX9000、MAX7000A、MAX7000B、MAX7000S、

MAX3000A 等器件系列。这些器件的基本结构单元是乘积项，在工艺上采用 EEPROM 和 EPROM。器件的编程数据可以永久保存，可加密。MAX 系列的集成度在数百门到 2 万门之间。所有 MAX 系列的器件都具有 ISP（在系统编程）的功能，支持 JTAG 边界扫描测试。

- MAX Ⅱ系列器件。这是一款上电即用、非易失性的 CPLD 系列，用于通用的低密度逻辑应用环境。除了给予传统 CPLD 设计最低的成本之外，MAX Ⅱ器件还将成本和功耗优势引入了高密度领域。其特点是使用 LUT 结构，内含 Flash，可以实现自动配置。和 3.3V MAX 器件相比，MAX Ⅱ只有十分之一的功耗，1.8V 内核电压以减小功耗，可靠性高。支持内部时钟频率达 300MHz，内置用户非易失性 Flash 存储器块。通过取代分立式非易失性存储器件以减少芯片数量。

MAX Ⅱ器件在工作状态时能够下载第二个设计。可降低远程现场升级的成本。有灵活的多电压 MultiVolt 内核。片内电压调整支持器支持 3.3V、2.5V 或 1.8V 电源输入。可减少电源电压种类，简化电路板设计。可以访问 JTAG 状态机，在逻辑中例化用户功能。可提高电路板上不兼容 JTAG 协议的 Flash 器件的配置效率。

3.3.2 CPLD 的结构和工作原理

在主流的 CPLD 中，Altera 公司的 MAX7000 系列器件在结构和功能上都具有典型性，下面以此为例介绍 CPLD 的结构和工作原理。

宏单元（Microcell）是 MAX7000 系列 CPLD 最基本的构成单元，MAX7000 包含 32 ~ 256 个宏单元，单个宏单元的结构如图 3-15 所示。

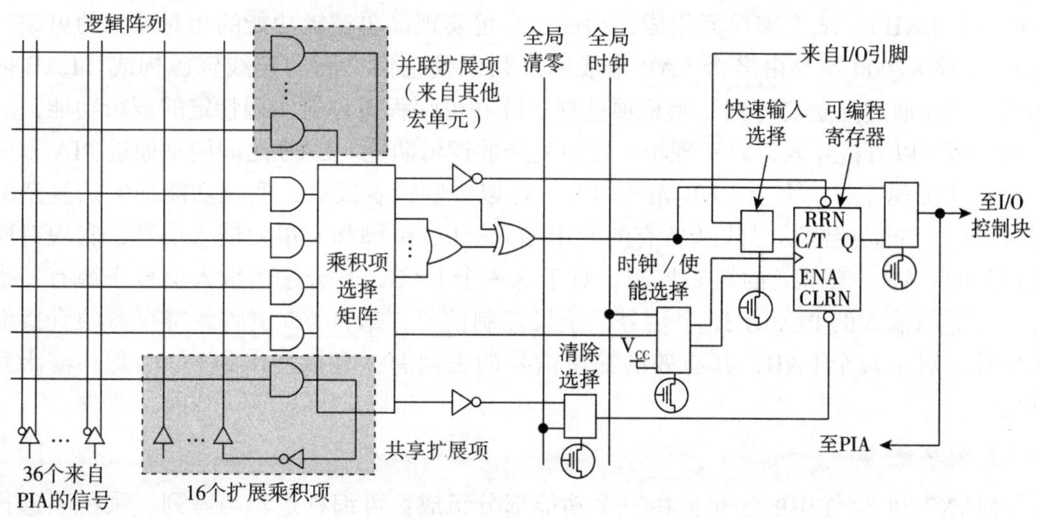

图 3-15 MAX7000 器件的宏单元结构

在 MAX7000 器件中，每 16 个宏单元组成一个逻辑阵列块 LAB。每个宏单元包含一个可编程的与阵列，一个固定的或阵列，一个可配置的寄存器。每个宏单元还包含扩展乘积项和高速并联扩展乘积项，可以向任意一个宏单元提供最多 32 个乘积项，以构成复杂的逻辑函数。MAX7000 由逻辑阵列块（LAB）、宏单元（Microcell）、扩展乘积项（Expander product term）、可编程连线阵列（PIA）和 I/O 控制块构成，如图 3-16 所示。

下面对MAX7000的这5个主要组成部分进行分别介绍。

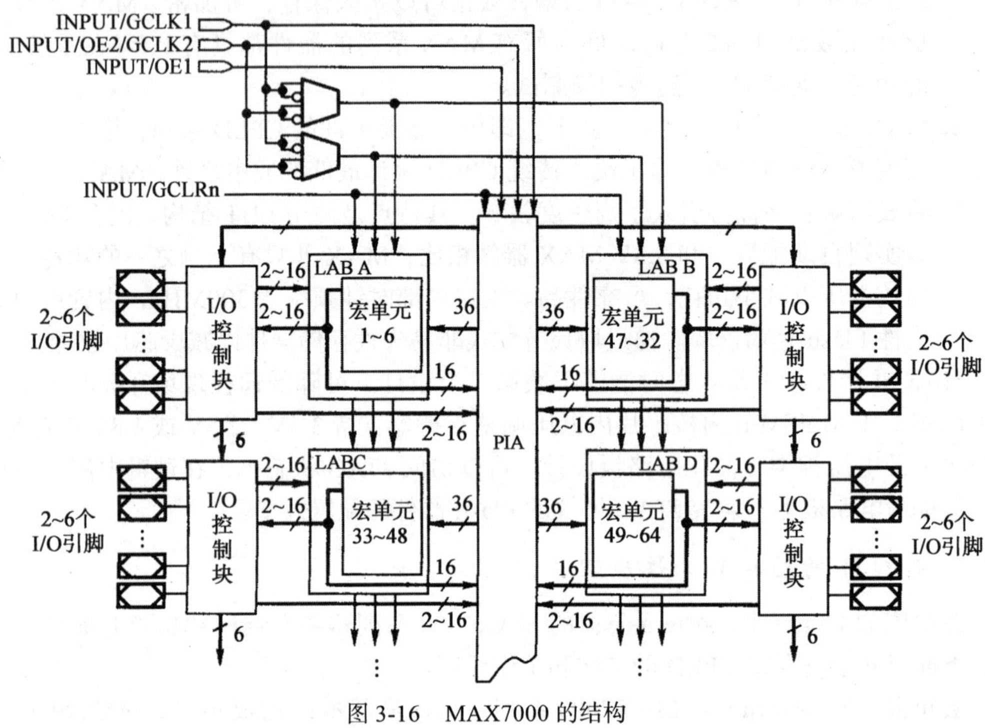

图3-16 MAX7000的结构

1. 逻辑阵列块LAB

一个LAB由16个宏单元组成，构成一个可实现简单逻辑功能的相对独立的可编程单元。MAX7000主要由多个LAB组成的阵列以及它们之间的连线资源构成。LAB内部的宏单元通过配置与阵列、乘积项选择矩阵和可编程寄存器实现特定的逻辑功能，宏单元之间可以直接互联，以实现相对较为复杂的逻辑功能。LAB之间则是通过PIA和全局控制线实现互联。多个LAB相互组合，可以并联或者级联，实现功能强大的复杂的逻辑设计。全局控制信号线从所有的专用输入、I/O引脚和宏单元馈入信号，实现对所有相关的LAB、宏单元的统一控制。对于每一个LAB，其合法的输入信号来源有：来自作为通用输入的PIA的36个信号，全局控制信号，来自I/O引脚到寄存器的直接输入信号。对于每个LAB，其有效的输出信号的去向有：直接输出到I/O引脚，输出到PIA。

2. 宏单元

MAX7000器件中的宏单元由三个功能部分组成：可编程逻辑与阵列、乘积项选择矩阵和可编程寄存器，它们可以单独地配置为时序逻辑和组合逻辑工作方式。其中，逻辑与阵列实现组合逻辑，可以给每个宏单位提供5个乘积项。乘积项选择矩阵分配这些乘积项作为到或门和异或门的主要逻辑输入，以实现组合逻辑函数；或者把这些乘积项作为宏单元中寄存器的辅助输入：清零（Clear）、置位（Preset）、时钟（Clock）和时钟使能控制（Clock Enable）。

每个宏单位中有一个共享扩展乘积项经非门后回馈到逻辑阵列中，宏单位中还存在并行扩展乘积项，从邻近宏单元借位而来。

宏单元中的可配置寄存器可以单独配置为带有可编程时钟控制的 D、T、JK 或 SR 触发器工作方式，也可以把寄存器旁路掉，以实现组合逻辑工作方式。

每个可编程寄存器可以按三种时钟输入模式工作。

- 全局时钟信号。这一模式能实现最快的时钟到输出（Clock To Output）性能，这时全局时钟输入直接连接每一个寄存器的 CLK 端。
- 全局时钟信号结合高电平有效的时钟使能信号。这种模式提供每个触发器时钟使能信号，并且仍使用全局时钟，输出的速度较快。
- 用乘积项实现一个阵列时钟。在这种模式下，触发器的 CLK 由来自隐埋的宏单元或 I/O 引脚的信号进行钟控，其速度稍慢。

每个寄存器也支持异步清零和异步置位功能。乘积项选择矩阵分配，并控制这些操作。虽然乘积项驱动寄存器的置位和复位信号是高电平有效，但在逻辑阵列中将信号取反可以得到低电平有效的效果。此外，每个寄存器的复位端可以由低电平有效的全局复位专用引脚 GCLRn 信号来驱动。

3. 扩展乘积项

虽然大部分逻辑函数能够用在每个宏单元中的 5 个乘积项实现，但更复杂的逻辑函数需要附加乘积项。可以利用其他宏单元以提供所需的逻辑资源，对于 MAX70000S 系列，还可以利用其结构中具有的共享和并联扩展乘积项。这两种扩展项作为附加的乘积项直接送到 LAB 的任意一个宏单元中。利用扩展项可保证在实现逻辑综合时用尽可能少的逻辑资源，得到尽可能快的工作速度。

4. PIA

不同的 LAB 通过在 PIA 上布线，以相互连接构成所需的逻辑。这个全局总线是一种可编辑的通道，可以把器件中任何信号连接到其目的地。所有 MAX70000S 器件的专用输入、I/O 引脚和宏单元输出都连接到 PIA，而 PIA 可把这些信号送到整个器件内的各个地方。只有每个 LAB 需要的信号才布置从 PIA 到该 LAB 的连线。

5. I/O 控制块

I/O 控制块允许每个 I/O 引脚单独配置为输入、输出和双向工作方式。所有 I/O 引脚都有一个三态缓冲器，它的控制端信号来自一个多路选择器，可以选择用全局输出使能信号其中之一进行控制，或者直接连到地（GND）或电源（VCC）上。图 3-17 表示的是 EPM7128S 器件的 I/O 控制块，它共有 6 个全局输出使能信号。这 6 个使能信号可来自：两个输出使能信号（OE1、OE2）、I/O 引脚的子集或 I/O 宏单元的子集，并且也可以是这些信号取反后的信号。

当三态缓冲器的控制端接地（GND）时，这时 I/O 引脚可作为专用输入引脚使用。当三态缓冲器控制端接电源 VCC 上时，输出被一直使能，为普通输出引脚。MAX7000 结构提供双 I/O 反馈，其宏单元和 I/O 引脚的反馈是独立的。当 I/O 引脚被配置成输入引脚时，与其相连的宏单元可以作为隐埋逻辑使用。

另外，MAX7000 系列器件在 I/O 控制块上还提供减缓输出缓冲器的电压摆率（Slew Rate）选择项，以降低工作速度要求不高的信号在开关瞬间产生的噪声。

为降低 CPLD 的功耗，减少其工作时的发热量，MAX7000 系列提供可编程的速度或功率优化，使得在应用设计中，让影响速度的关键部分工作在高速或全功率状态，而其余部分则工作在低速或低功率状态。允许用户配置一个或多个宏单元工作在50%或更低的功率下，而仅须增加一个微小的延时。对于I/O工作电压，MAX7000器件有多种不同特性的系列。其中，E、S系列为5.0V工作电压；A和AE系列为3.3V混合工作电压；B系列为2.5V混合工作电压。

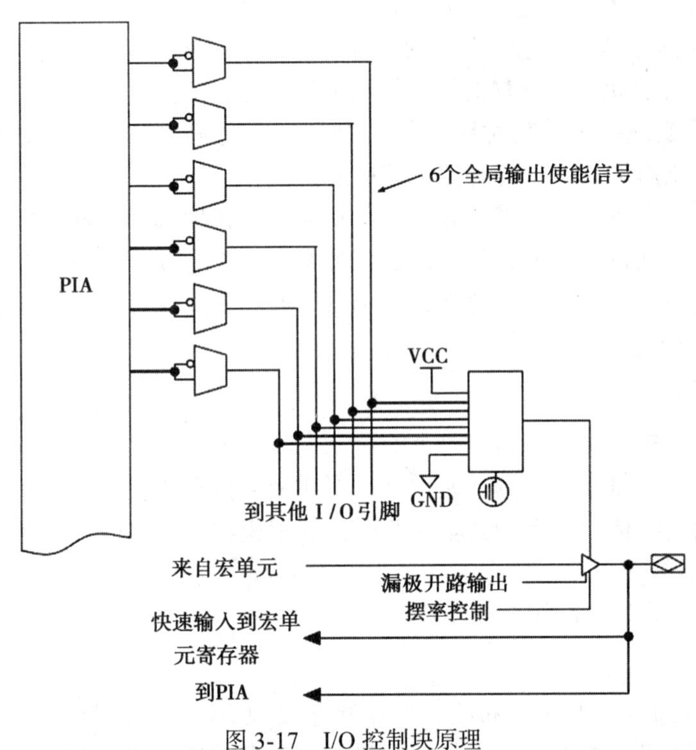

图3-17 I/O控制块原理

3.4 FPGA原理

现场可编程门阵列（Field Programmable Gate Array，FPGA）也称可编程门阵列（Programmable Gate Array，PGA），是超大规模集成电路（VLSI）技术发展的产物，它弥补了早期PLD利用率随器件规模的扩大而下降的不足。FPGA器件集成度高，引脚数多，使用灵活。FPGA由布线分隔的可编程逻辑块（或宏单元）(Logic Array Block，LAB或Logic Element，LE)、可编程输入/输出块（Input/Output Block，IOB）和布线通道中可编程内部连线（Programmable Interconnect，PI）构成，其基本结构如图3-18所示。

3.4.1 查找表逻辑结构

前面提到的可编程逻辑器件，诸如GAL、CPLD之类都是基于乘积项的可编程结构，即可编程的与阵列和固定的或阵列组成。而FPGA则使用了另一种可编程逻辑的形成方法，即可编程的查找表（Look Up Table，LUT）结构，LUT是FPGA的最小逻辑构成单元。大部分FPGA采用基于SRAM（静态随机存储器）的查找表逻辑形成结构，就是用SRAM来构成逻辑函数发生器的。一个N输入LUT可以实现N个输入变量的任何逻辑功能，如N输入"与"、N输入"异或"等。图3-19是四输入LUT，其内部结构如图3-20所示。

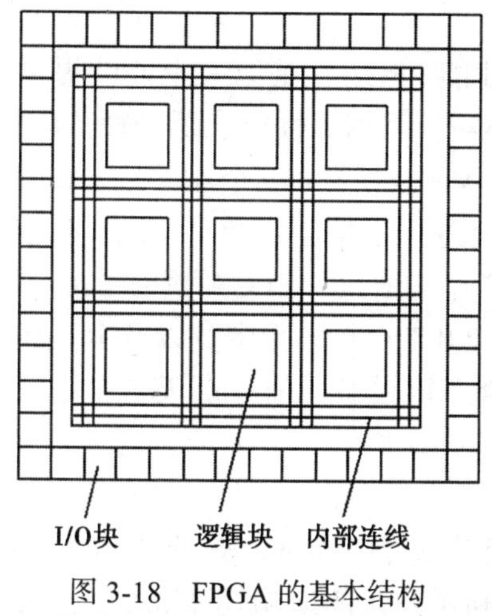

图 3-18　FPGA 的基本结构

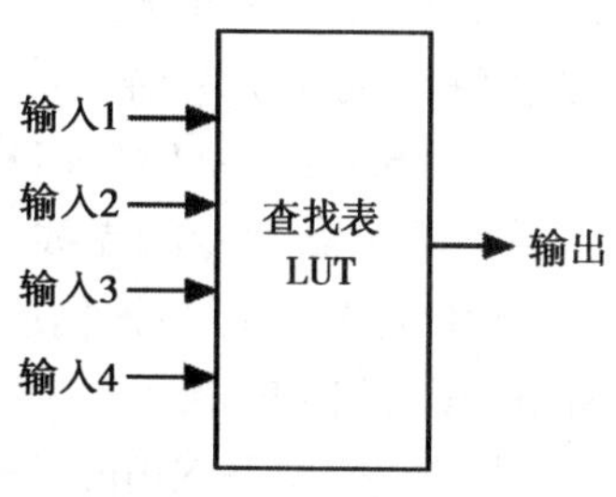

图 3-19　四输入查找表 LUT

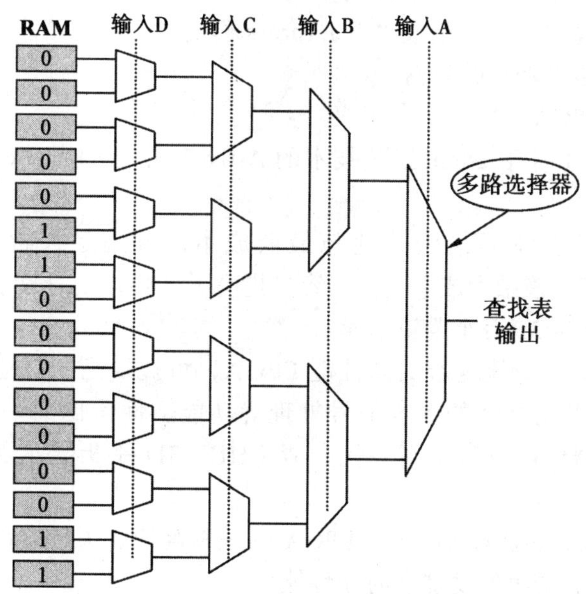

图 3-20　四输入 LUT 的内部结构

一个 N 输入的查找表，需要 SRAM 存储 N 个输入构成的真值表，需要用 2 的 N 次幂个 SRAM 单元。显然 N 不可能很大，否则 LUT 的利用率很低，输入多于 N 个的逻辑函数，必须要用几个查找表分开实现。

3.4.2　FPGA 产品概述

FPGA 产品非常多，主要的生产厂家有 Xilinx 公司、Altera 公司、Lattice 公司和 Actel 公司。

1. Xilinx 公司的 FPGA 产品

Xilinx 公司是 FPGA 的发明者，在 1985 年首次推出了 FPGA，一直是最大的可编程逻辑器件供应商之一。Xilinx 公司的 FPGA 产品很丰富，主要有 Virtex 系列和 Spartan 系列。

（1）Virtex 系列 FPGA

Virtex 系列 FPGA 是 Xilinx 公司的高系统性能 FPGA，是第一个能够提供 100 万系统门的 FPGA 产品。该系列最新的器件是 Virtex-7，采用高性能、低功耗（HPL）28 nm 工艺制造而成，包括 Virtex-7 T、Virtex-7 XT、Virtex-7 HT 三个型号。Virtex-7 专门针对需要最高性能和最高带宽连接功能的通信系统进行了精心优化。Virtex-7 系列相对前代 FPGA 系统性能提高了两倍，功耗降低了一半。Virtex-7 FPGA 具有 200 万个逻辑单元、85MB 内存、6.7 Tera-MACS DSP 吞吐量、2.8 Tbit/s 串行带宽以及全集成灵活混合信号功能，适用于最高性能的无线、有线、广播基础设备、航空航天与军用系统、高性能计算以及 ASIC 原型设计与评估应用领域。

（2）Spartan 系列 FPGA

Spartan 系列 FPGA 是 Xilinx 公司的低系统总成本 FPGA，是低成本、大批量应用的理想之选。该系列最新的器件是 Spartan-6，利用公认的低功耗 45nm 工艺技术制造而成，包括 Spartan-6 LX、Spartan-6 LXT 两个型号。Spartan-6 FPGA 可提供先进电源管理技术、多达 15 万个逻辑单元、集成 PCI Express 模块、高级存储器支持、250 MHz DSP slice 以及 3.125Gbit/s 低功耗收发器。

（3）其他系列 FPGA

Xilinx 公司推出了基于 28nm 工艺技术的 Artix-7 系列、Kintex-7 系列、EasyPath-7 系列 FPGA。

Artix-7 FPGA 具有业界最低功耗与最低成本，可满足大批量市场需求。相对 Spartan-6 FPGA 而言，该系列成本更低，容量提高了 2 倍以上，性能提高 30%，功耗降低 50%，并提供了多达 35 万个逻辑单元。

Kintex-7 FPGA 是一款全新的高性能 FPGA，可提供高密度逻辑、高性能串行连接、存储器、DSP 以及灵活的混合信号处理等功能，性价比前一代高性能 FPGA 提高了 2 倍。该系列器件可以满足新一代高清（HD）3D 平板显示器的严格的功耗与成本要求。

EasyPath-7 FPGA 是面向 Virtex-7 FPGA 的一种高速、无风险的成本削减方案，具有与 Virtex-7 FPGA 相媲美的功能和时序性能。

需要特别指出的是，所有 7 系列 FPGA 共享统一架构，采用高性能、低功耗（HPL）28 nm 工艺制造而成。这一特点使得用户的设计能够在 Artix-7、Kintex-7 与 Virtex-7 FPGA 系列之间移植，以满足用户对成本、功耗、性能和容量的不同的需求。

（4）FPGA 配置芯片 PROM

为了提供简便易用的高性能编程解决方案，Xilinx 提供了大量针对 Virtex 和 Spartan FPGA 一起使用的配置存储器，主要有 Platform Flash 和 Platform Flash XL 配置存储器，其中针对 Spartan FPGA 的器件主要有 XCF01S、XCF02S、XCF04S、XCF08P；针对 Virtex FPGA 的器件主要有 XCF16P、XCF32P、XCF128X。

2. Altera 公司的 FPGA 产品

Altera 公司是最大的 FPGA 提供商之一，与 Xilinx 一起占据着 FPGA 市场的绝大多数市场份额。通常来说，在欧洲和美国用 Xilinx 的人多，在日本和亚太地区用 Altera 的人多。Altera 公司的 FPGA 产品主要有 Stratix 系列和 Cyclone 系列。

（1）Stratix 系列 FPGA

Stratix 系列 FPGA 是 Altera 公司的高端 FPGA，采用高度集成的体系结构将 RAM 和 DDR 接口集成到片上，并在片内引入了数字信号处理（DSP）模块。该系列最新的器件是 Stratix V，采用 28nm 半导体工艺制作而成，包括 Stratix V GT、Stratix V GX、Stratix V GS、Stratix V E 四个型号。

Stratix V 可广泛应用于 100Gb 光传输网复用转发器、100Gb 以太网线路卡、RF 卡和通道卡、军用雷达、视频处理等高数据处理需求、高带宽需求的应用场合。

Stratix V GT 器件提供 28Gb 收发器，适用于需要超宽带和超高性能的应用，例如，40G/100G/400G 应用。

Stratix V GX 器件集成 14.1-Gbit/s 收发器，支持背板，芯片至芯片和芯片至模块。适用于高性能、宽带应用。

Stratix V GS 器件集成 14.1-Gbit/s 收发器，支持背板，芯片至芯片和芯片至模块。适用于高性能精度可调数字信号处理应用。

Stratix V 器件在高性能逻辑架构上提供 1 百多万个逻辑单元，适用于 ASIC 原型开发。

（2）Cyclone 系列 FPGA

Cyclone 系列 FPGA 是 Altera 公司的低成本系列产品，平衡了逻辑、存储器、锁相环和高级 I/O 接口，是价格敏感应用的最佳选择。该系列的最新产品是 Cyclone V，采用 TSMC 的 28-nm 低功耗工艺设计而成，降低了功耗和成本，有 Cyclone V E、Cyclone V GX、Cyclone V GT 三个型号。Cyclone V 器件适用于工业联网、电机控制、移动骨干网、远程射频前端、微波基站、接入路由器、采集卡、视频转换、显示控制等最终应用。

Cyclone V E 器件只提供逻辑，包含多达 30 万个 LE、1246 个 M10K 存储器块、812 个 18 位乘法器。

Cyclone V GX 器件内嵌了 3.125Gbit/s 收发器和 1 个 PCI Express 硬核 IP 模块。

Cyclone V GT 器件内嵌了 5G 收发器和两个 PCI Express 硬核 IP 模块。

（3）Arria 系列 FPGA

Arria 系列 FPGA 是 Altera 公司的中端系列产品，提供丰富的存储器、逻辑和数字信号处理（DSP）模块资源，结合 10Gb 收发器优异的信号完整性，为用户提供更多的功能，提高系统带宽。Arria 系列包括 Arria GX、Arria Ⅱ 和 Arria V 器件，片内收发器支持 FPGA 串行数据在高频下的输入输出。Arria 系列的最新型号是集成了 10Gb 收发器的 Arria V FPGA。

（4）FPGA 配置芯片

Altera 串行配置器件是工业级低成本的配置器件。Altera 的串行配置器件是 Cyclone 和 Arria 系列 FPGA 最完美的补充，可提供存储容量的范围从 1Mb 到 256Mb，器件包括 EPCS1、EPCS4、EPCS16、EPCS64、EPCS128。

Altera 的配置器件为所有 FPGA（包括 Stratix 和 Cyclone 系列 FPGA、APEX™ Ⅱ、APEX 20K、APEX 20KE、APEX 20KC、Excalibur™ 和 Mercury™ 器件系列）提供了理想的解决方案。标准配置器件适用于低密度的 FPGA，包括 EPC1、EPC2；增强型配置器件拥有高达 30MB（带压缩）的配置存储器，适用于高密度的 FPGA，包括 EPC4、

EPC8、EPC16。

3. Lattice 公司的 FPGA 产品

Lattice 公司的 FPGA 产品有高价值 FPGA、高性能 FPGA 和非易失 FPGA。

（1）高价值 FPGA

LatticeECP3 FPGA 器件在业界拥有 SERDES 功能的 FPGA 器件中，具有最低的功耗和价格。LatticeECP3 FPGA 系列提供多协议的兼容 XAUI 抖动的 3.2G SERDES，工程预制的源同步支持（包括 800Mbit/s DDR3），级联的 DSP 块，高密度的片上存储器以及多达 149K 的 LUT。

LatticeECP2 FPGA 器件集成了低成本的 FPGA 结构和一些先进的特性，诸如：工程预制的源同步支持（包括 400Mbit/s DDR2）、能提供高达 28.6GMAC DSP 带宽的高性能嵌入式 DSP 块，以及包括位流加密（仅针对 S- 系列）、双引导和 TransFR I/O 的增强配置。

LatticeECP2M FPGA 器件提供了与 LatticeECP2 系列相同的特性，但是拥有嵌入式的 3.125Gbit/s 的 SERDES，并且将存储器的容量提高到 5.3Mb，DSP 功能提升至 63GMAC。

LatticeEC（EConomy）FPGA 器件对特点、性能和成本进行了优化：工程预制的 400 Mbit/s DDR 存储器接口、低成本的 SPI Flash FPGA 配置、主流的基于四输入查找表的 FPGA 结构。

LatticeECP-DSP (EConomyPlus-DSP) FPGA 器件将 LatticeEC FPGA 结构和高性能的嵌入式 DSP 结合在一起，带宽高达 10 GMAC。

（2）高性能 FPGA

LatticeSC (System Chip) FPGA 造就了业界最快的 FPGA 结构：它采纳了系统级特性，如 2Gbit/s PURESPEED I/O、32 信道的 SERDES，以及采用工程预制嵌入式 IP 的片上结构化 ASIC 模块，适用于出类拔萃的可编程连接解决方案。

（3）非易失 FPGA

Lattice 的 MachXO2 系列在单片器件中为用户提供了低成本、低功耗和高系统集成的低密度 PLD。结合优化的查找表（LUT）结构和 65nm 嵌入式闪存工艺技术，MachXO2 器件为系统和消费电子用户提供了一个“全功能”的解决方案。

Lattice 的 MachXO 系列为传统上使用 CPLD 的应用提供了一种非易失、低成本、低密度、瞬时上电的高性能逻辑解决方案。该系列具有高引脚 / 逻辑比，非常适用于粘合逻辑、总线桥接、总线接口、上电控制和控制逻辑。

LatticeXP2 FPGA 器件将 LatticeECP2 的基本结构与一种低成本的 90nm 的闪存 FPGA 工艺组合在一个称为 flexiFLASH 的结构中。flexiFLASH 方式提供了许多便利，诸如：瞬时上电、小的芯片面积、采用 FlashBAK™ 嵌入式存储器块的片上存储器、串行 TAG 存储器、设计安全性等。LatticeXP2 器件还支持采用 TransFR 的现场升级（Live Updates）、128 位的 AES 加密以及双引导技术。

LatticeXP（eXpanded Programmability）FPGA 器件将 LatticeEC FPGA 结构和低成本的 130nm Flash FPGA 技术合成在单个芯片上：瞬时上电（配置时间 < 1ms），非易失存储器（片上 Flash，无外部引导 PROM），高安全性（无外部配置位流），并且可无限重

复配置（SRAM FPGA 结构）。

4. Actel 公司的 FPGA

Actel 公司生产的 FPGA 广泛应用于通信等领域，该公司的 FPGA 都具有一定的特点，比如采用了反熔丝工艺的 Axcelerator 器件、SX-A 器件、eX 器件、MX 器件，混合信号 FPGA SmartFusion 器件和 Fusion 器件，低功耗 FPGA IGLOO 系列器件等。还有采用了 Flash 工艺的产品，可以应用于航空航天、军事领域。

3.4.3 FPGA 的结构和工作原理

Cyclone 系列 FPGA 是 Altera 公司低成本、高性价比的 FPGA，它的结构和工作原理在 FPGA 器件中具有典型性，并且是本书后续实验所采用的器件。因此，下面以 Cyclone 器件为例，介绍 FPGA 的结构与工作原理。

Cyclone 器件主要由 LAB、嵌入式存储器块、I/O 控制单元、嵌入式硬件乘法器和锁相环（PLL）等模块构成，在各个模块之间存在着丰富的互联线和时钟网络。

Cyclone 器件的可编程资源主要来自 LAB，而每个 LAB 都由多个逻辑单元（Logic Element，LE）构成。LE 是 Cyclone FPGA 器件最基本的可编程单元，图 3-21 显示了 Cyclone FPGA 的 LE 的内部结构。观察图 3-21 可以发现，LE 主要由一个四输入的查找表 LUT、进位链逻辑和一个可配置的寄存器构成。四输入的 LUT 可以完成所有的四输入一输出的组合逻辑功能，进位链逻辑带有进位选择，可以灵活地构成一位加法或者减法逻辑，并可以切换。每一个 LE 的输出都可以连接到本地连线、行列连线、LUT 链、寄存器链等布线资源。

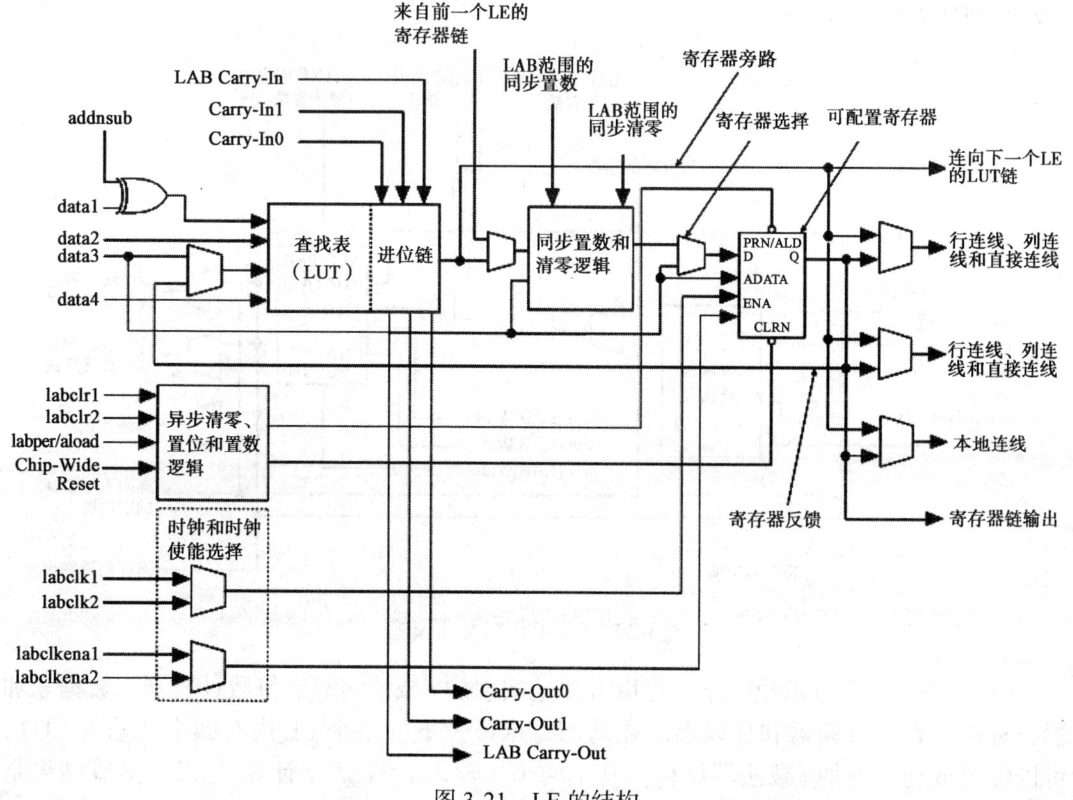

图 3-21 LE 的结构

每个 LE 中的可编程寄存器可以配置成 D 触发器、T 触发器、JK 触发器和 SR 寄存器模式。每个可编程寄存器都具有数据输入、异步数据装载、时钟、时钟使能、清零和异步位置 / 复位输入信号。LE 中的时钟、时钟使能选择逻辑可以灵活配置寄存器的时钟以及时钟使能信号。在一些只需要组合电路的应用中，对于组合逻辑的实现，可将该触发器旁路，LUT 的输出可作为 LE 的输出。

LE 的输出可以驱动三个不同的内部互连线资源，包括本地连线、行连线、列连线或直接连线资源。并且可以单独控制 LUT 链输出和寄存器链输出。可以实现在一个 LE 中，LUT 驱动一个输出，而寄存器驱动另一个输出。并且在一个 LE 中的触发器和 LUT 能够用来完成不相关的功能，因此能够提高 LE 的资源利用率。

除上述 LE 输出外，在一个逻辑阵列块中的不同 LE，还可以通过 LUT 链和寄存器链进行互连。在同一个 LAB 中的 LE 通过 LUT 链级联在一起，可以实现宽输入（输入多于 4 个）的逻辑功能；在同一个 LAB 中的 LE 通过寄存器链把各自的寄存器级连在一起，可以构成一个移位寄存器。

Cyclone 的 LE 可以工作在两种不同的操作模式：普通模式和动态算术模式。在不同的 LE 操作模式下，LE 的内部结构和 LE 之间的互连有些差异，图 3-22 与图 3-23 分别是 Cyclone LE 在普通模式和动态算术模式下的结构及连接图。

普通模式下的 LE 适合通用逻辑应用和组合逻辑的实现。在该模式下，来自 LAB 本地连线的 4 个输入将作为一个四输入一输出的 LUT 的输入信号。可以选择进位输入（cin）信号或者 data3 信号作为 LUT 的输入信号。每一个 LE 都可以通过 LUT 链直接连接到（在同一个 LAB 中的）下一个 LE。在普通模式下，LE 的输入信号可以作为 LE 中寄存器的异步置数信号。

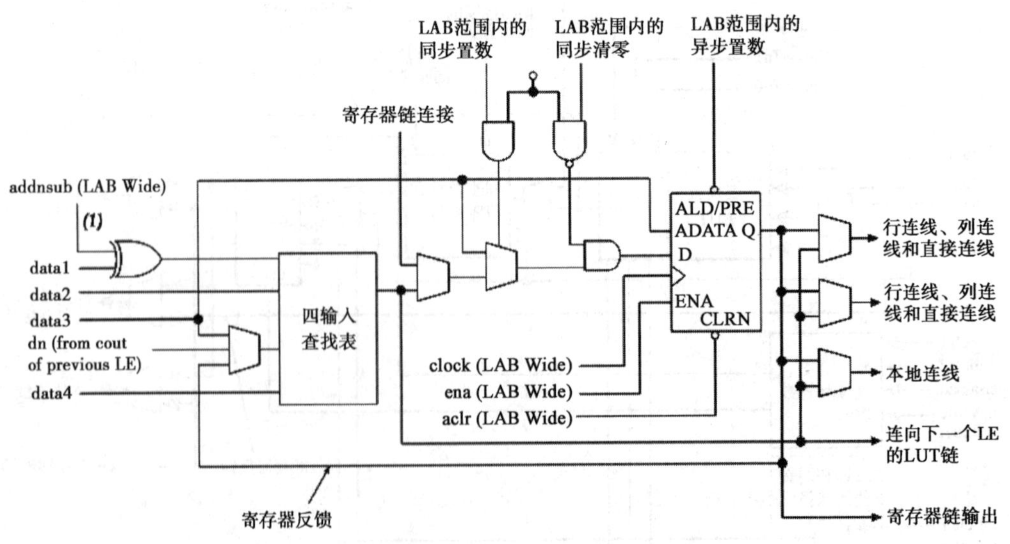

图 3-22　LE 工作在普通模式

LE 工作在动态算术模式下，可以方便地实现加 / 减法运算、算数计算器、数据累加器、宽输入奇偶效验器和比较器。在动态算术模式下的单个 LE 内有四个二输入 LUT，可以配置成动态的加 / 减法器结构。其中两个二输入 LUT 用于计算“和”，运算结果是分别针对进位输入 0 和 1 进行的；另外两个二输入 LUT 用来生成进位输出信号，该信号为下一步运算提供进位选择信号。

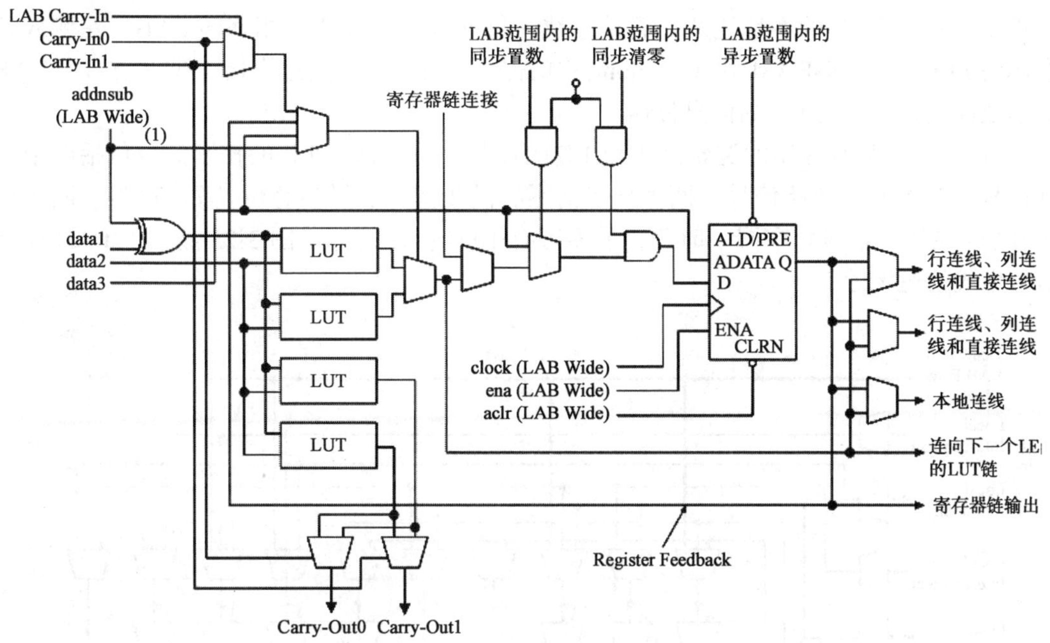

图 3-23　LE 工作在动态算数模式

LAB 包含一系列相邻的 LE 及它们之间的互连线资源。Cyclone 器件中每个 LAB 是由 10 个 LE、LE 进位链和级联链、LAB 控制信号、LAB 本地连线、LUT 链和寄存器链构成的。图 3-24 是 Cyclone LAB 的结构图。

在 Cyclone 器件里面存在大量 LAB，如图 3-24 所示的 LAB 排列成阵列，构成了 Cyclone FPGA 丰富的编程资源。

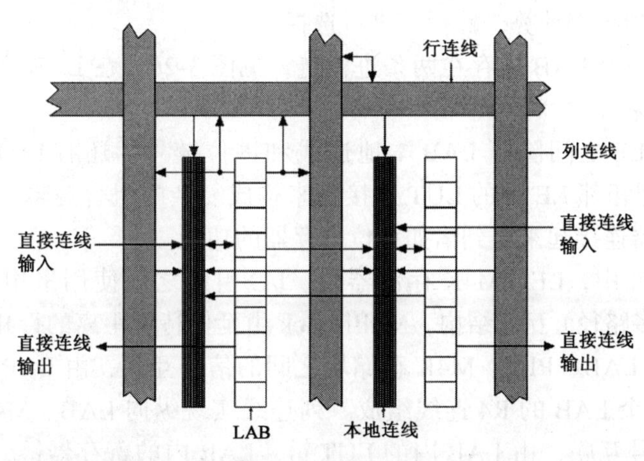

图 3-24　LAB 的结构

本地连线可以用来在同一个 LAB 的 LE 之间传递信号；LUT 链用来连接 LE 的 LUT 输出和下一个 LE（在同一个 LAB 中）的 LUT 输入；寄存器链用来连接 LE 的寄存器输出和下一个 LE（在同一个 LAB 中）的寄存器数据输入。LAB 中的本地连线信号可以驱动在同一个 LAB 中的 LE，直接连线可以驱动相邻 LAB 的本地连线，行连线可以驱动本地连线和列连线，列连线可以驱动本地连线和行连线，LE 可以驱动同一个 LAB 的本地连线、相邻 LAB 的本地连线、直接连线、行连线和列连线。相邻的 LAB、左侧或者右侧的 PLL 和 M4K RAM 块（Cyclone 中的嵌入式存储器）通过直接连线驱动一个 LAB 的本地连线，实现与 LE 的信息传递。

每个 LAB 都有专用的逻辑来生成 LE 的控制信号，这些 LE 的控制信号包括两个时钟信号、两个时钟使能信号、两个异步清零、同步清零、异步置位 / 置数信号、同步置数和加 / 减控制信号。在同一时刻，最多可有 10 个控制信号。图 3-25 显示了 LAB 控制信号生成的逻辑图。

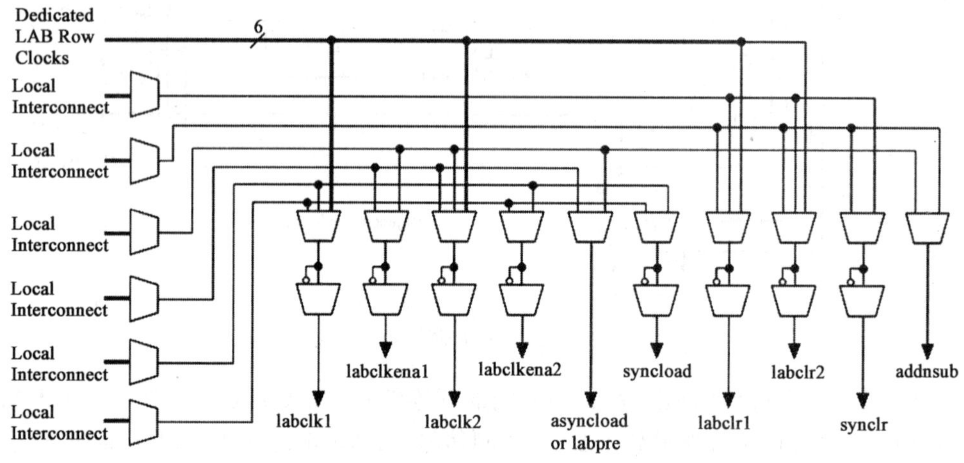

图 3-25 LE 控制信号生成逻辑

动态算术模式下 LE 的快速进位选择链提供，进位选择链（进位链）通过冗余的进位计算的方式来提高进位功能的速度。如图 3-26 所示，在计算进位的时候，预先对进位输入为 0 和 1 的两种情况都计算，然后再进行选择。

在 Cyclone 的一个 LAB 中存在两条进位链，见图 3-26。在 LAB 之间的进位也可以通过进位链连接起来。

在 Cyclone 的 LE 之间除了 LAB 本地连线和进位链外，还有 LUT 链、寄存器链。使用 LUT 链可以把相邻 LE 中的 LUT 连接起来构成复杂的组合逻辑，寄存器链可以把相邻 LE 中的寄存器连接起来得到诸如移位寄存器的功能。

在 Cyclone 器件中，LE、M4K 存储器块、I/O 引脚之间使用采用了 DirectDrive 技术的 MultiTrack（多路径）互连结构。MultiTrack 由延伸特定距离的行和列连线组成。行连线实现同一行的 LAB、PLL、M4K 存储块之间的信号互联，由 LAB 之间的直接连线和左右方向涵盖 4 个 LAB 的 R4 连线组成。列连线实现纵向 LAB、M4K 存储块、行列 I/O 模块之间的信号互联，由 LAB 内的 LUT 链、LAB 内的寄存器链、上下方向涵盖 4 个行模块的 C4 连线组成。

在 Cyclone FPGA 器件中的嵌入式存储器（Embedded Memory），由 M4K 存储块列构成。例如，EP1C3 和 EP1C6 器件中有一列 M4K 存储块，EP1C12 和 EP1C20 器件中有两列 M4K 存储块。每个 M4K 存储块具有很强的伸缩性，可以实现诸多功

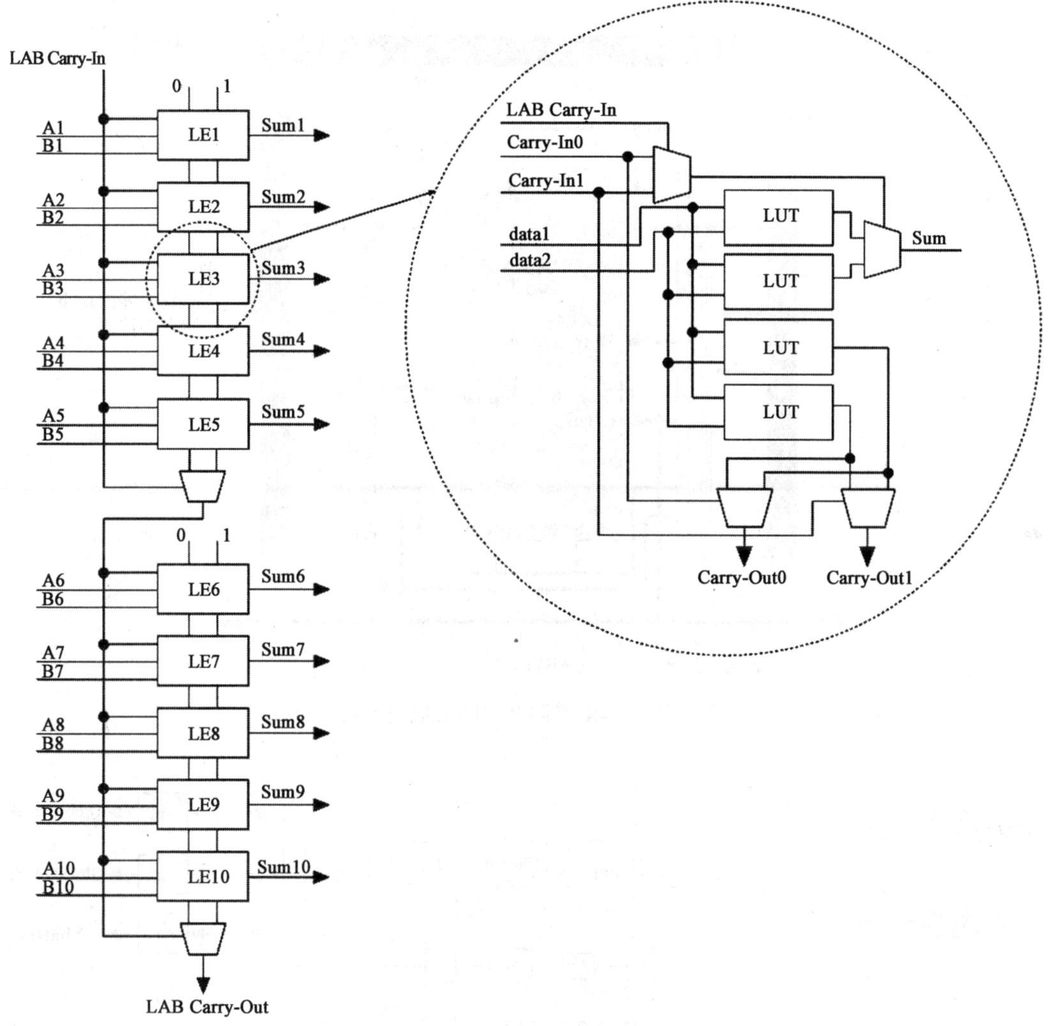

图 3-26　进位链逻辑结构

能，比如，4608 位 RAM、实现 200MHz 高速性能、真正的双口存储器、简单双口存储器、单口存储器、存储器字节使能、移位寄存器、FIFO 设计、ROM 设计、混合时钟模式等。

在 Cyclone 中的嵌入式存储器可以通过多种连线与可编程资源实现连接，这大大增强了 FPGA 的性能，扩大了 FPGA 的应用范围。图 3-27 展示了 M4K 与可编程资源互联的连线资源界面。

在数字逻辑电路的设计中，时钟、复位信号往往需要同步作用于系统中的每个时序逻辑单元，因此在 Cyclone 器件中设置有全局控制信号。由于系统时钟延时会严重影响系统的性能，故在 Cyclone 中设置了复杂的全局时钟网络，以减少时钟信号的传输延迟。另外，在 Cyclone FPGA 中还含有一个到数个 PLL，可以用来调整时钟信号的波形、频率和相位。Cyclone 器件内部 PLL 的电路原理如图 3-28 所示。

Cyclone 的 I/O 支持多种 I/O 接口，符合多种 I/O 标准，可以支持差分的 I/O 标准，如 LVDS、RSDS 等；当然，也支持普通的单端 I/O 标准，如 LVTTL、LVCMOS、SSTL、PCI 等。

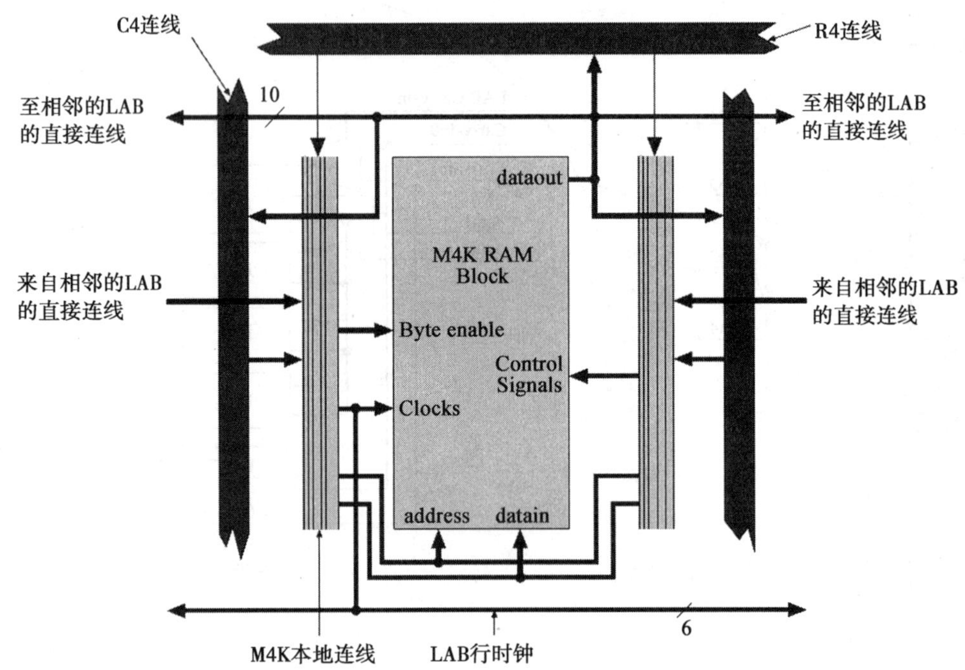

图 3-27 M4K 存储器快的 LAB 行界面

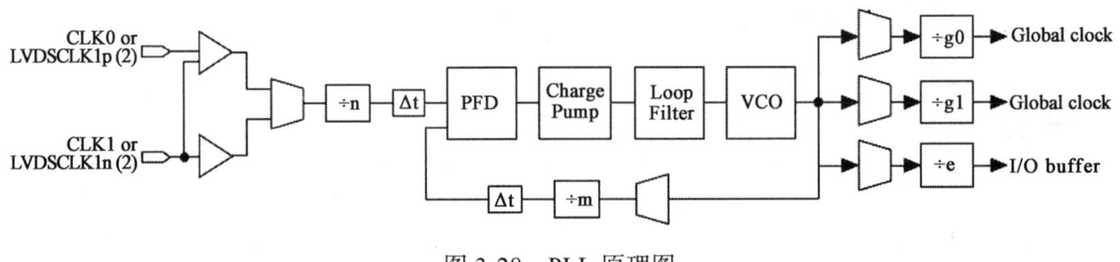

图 3-28 PLL 原理图

3.5 EDA 实验平台电路详解

本书采用了以 Altera 公司的 Cyclone 系列 FPGA 器件 EP1C6Q240 和 EP1C12Q240 作为核心的 EDA 实验平台。FPGA 最小系统组成框图如图 3-29 所示，其中核心器件 EP1C6Q240 和 EP1C12Q240 相互可兼容，既可以采用 EP1C6Q240，也可以采用 EP1C12Q240。采用 EP1C12Q240 时只需对额外的 12 个电源引脚做出修正即可。

EP1C6Q240 包含有 5 980 个 LE 和 92Kb 的片上 RAM；而 EP1C12Q240 包含有 12 060 个 LE 和 239 Kb 的片上 RAM。EP1C6Q240 有 185 个用户 I/O 引脚，封装为 240 引脚 PQFP；EP1C12Q240 也是 240 引脚 PQFP 封装，但用户 I/O 引脚只有 173 个，因为相对 EP1C6Q240，EP1C12Q240 的内核功耗增加，所以额外增加了 12 个电源引脚。EP1C6Q240 和 EP1C12Q240 的器件特性如表 3-1 所示，更详细的特性请参考其数据手册。

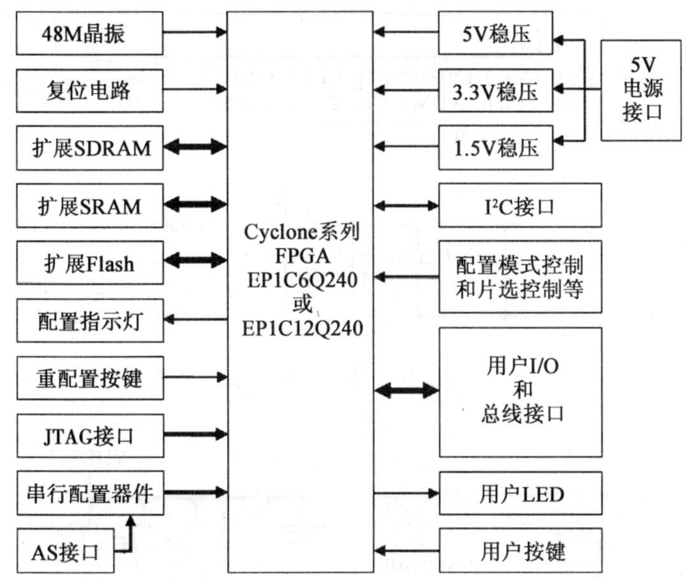

图 3-29　FPGA 最小系统

表3-1　EP1C6Q240和EP1C12Q240的器件特性

特　　性	EP1C6Q240	EP1C12Q240
逻辑单元（LE）	5 980	12 060
M4K RAM 块（4Kb ＋奇偶校验）	20	52
RAM 总量（位）	92 160	239 616
PLL（个）	2	2
最大用户 I/O 数（个）	185	173
配置二进制文件（.rbf）大小（位）	1 167 216	2 326 528
可选串行主动配置器件	EPCS1 / EPCS4 / EPCS16	EPCS4 / EPCS16

3.5.1　时钟电路

FPGA 内部没有振荡电路，所以使用有源晶振是比较理想的选择。EP1C6Q240C8 的输入的时钟频率范围为 15.625 ~ 387MHz，经过内部 PLL 电路后可输出 15.625 ~ 275MHz 的系统时钟。当输入时钟频率较低时，可以使用 FPGA 的内部 PLL 调整 FPGA 所需的系统时钟，使系统运行速度更快注意，PLL1 使用的是 CLK0 或 CLK1 的时钟输入，而 PLL2 使用的是 CLK2 或 CLK3 的时钟输入。

实验平台采用 48MHz 的有源晶振，作为系统的时钟源，电路如图 3-30 所示。为了得到一个稳定、精确的时钟频率，有源晶振的供电电源经过了 LC 滤波。

3.5.2　复位电路

由于 FPGA 芯片的高速、低工作电压导致其噪声容限低，对电源的纹波、瞬态响应性能、时钟源的稳定性、电源监控可靠性等诸多方面也提出了更高的要求。实验平台的复位电路采用了带 I^2C 存储器的电源监控芯片 CAT1025JI-30（复位门槛电压为 3.0 ~ 3.15V），提高了系统的可靠性，电路原理如图 3-31 所示。

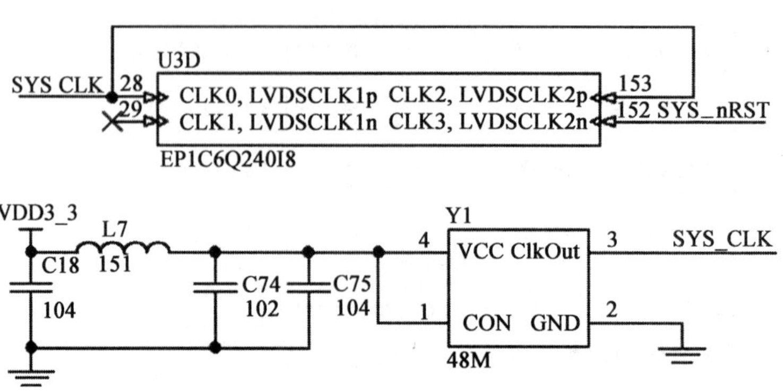

图 3-30 系统时钟电路

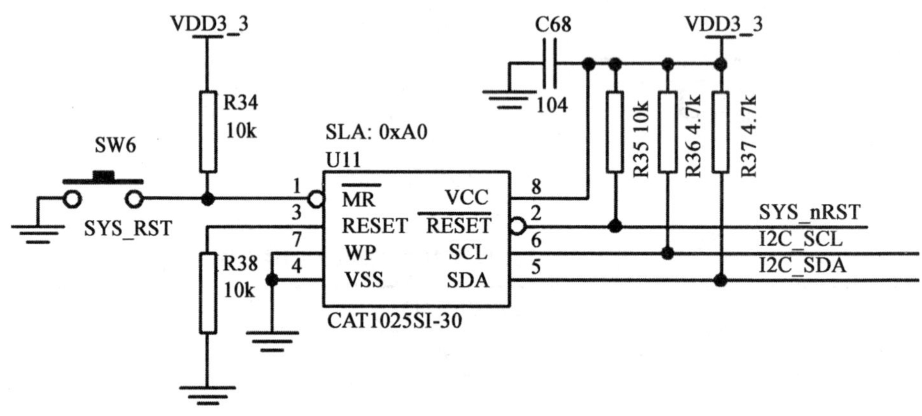

图 3-31 系统复位电路

3.5.3 扩展存储电路

实验平台扩展了不同种类的存储电路，包括 SDRAM、SRAM 和 FLASH，可以为用户应用提供不同的可用资源。

1. 扩展 SDRAM 电路

SDRAM 通常用于需要大量存储且有成本要求的系统。SDRAM 比较便宜，但需要实现刷新操作、行列管理、不同延时和命令序列等逻辑。实验平台采用了 16 位总线的 8MB SDRAM 器件 K4S641632H（1MB × 16bit × 4bank），每片 SDRAM 都兼容 16MB 的 K4S281632H（2MB × 16bit × 4 bank）、32MB 的 K4S561632H（4MB × 16bit × 4 bank），这样 SDRAM 的最大容量可达 32MB。SDRAM 存储电路如图 3-32 所示。

2. 扩展 SRAM 电路

实验平台采用 512KB 的 SRAM IS61LV25616AL（256KB × 16bit），该芯片可兼容 1MB 容量的 IS61LV51216AL，这样 SRAM 容量最大可为 1MB。SRAM 可作为高速存储器使用，如显示缓存等。系统扩展 SRAM 的电路如图 3-33 所示。

其中，SRAM 芯片的 28（A18）脚用于 1MB 容量的 IS61LV51216AL。电路中 SRAM 的片选信号独立，数据总线、地址总线、读写信号线 nOE 和 nWE 都与扩展 Flash 电路共用，并且也与所有挂在总线上的总线型外设共用。

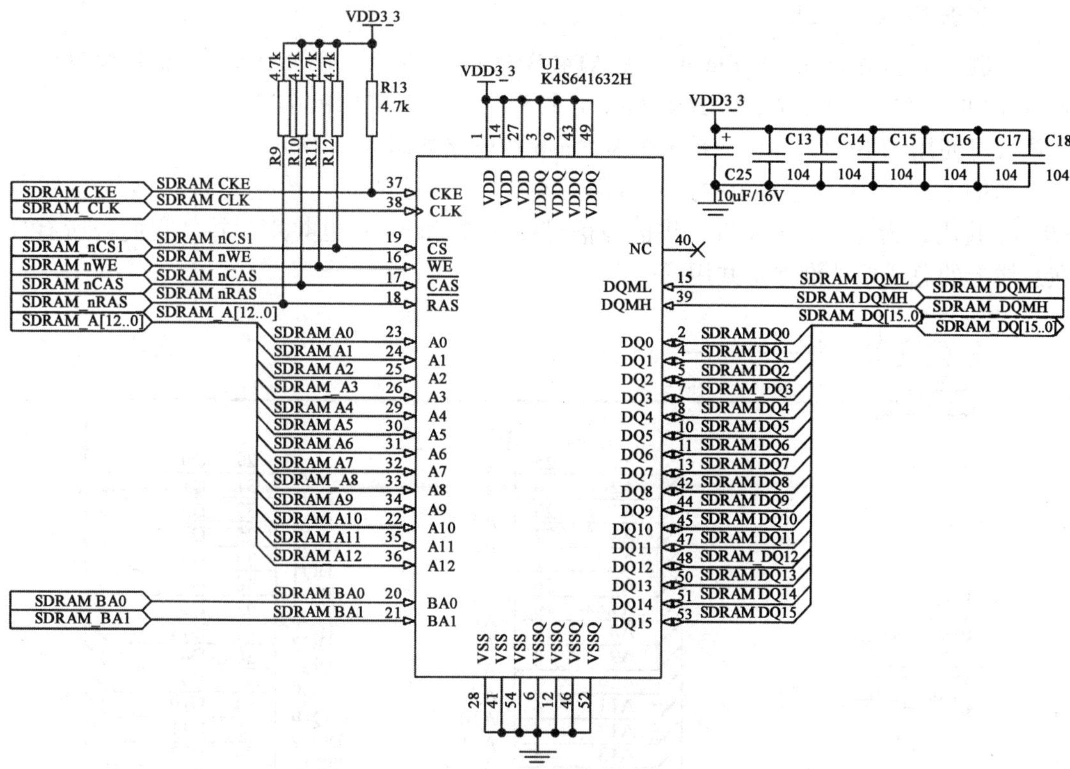

图 3-32　系统扩展 SDRAM 电路

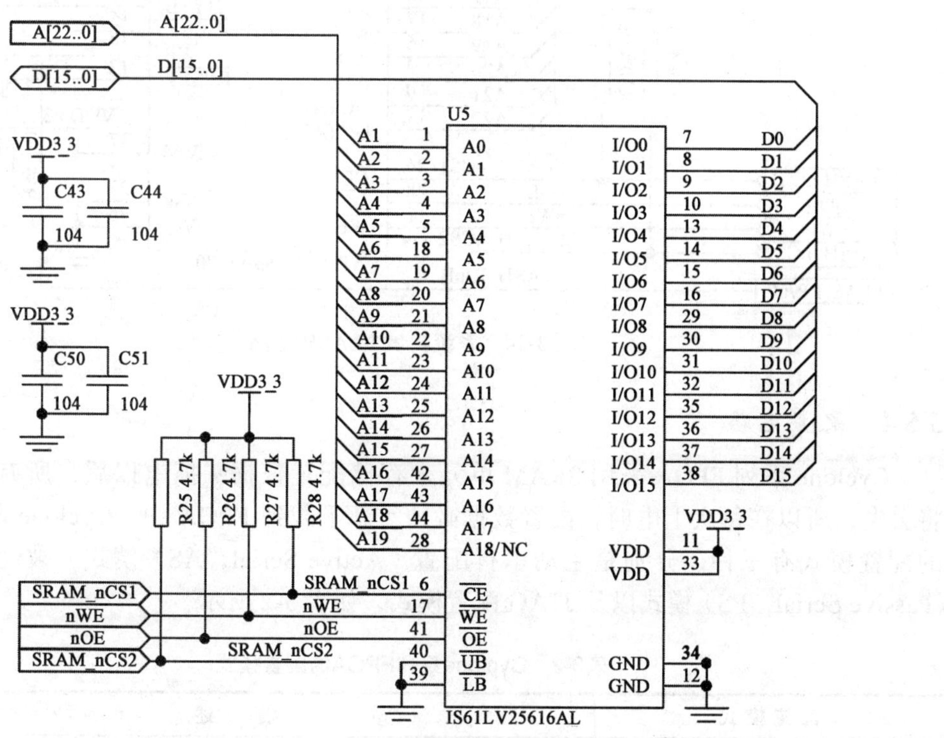

图 3-33　系统扩展 SRAM 电路

3. 扩展 FLASH 电路

实验平台采用 2MB 的 Flash 芯片 AT49BV163AT-70（1MB × 16bit），该芯片可以兼容 4MB 的 AT49BV322A（2MB × 16bit）和 8Mbytes 的 S29JL064H（4MB × 16bit），这样最大可使用 8MB 的 Flash。系统扩展 Flash 的电路如图 3-34 所示。

如图 3-34 所示，电路中的 Flash 芯片的片选信号独立，数据总线、地址总线与 SRAM 共用，为了节省 I/O 口，将读写信号线 nOE 和 nWE 也共用，并且它们与所有挂在总线上的总线型外设都是共用的。

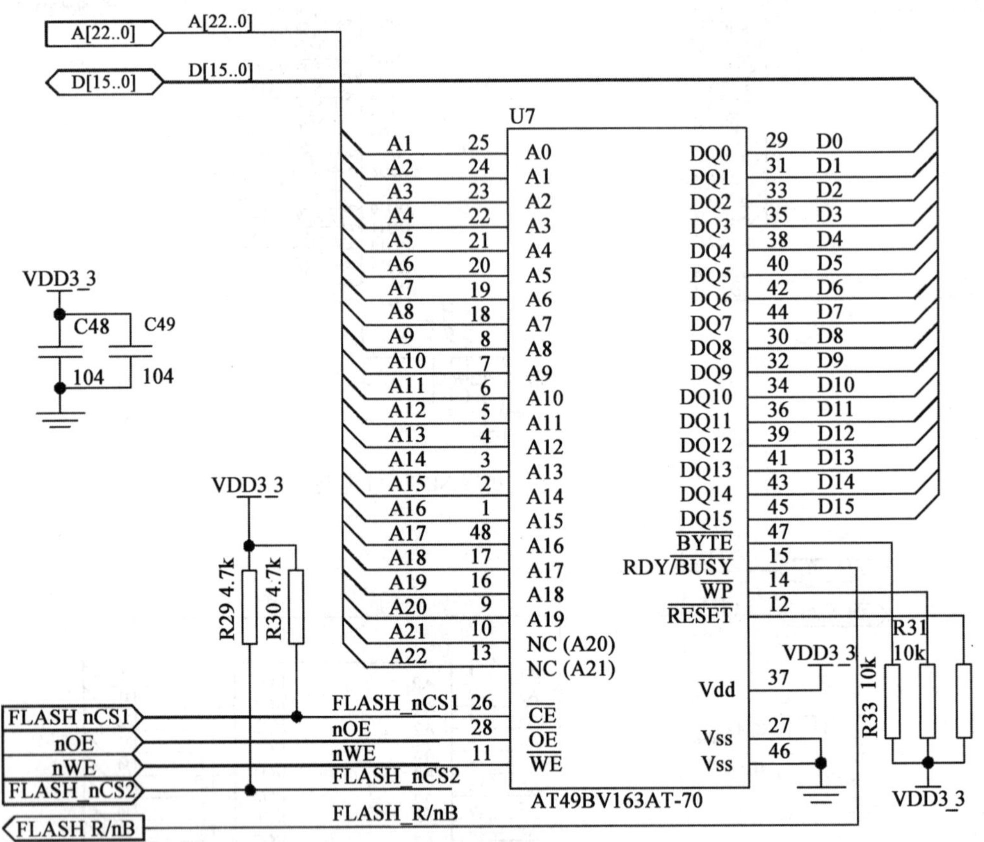

图 3-34 系统扩展 FLASH 电路

3.5.4 配置电路

Cyclone 系列 FPGA 采用 SRAM 单元来存储配置数据，掉电以后，所有配置数据将丢失，所以在每次上电时，配置数据必须重新下载到 FPGA 中。Cyclone 系列 FPGA 的配置模式有三种，分别是主动串行配置（Active Serial，AS）模式、被动串行配置（Passive Serial，PS）模式以及 JTAG 配置模式，如表 3-2 所示。

表3-2 Cyclone系列FPGA的配置模式

配置模式	描 述
主动串行配置（AS）	采用串行配置器件（EPCS1、EPCS4、EPCS16）

（续）

配置模式	描　述
被动串行配置（PS）	1）采用增强型配置器件（EPC4、EPC8、EPC16） 2）采用配置器件 EPC1、EPC2 3）采用智能主机（单片机、CPLD 等）配置 4）使用下载电缆
JTAG 配置	1）使用下载电缆通过 JTAG 引脚进行配置 2）采用智能主机（单片机等）通过 JTAG 引脚进行配置 3）采用 Jam 标准测试和编程语言 4）可以应用 JTAG 实现使用 SignalTap 嵌入式逻辑分析仪

实验平台采用的是主动配置模式和 JTAG 配置模式。Cyclone 系列 FPGA 的配置模式是由 MSEL0 和 MESL1 两个引脚控制的，配置模式控制如表 3-3 所示。

表3-3　配置模式控制

MESL1	MESL0	配置模式
0	0	AS 模式
0	1	PS 模式
0	X	JTAG

1. AS 配置

系统 AS 配置电路如图 3-35 所示。MSEL0 和 MESL1 引脚接地，表明采用 AS 模式；nSTATUS、nCONFIG、CONFIG_DONE 都通过上拉电阻连接到 3.3V。串行配置器件选用的是 EPCS4SI8，器件的 4 针接口为：串行输入时钟（DCLK）、串行数据输出（DATA）、AS 数据输入（ASDI）以及低有效的片选（nCS）。这 4 个引脚分别与 EP1C6Q240 的 DCLK、DATA0、ASDO 以及 nCSO 引脚相连接。

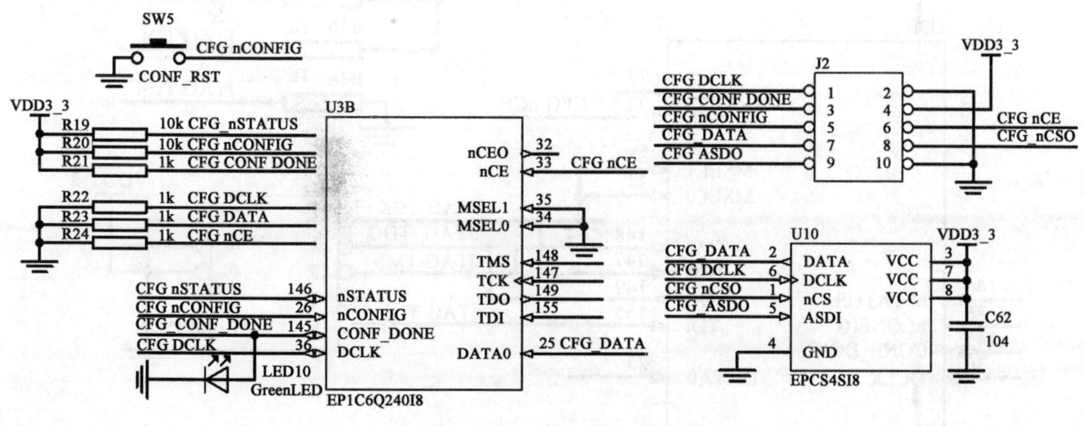

图 3-35　系统配置电路（AS 模式）

实验平台采用 Altera 公司的 ByteBlaser Ⅱ电缆下载配置数据，AS 配置接口是一个 10 针的接口，依次连接到 EP1C6Q240 和 EPCS4SI8 的相应引脚，实现对 FPGA 的主动配置器件的数据烧写。在应用 ByteBlaser Ⅱ电缆下载数据时，nCE 要保持高电平，nCSO 保持低电平，以实现 EPCS4SI8 的片选并确保 EP1C6Q240 不会在数据下载过程中访问配置器件而造成下载错误。

在上电以及配置期间 CONFIG_DONE 引脚始终为低电平。当配置成功结束时，FPGA 释放 CONFIG_DONE 引脚呈漏极开路结构，在上拉电阻的作用下变成高电平，所以在 CONFIG_DONE 引脚上接了一个 LED 作为配置成功的指示。核心板上的 LED10 用于指示配置成功。

在 nCONFIG 引脚上，一个下降沿将复位 FPGA，一个上升沿将启动一次配置。如果 nCONFIG 为低电平，所有 I/O 口都为高阻态。当不需要使用 nCONFIG 引脚来启动配置时，可以将其接到高电平。电路中将 nCONFIG 引脚接了一个上拉电阻和一个重新配置按键 SW5（CONF_RST），当按下按键再松开时将产生一个重新配置请求，FPGA 将产生一次配置。使用配置器件对 FPGA 进行配置时，应事先将配置数据存入配置器件。用配置数据对 EPCS 系列器件编程可以通过 EPCS 的专用数据下载接口（AS 接口），也可以通过 JTAG 接口实现，具体请参阅 Altera 的配置用户手册。

2. JTAG 配置

系统的 JTAG 配置电路如图 3-36 所示。Cyclone 系列 FPGA 的 JTAG 接口信号包括 TCK、TDI、TDO、TMS、TRST，它们连接到板上的 10 针 JTAG 接口。将 ByteBlaster Ⅱ或 USBBlaster 下载电缆连接到 JTAG 口，通过 Quartus Ⅱ软件就能直接对 FPGA 进行配置。

如图 3-36 所示，JTAG 模式使用 4 个专门的信号引脚：TDI、TDO、TMS 和 TCK，Cyclone 系列 FPGA 不支持可选择的 TRST 引脚。表 3-4 对 JTAG 各引脚的功能进行了描述。

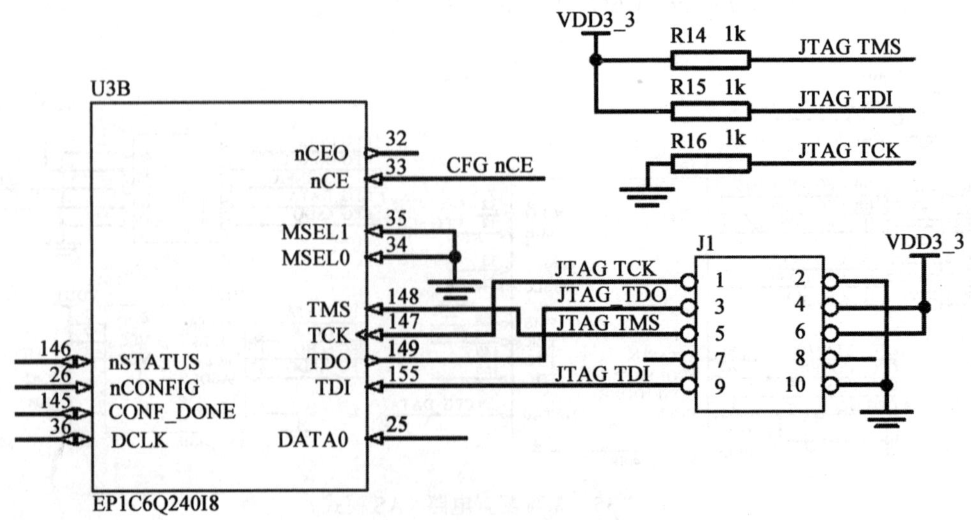

图 3-36 系统配置电路（JTAG 模式）

表3-4 JTAG各引脚的功能

引 脚	描 述	功 能
TDI	测试数据输入	指令、测试以及编程数据的串行输入。数据在 TCK 的上升沿移入。如果电路板上的 JTAG 不需要，可以将该引脚连接到 VCC
TDO	测试数据输出	指令、测试以及编程数据的串行输出。数据在 TCK 的下降沿移出。在没有数据移出时，该引脚是高阻态。如果电路板上的 JTAG 不需要，可以不连接该引脚
TMS	测试模式选择	控制信号输入引脚，控制信号决定测试访问端口控制状态的转换。状态的转换出现在 TCK 的上升沿。因此，TMS 必须在 TCK 上升沿之前建立。如果电路板上的 JTAG 不需要，可以将该引脚连接到 VCC
TCK	测试时钟输入	边界扫描测试（BST）电路的时钟输入。一些操作发生在其上升沿，一些发生在下降沿。如果电路板上的 JTAG 不需要，可以将该引脚连接到 GND

从表 3-4 对各引脚的功能描述可以看出，为了在不使用 JTAG 时不影响电路工作，可以将 TDI、TMS 通过上拉电阻连接到 VDD，而 TCK 通过下拉电阻连接到 GND。虽然 JTAG 的 TDI、TMS 具有内部弱上拉，但为了可靠，应该外接上拉电阻。另外，JTAG 的电路连接要求将 nCONFIG 连接到 VCC，MSEL0、MSEL1 连接到 GND，还要求将 DATA0 和 DCLK 置成高电平或低电平，由于 DATA0 和 DCLK 内部都有弱上拉，所以可以不连接。实验平台上将 DATA0 和 DCLK 通过 10k 的下拉电阻连接到 GND。

Quartus Ⅱ软件可以验证 JTAG 配置是否成功。软件通过 JTAG 接口来检测 CONF_DONE 引脚信号，从而判断配置是否成功。实验平台上同时给出了 AS 模式和 JTAG 模式，如果同时使用这两种模式来配置 FPGA，JTAG 模式具有高的优先级，此时 AS 模式将停止，而执行 JTAG 模式进行配置。

3.5.5 供电电路

实验平台上的器件需要 5V、3.3V 和 1.5V 供电，这里采用的供电方法是从板外引入 5V 电源，在板上通过稳压电路为板上器件提供符合需要的直流电压。图 3-37 给出了板上电源变换电路。

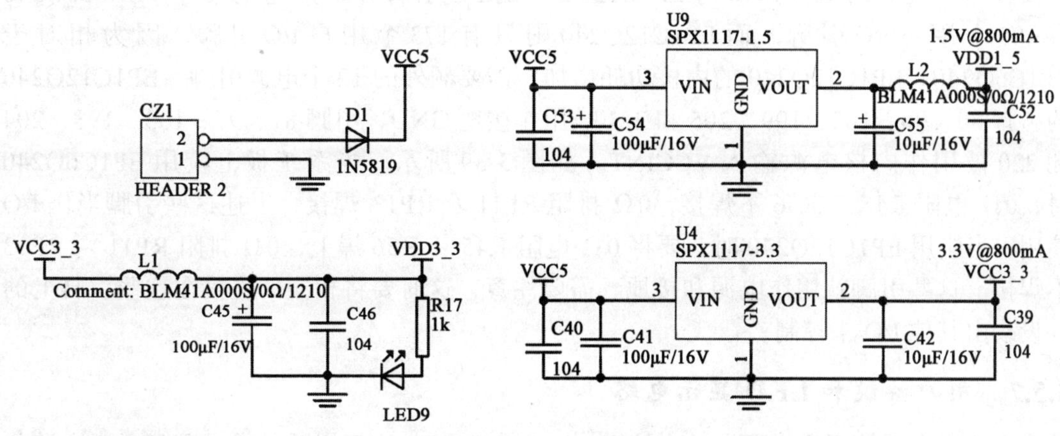

图 3-37 电源电路

3.3V 电源直接由外接的 5V 电源经过 3.3V 电压转换芯片 SPX1117-3.3 并且滤波以后得到。3.3V 用于给 FPGA 所有 I/O 口、扩展存储电路、串行配置器件、复位电路、LED 等供电。需要注意的是，SPX1117-3.3 供电能力最大为 800mA，所以在扩展外设时要注意功耗要求。

1.5V 电源由外接的 5V 电源经过 1.5V 电压转换芯片 SPX1117-1.5 并且滤波以后得到。1.5V 电源只提供给 FPGA 的内核（VCCINT）以及内部锁相环 PLL。FPGA 的内核供电和 PLL 供电需要对电压进行更高的滤波处理，这部分供电电路如图 3-38 所示。

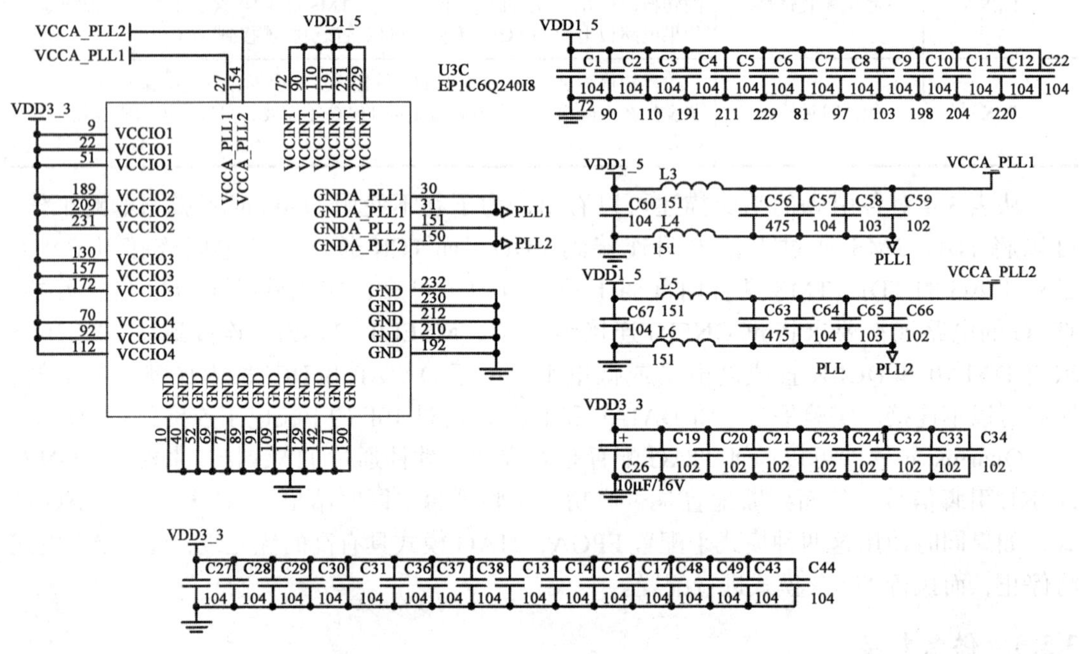

图 3-38　FPGA 供电电路

3.5.6　接口电路

实验平台系统板上引出了所有可用的 I/O 引脚，用户可以根据需要自由设置每一个 I/O。需要注意的是：EP1C6Q240 与 EP1C12Q240 的 I/O 引脚并不是完全兼容，EP1C6Q240 有 185 个用户 I/O 引脚，而 EP1C12Q240 则只有 173 个用户 I/O 引脚，因为相对于 EP1C6Q240，EP1C12Q240 的内核功耗增加，需要额外的 12 个电源引脚。EP1C12Q240 的引脚 80、96、102、199、205 和 221 被用作接地 GND，引脚 81、97、103、198、204 和 220 被用作内核电源输入 VCCINT。如图 3-39 所示，当系统板上应用 EP1C6Q240 时，0Ω 电阻 R45 ~ R56 不焊接，0Ω 排阻 RP11 ~ RP13 焊接，上述这些引脚当作 I/O 使用；当应用 EP1C12Q240 时，要将 0Ω 电阻 R45 ~ R56 焊上，0Ω 排阻 RP11 ~ RP13 不焊接，这些引脚就用作电源和接地。需要注意，这时要将相应的连接在这些引脚上的外设改由其他 I/O 来控制。

3.5.7　用户按键和 LED 显示电路

实验平台系统板上设置了 4 个按键、8 个 LED 灯，用于必要的输入和显示，电路如图 3-40 所示。其他外设则是通过接口电路与实验平台相连，本书中涉及与外设有关的实验时会对相应的外设电路做出描述，这里不再展开。

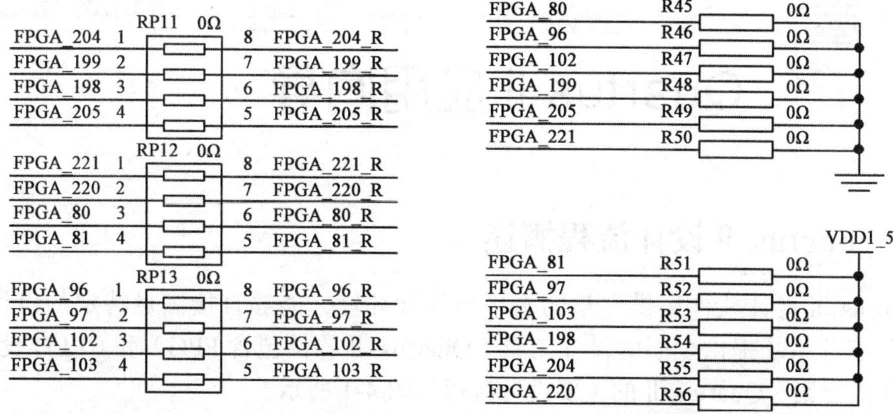

图 3-39　EP1C6Q240 与 EP1C12Q240 的 I/O 引脚兼容电路

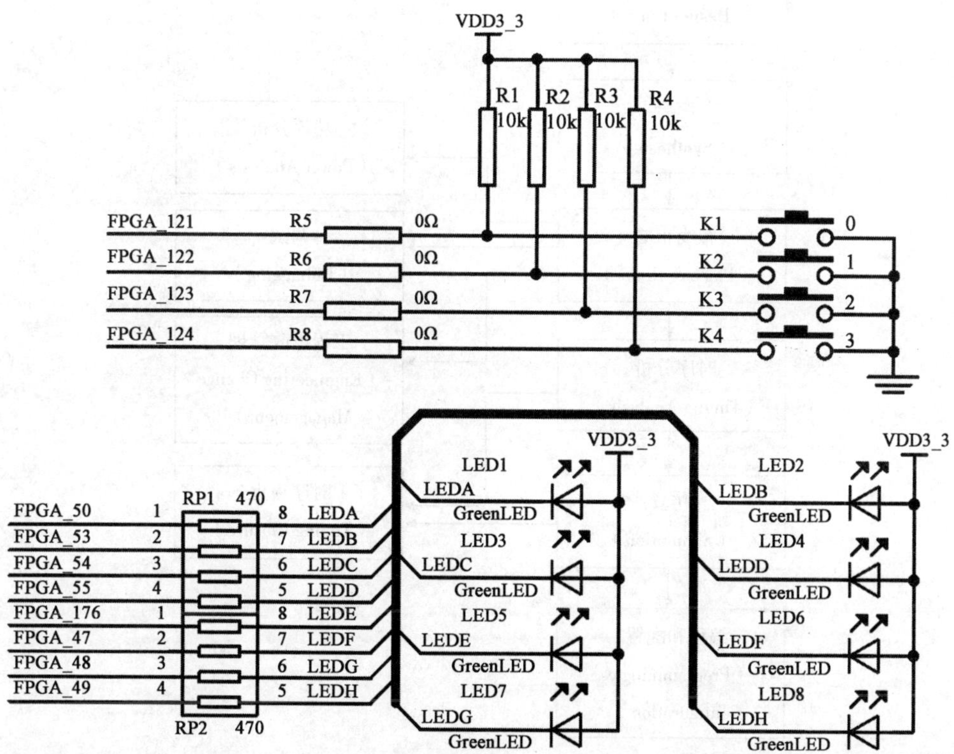

图 3-40　按键电路和 LED 电路

第4章 Quartus Ⅱ应用向导

4.1 Quartus Ⅱ设计流程概述

Quartus Ⅱ设计软件提供完整的多平台设计环境，能够直接满足特定的设计需要，为可编程芯片系统提供全面的设计工具。Quartus Ⅱ软件包含FPGA和CPLD设计所有阶段的解决方案。Quartus Ⅱ的主要设计流程如图4-1所示。

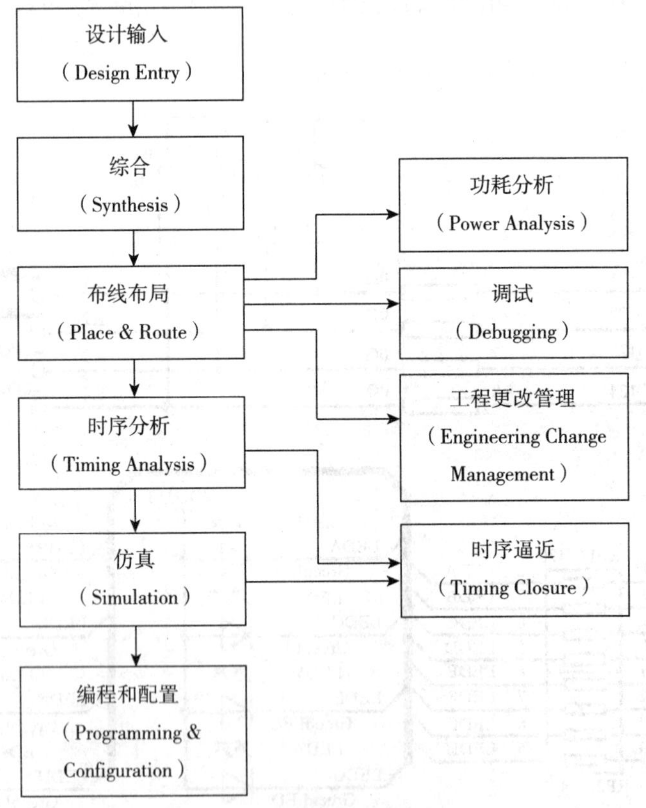

图4-1 Quartus Ⅱ的设计流程

Quartus Ⅱ为设计流程中每一个阶段提供的主要工具和功能如下。

1.设计输入

1）文本编辑器（Text Editor）用于以AHDL、VHDL和Verilog HDL语言以及Tcl脚本语言输入文本型设计。

2）模块编辑器（Block Editor）用于以原理图与框图的形式输入和编辑图形设计信息。

3）符号编辑器（Symbol Editor）用于查看和编辑代表宏功能、宏功能模块、基本单元或设计文件的预定义符号。

4）使用 MegaWizard Plug-in Manager 建立 Altera 宏功能模块、LPM 功能和 IP 功能，用于 Quartus Ⅱ软件和 EDA 设计输入与综合工具中的设计。

2. 约束和分配输入（Constraint and Assignment Entry）

用于此项设置的有：分配编辑器（Assignment Editor）、引脚规划器（Pin Planner）、Settings 对话框、平面布局图编辑器（Floorplan Editor）及设计分区窗口。

3. 综合

1）可以使用分析和综合（Analysis & Synthesis）模块分析设计文件，建立工程数据库。

2）设计助手（Design Assistant）依据设计规则，检查设计的可靠性。

3）通过 RTL Viewer 可以查看设计的原理图。

4）Technology Map Viewer 提供设计的底级或基元级专用技术原理表征。

5）增量综合（Incremental Synthesis）是自上而下渐进式编译流程的组成部分，可以将设计中的实体指定为设计分区，在此基础上逐渐进行分析和综合，而不会影响工程的其他部分。

4. 布线布局

Fitter 使用由分析和综合模块建立的数据库，将工程的逻辑和时序要求与器件的可用资源相匹配。它将每个逻辑功能分配给最佳逻辑单元位置，进行布线和时序分析，并选定相应的互连路径和引脚分配。

5. 仿真

仿真分为功能仿真、时序仿真以及采用 Fast Timing 模型进行的时序仿真。功能仿真用以测试设计的逻辑。时序仿真在目标器件中测试设计的逻辑功能和最坏情况下的时序。采用 Fast Timing 模型进行的时序仿真，在最快的器件速率等级上仿真尽可能快的时序条件。

6. 时序分析

时序分析在完整编译期间自动对设计进行时序分析。

7. 时序逼近

可以使用时序逼近平面布局图查看 Fitter 生成的逻辑布局，查看用户分配、LogicLock 区域分配以及设计的布线信息。可以使用这些信息在设计中识别关键路径，进行时序分配、位置分配和 LogicLock 区域分配，达到时序逼近。

8. 功耗分析

PowerPlay Power Analyzer 用以进行设计的功耗分析，可以设定初始化功耗分析过程中的触发速率和静态几率，以及是否需要将功耗分析过程中使用的信号活动写入输出文件，还可以指定基于实体的触发速率。对于有些器件，Quartus Ⅱ软件将分析设计拓扑和功能，填补任何丢失的信号活动信息。

9. 编程和配置

1）可以用 Programmer 对一个或多个器件进行编程或配置。

2）可以为提供的硬件编程，配置本地 JTAG 服务器设置，使远程用户连接到本地 JTAG 服务器进行编程。

10. 调试

用于调试的工具有：SignalTap Ⅱ逻辑分析仪、SignalProbe 功能、Chip Editor、RTL Viewer 及 Technology Map Viewer。

11. 工程更改管理

Quartus Ⅱ软件允许在完整编译之后对设计进行小的更改，称作工程更改记录（ECO）。可直接对设计数据库进行 ECO 更改，而不是更改源代码或 Quartus Ⅱ 设置和配置文件（.qsf）。对设计数据库做 ECO 更改可避免实施一个小的更改而运行完整的编译。

除上述基本设计流程之外，Altera 还提供了两个系统设计工具，即 SOPC Builder 和 DSP Builder。SOPC Builder 包含在 Quartus Ⅱ软件中，为建立 SOPC 设计提供标准化的图形环境。在 SOPC Builder 中可以选择和自定义系统模块的各个组件与接口。SOPC Builder 将这些组件组合起来，生成对这些组件进行例化的单个系统模块，并自动生成必要的总线逻辑，将这些组件连接起来。

DSP Builder 在 MATLAB/Simulink 中建立 DSP 设计的硬件表征，缩短了 DSP 设计周期。使用 DSP Builder 可以使系统、算法和硬件设计人员共享公共开发平台。DSP Builder 是 Altera 提供的可选软件包，不包含在 Quartus Ⅱ和 Nios Ⅱ的软件包中。DSP Builder 可以通过 MATLAB/Simulink 界面实现设计综合、编译、下载及调试。

4.2 Quartus Ⅱ基本设计流程

4.2.1 新建工程

Quartus Ⅱ软件中任何一项设计都是一项工程（Project），Quartus Ⅱ以工程方式对设计过程进行管理，工程中存放创建 FPGA 配置文件需要的所有设置和设计文件。Quartus Ⅱ软件只能同时处理一个工程，所有与该工程相关的内容都保存在一个目录下。设计前一般首先为此工程建立一个放置与此工程相关的所有文件的文件夹，此文件夹将被 EDA 软件默认为工作库（Work Library）。一般不同的设计项目最好放在不同的文件夹中，便于以后的管理，即使有些硬件描述语言程序原来已经完成，也建议把相关文件复制到新工程文件夹下，否则以后工程复制时可能不完整，造成不必要的麻烦。

注意：Quartus Ⅱ为英文软件，早期的版本不支持全角字符，故文件夹不能用中文（包括放在“桌面”文件夹下），也不能带空格；不要将文件夹设在计算机已有的安装目录下，更不要将工程文件直接放在安装目录下。

打开 Quartus Ⅱ软件。单击桌面的 Quartus Ⅱ的快捷方式图标，或在 Windows 桌面选择“开始”→“程序”→ Altera → Quartus Ⅱ→ Quartus Ⅱ，结果如图 4-2 所示。如果第一次使用 Quartus Ⅱ软件，需要安装 License，此处省略相关内容。

要设计一个电路，第一步就是新建工程。按照以下步骤使用新建工程向导创建新工程。

1）选择菜单 File → New Project Wizard（新建工程向导），如图 4-3 所示。

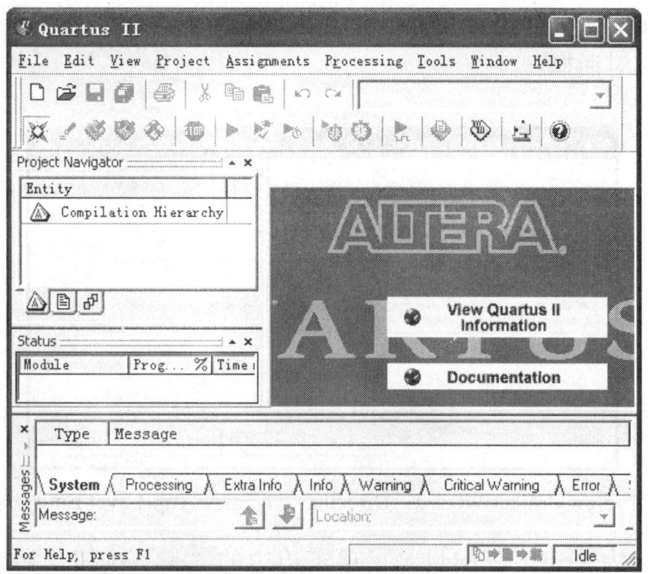

图 4-2　Quartus Ⅱ的图形界面

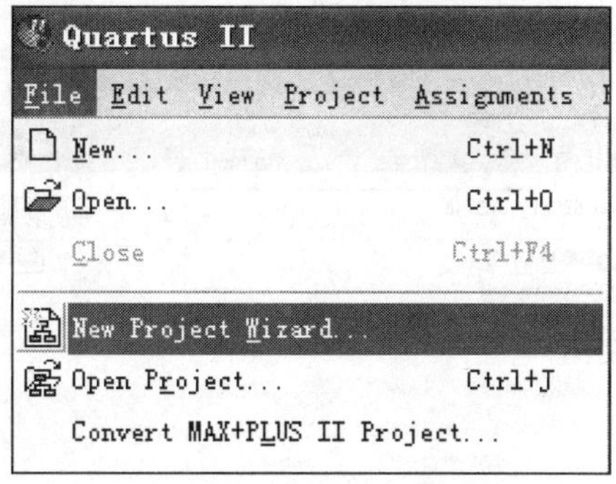

图 4-3　新建工程菜单

2）弹出如图 4-4 所示的“ New Project Wizard：Introduction”界面，该界面介绍了新建工程所包含的步骤，可以勾选 Don't show me this introduction again 复选框，使以后每次新建工程时不再出现该介绍界面。

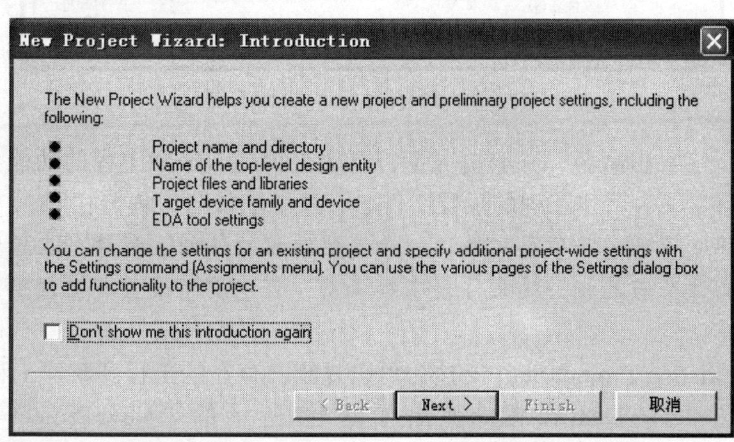

图 4-4　New Project Wizard：Introduction 界面

3）单击Next按钮，弹出如图4-5所示的“New Project Wizard：Directory，Name，Top-Level Entity”对话框。

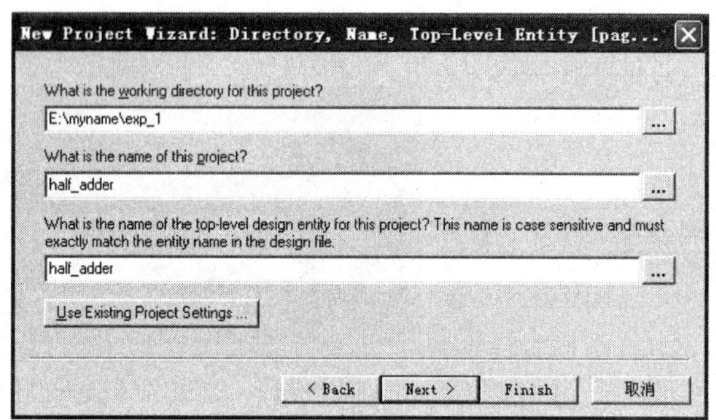

图4-5　New Project Wizard：Directory，Name，Top-Level Entity对话框

其中，第一项为新建工程的目录，单击边边的“…”按钮，弹出如图4-6所示的Select Directory对话框，选择合适的硬盘和已有的文件夹；或单击右上方的“创建新文件夹”图标可以新建文件夹。选择好合适的文件夹后，单击右下方的“打开（O）”按钮即完成存放工程的文件夹的设置。

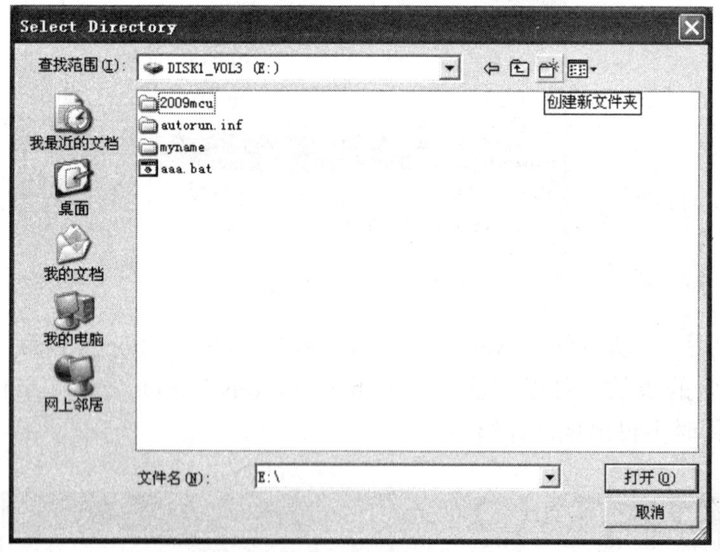

图4-6　Select Directory对话框

第二项为新建工程命名，一般情况下，新建工程的名字和工程的功能有关，这样可以顾名思义。第三项为新建工程的顶层文件名，系统默认与工程名相同。

注意：工程即项目，而顶层文件类似于其他编程软件的主程序，在工程编译时，软件只编译顶层文件及与其相关的文件，在编译前，可以重新设置或把顶层文件更改为其他已存在的文件。

单击Use Existing Project Setting按钮可以复制已存在的工程到新建工程中。

4）单击图4-5的Next按钮，弹出如图4-7所示的“New Project Wizard：Add Files”对话框。该步骤可以用于“在该工程中添加已存在的文件”，如果不需要加入已有的文件，跳过该步，直接单击 Next 按钮。

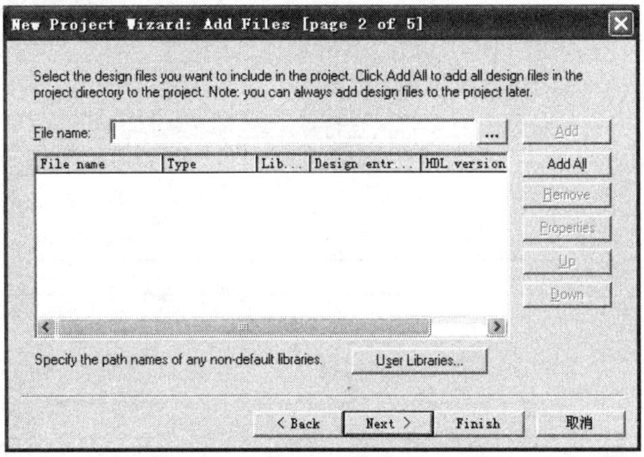

图 4-7　“New Project Wizard：Add Files”对话框

5）弹出如图 4-8 所示的“New Project Wizard：Family & Device Settings”对话框。

其中 Family 选项卡用来选择工程设计中所使用的器件的系列。根据生产工艺和功能，Altera 公司的 FPGA 器件分为许多类系列，每类系列又包含若干种器件。Available devices 框中列出当前版本 Quartus Ⅱ 支持的所选系列的所有器件。具体器件需要根据所用实验箱配备的器件来选择。为了快速选择使用的器件，可以在 Show in 'Available device' list 区域中对 Package（封装）、Pin count（引脚数）、Speed grade（器件速度等级）进行设置，对 Available devices 进行筛选，以正确选择使用的器件。

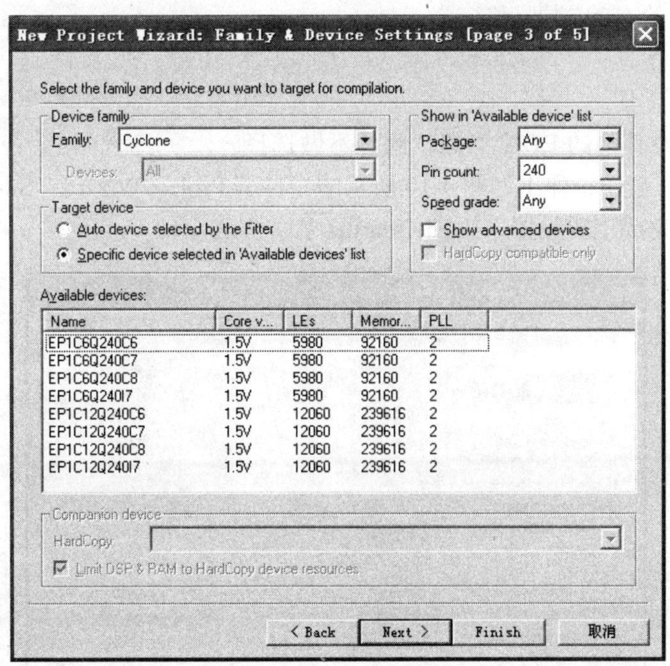

图 4-8　New Project Wizard：Family & Device Settings 对话框

6）选择相应的器件后，单击 Next 按钮，弹出如图 4-9 所示的“New Project Wizard：EDA Tool Settings”对话框。

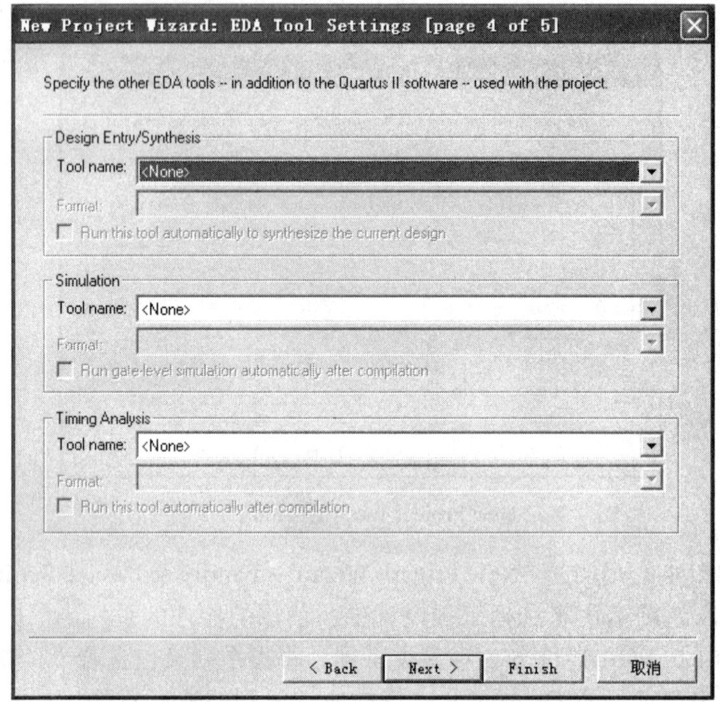

图 4-9　New Project Wizard：EDA Tool Settings 对话框

Quartus Ⅱ支持第三方提供的 EDA 工具，在此对话框中有三个选项，可以选择使用第三方的设计，分别对应：

- ❑ 选择输入的 HDL 类型和综合工具；
- ❑ 选择仿真工具；
- ❑ 时序分析工具。

如果没有涉及其他的 EDA 工具，此处不做选择。

7）单击 Next 按钮，弹出如图 4-10 所示的“New Project Wizard：Summary”对话框。单击 Finish 按钮完成工程设置，返回 Quartus Ⅱ主界面。

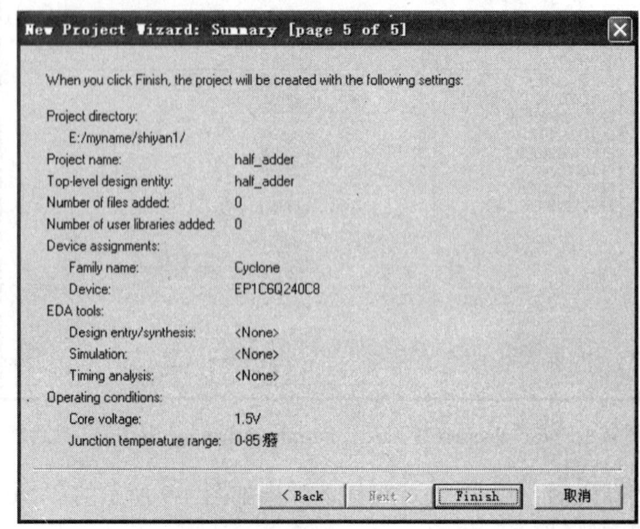

图 4-10　“New Project Wizard：Summary”对话框

4.2.2　设计输入

Quartus Ⅱ支持多种设计输入方法，包括原理图设计输入、文本输入（可以编辑 AHDL、VHDL、Verilog 等硬件描述语言）。Quartus Ⅱ软件还支持第三方工具的输入，如 *.EDIF 网表文件输入、*.VQM 文件输入。此外，Quartus Ⅱ软件中可以采用图形、文本和网表的混合设计输入，还可以利用 LPM 和宏功能模块进行设计输入。

1. 原理图输入

Quartus Ⅱ提供了功能强大、直观便捷和操作灵活的原理图输入设计功能，同时还配备了适用于各种需要的元件库，其中包含基本逻辑元件库（如与非门、反向器、D 触发器等）、宏功能元件（包含了几乎所有 74 系列的器件），以及功能强大、性能良好且类似于 IP Core 的兆功能块 LPM 库。但更为重要的是，Quartus Ⅱ还提供了原理图输入多层次设计功能，使得用户能设计更大规模的电路系统，同时还提供了使用方便、精度高的时序仿真器。

原理图输入步骤如下所示。

1）单击菜单 File，选择 New 选项，或直接单击“新建文件”图标，弹出如图 4-11 所示的 New 对话框。在使用不同版本的 Quartus Ⅱ软件时，该界面可能不同，但所包含的内容基本相同。这里可选择新建文件的类型，下面仅简单介绍本书所涉及的几种文件类型。

- New Quartus Ⅱ Project：新建工程，等同于选择菜单 File（文件）→ New Project Wizard；
- AHDL File：Altera 公司开发的一种硬件描述语言文件；
- Block Diagram/Schematic File：原理图文件；
- Verilog HDL File：Verilog 语言文件；
- VHDL File：VHDL 语言文件；
- Memory Initialization File：ROM 的数据文件；
- Vector Waveform File：波形仿真文件。

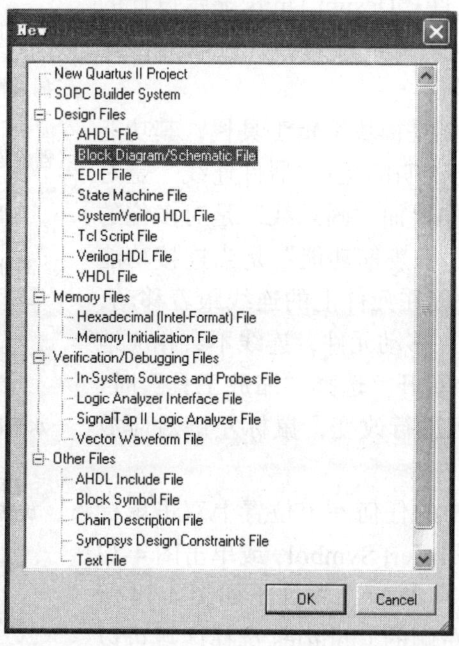

图 4-11　New 对话框

2）选择 Block Diagram/Schematic File，单击 OK 按钮，打开图形编辑器，弹出如图 4-12 的软件平台界面。

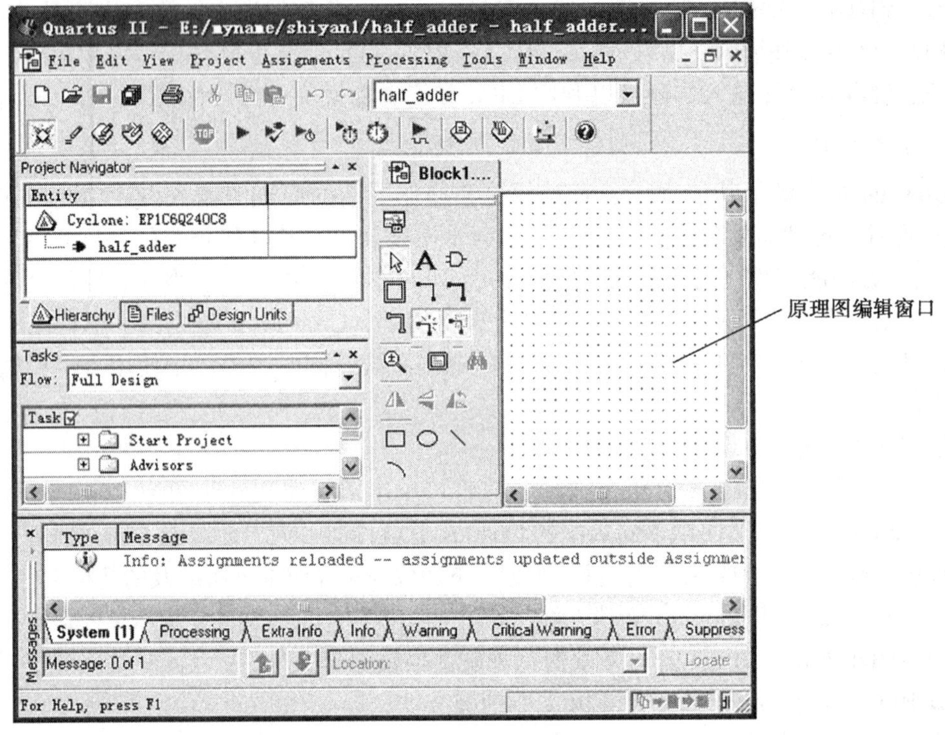

图 4-12　Quartus Ⅱ软件界面

在图 4-12 中，在左侧的 Project Navigator 面板中，有 3 个选项卡，其中：Hierarchy 显示的是工程的层级；Files 显示工程所包含的文件；Design Units 显示设计的单元。对我们来说，Files 是经常用到的，可以方便地对工程文件进行处理和设置。

原理图输入区域的左侧是模块编辑工具栏，其功能如图 4-13 所示。需要特别说明的是："器件连线"是对 1 位的数据线执行连线操作，而"画总线"是对多位的数据总线执行连线操作。"橡皮筋功能"是当连接功能打开时，移动元件，则连接在元件上的连线跟着移动，不改变原有的连线；否则，移动元件，连线不会相应地移动，从而原有的连线会断开。选择"缩放工具"时，对原理图文件的视图比例进行改变，鼠标左键对应放大，右键对应缩小。

3）在原理图编辑窗中的任何一个位置上双击鼠标左键，或选择菜单 Edit→Insert Symbol；或单击图 4-13 所示的"插入符号（元件）"图标，将弹出如图 4-14 所示的 Symbol 对话框。在左侧的 Libraries 选择区域可以展开元件库。megafuctions 为兆功能元件库；others 主

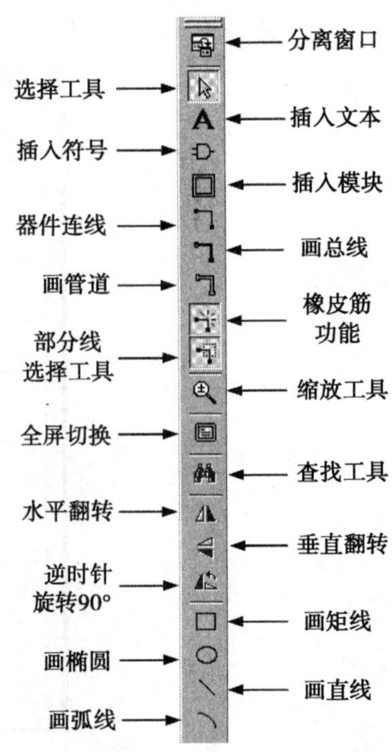

图 4-13　原理图编辑工具栏说明图

要包括 Maxplus2 中的元件库；primitives 为基本元件库，主要包括缓存、基本逻辑门、输入 / 输出引脚符号、触发器等。或直接在 Name: 区域输入元件名称以快速找到所需的元件。单击 MegaWizard Plug-In Manager 按钮，可以进入添加参数可设置的兆功能模块向导。

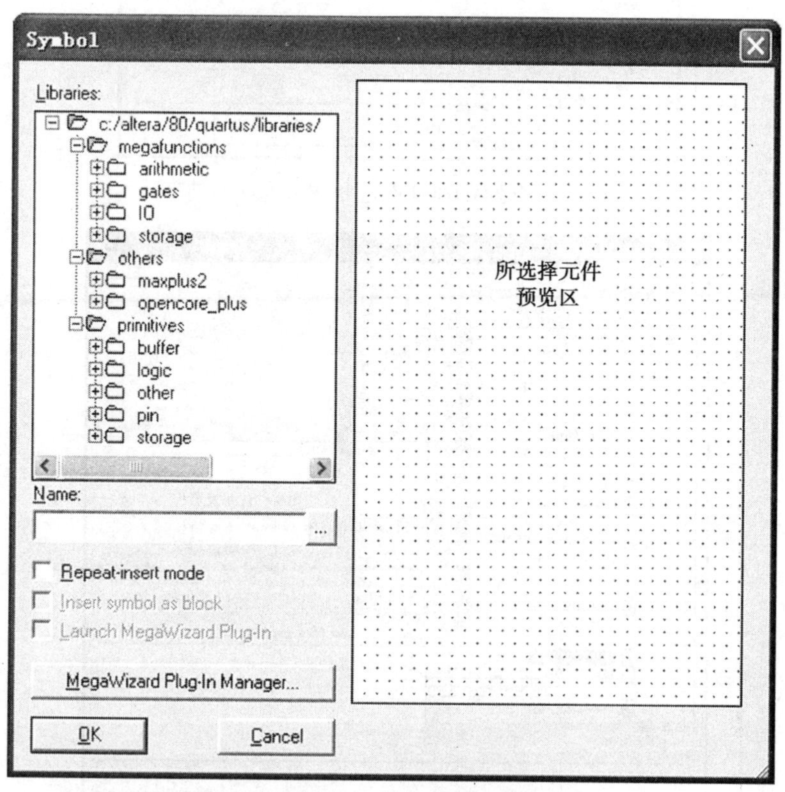

图 4-14　选择元件界面

注意事项：

a. 寻找、选择器件时可以直接在 Name 区域直接输入元件或符号名。

b. 如果同一原理图中存在较多的相同元件，在添加第一个元件后，在原理图上可以选改器件，使用快捷键 CTRL ＋ C 进行复制，然后单击其他空白区域，使用快捷键 CTRL ＋ V 进行粘贴。

c. 为了连线方便，有连线的器件尽量距离靠近一些；为了原理图美观，尽量器件对齐。要养成好的习惯，以达到较好的视觉效果。

4）兆功能模块

在此介绍添加兆功能模块的方法。在原理图编辑窗中，双击鼠标，打开 Symbol 对话框，单击 MegaWizard Plug-In manager 按钮，弹出如图 4-15 所示的 MegaWizard Plug-In Manager 对话框。选择 Create a new custom megafunction variation 单选按钮新建一个兆功能模块。

单击 Next 按钮进入向导第 2 页。如图 4-16 所示，在左边框中选择有需要的功能模块，这里选择的是计数器功能模块。在生成兆功能模块的过程中，软件会自动生成该功能模块对应的硬件描述语言，可以选择相应的语言类型。

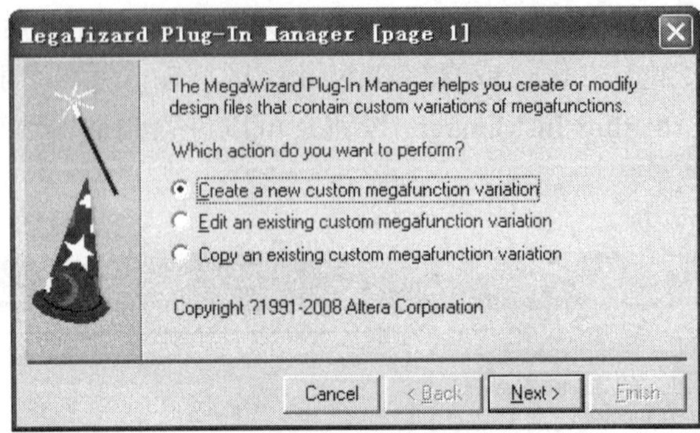

图 4-15 MegaWizard Plug-In Manager 对话框

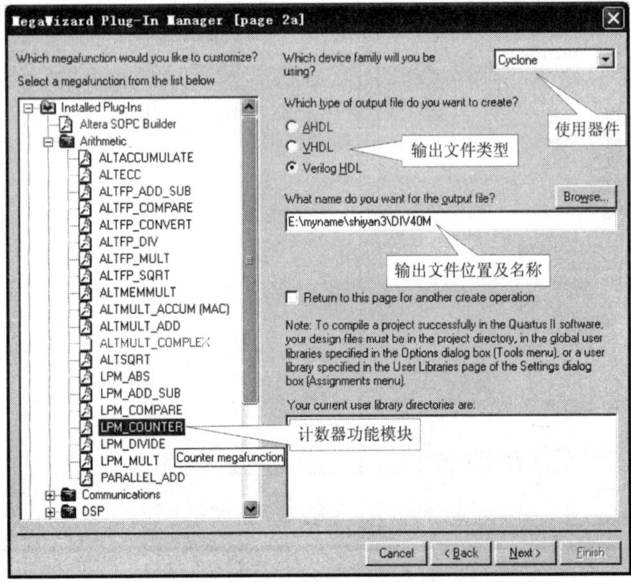

图 4-16 MegaWizard Plug-In Manager 对话框

单击 Next 按钮，根据选择的模块种类弹出相应的设置界面窗口。对模块进行设计，最后出现设置 Summary 界面，以计数器模块为例，如图 4-17 所示。

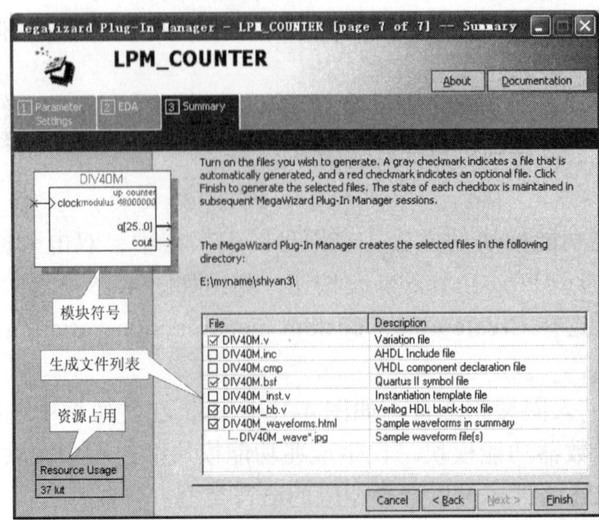

图 4-17 Summary 界面

生成功能模块后，添加到原理图文件中。

5）进行连线。连线时需要注意以下几点。

a. 放置元器件后，每个元器件的符号的左下角都有一个编号，如“inst”、“inst2”，这是输入元件时软件的自动顺序标号，编译时如果该元件有错误，会提示 [ID：*] 错误，便于区别和寻找。

b.“INPUT”为输入引脚符号，双击该符号，则弹出如图 4-18 所示的 Pin Properties 设置对话框，为了方便区分引脚名称，在 Pin name(s) 栏可以对引脚进行重命名。在 Default value 栏可以对输入引脚的默认电平进行设置。在 Format 选项卡中可以对内部线的颜色和字体进行设置。

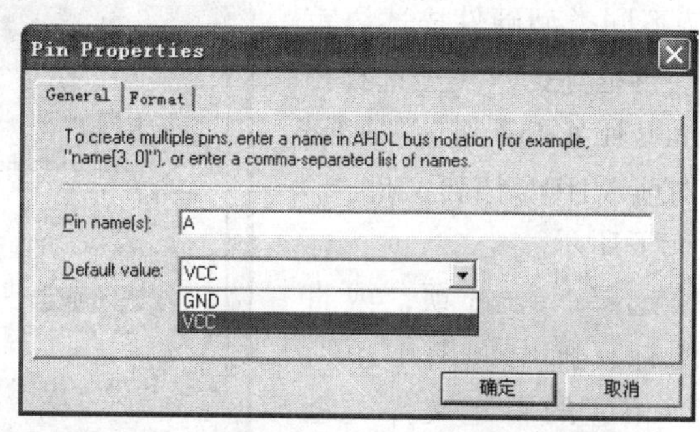

图 4-18　Pin Properties 对话框

c. 对 Pin name 和 Default value 的设置也可以这样设置：在引脚名称或默认电平区域单击鼠标，然后再单击鼠标（中间有一定的时间间隔不要双击，进入图 4-18 所示的界面），会选中该名称，然后进行相应的输入或设置。如果修改完成后，按 Enter 键确定，且该引脚不是同类引脚中最后一个添加的引脚，则自动跳到下一个添加的同类引脚的相应位置进行修改。

d. 关于连线：如果需要连接两个元器件端口，则将鼠标移动到其中的一个端口上，这时鼠标指示符会自动变为“+”形，然后按住鼠标左键并拖动鼠标至第二个端口（或其他地方），松开鼠标后则可画出一条连线。如果两个元件端口并未在同一水平线或垂直线上，先拖动鼠标到合适位置，松开后在此处继续拖动鼠标左键，即可改变为折线。

连接两个元件端口，也可以使用图 4-13 的“橡皮筋功能”，移动一个元件的引脚符号使其需要连线的端口和另一元件符号的输出端口贴紧，松开鼠标，然后移动引脚，在这两个端口之间的连线就自动出来了，十分方便。

如果需要删除某段连线，左键点选该线使其变成蓝色（颜色和软件的设置有关），按 Delete 键删除。如果要对某段线相通的全部连线进行操作，在线上双击鼠标即可选择其全部连线，然后单击鼠标右键进行删除、旋转操作和线类型设置等。

对原理图操作时，一般工具箱一直选择的是“选取工具”，结合鼠标的右键弹出的相应功能，基本可以完成全部操作。

在空白区域单击并拖动鼠标可以选择区域内的元件和连线。

元件之间的连线尽量不要和元件符号的边缘虚线重合，也尽量不要从元件符号区域穿过。否则，不仅原理图不美观，且无法发现连线的错误。

6）完成原理图，选择菜单 File → Save，或单击工具栏中的“保存”图标，进行文件保存。在保存文件时，文件名可以用设计者认为合适的任何英文名，但是不要和所使用的元件名重名，名称也最好和其功能相联系，注意后缀是 .bdf。

在保存界面上，一定要勾选 Add file to current project 复选框，即把该文件添加到当前工程中。

注意事项：

保存文件时一定要注意对文件的命名，绝对不能相互之间重名；对软件默认（建议）保存的名称一定要仔细看清楚它是否已使用，否则会覆盖其他原有文件，造成严重错误，对初学者来说，这个错误是经常遇到的。

2. 文本输入

Quartus Ⅱ软件支持不同类型硬件描述语言的输入，根据所使用的硬件描述语言类型选择相应的新建文件类型。Verilog HDL File 对应 Verilog 语言文件，VHDL File 对应 VHDL 语言文件。

文本输入具体步骤如下所示。

1）选择菜单 File，选择 New 选项，或直接单击“新建文件”图标，弹出如图 4-19 所示的 New 对话框，选择相应的新建文件类型（Verilog HDL File 或 VHDL File）。

图 4-19 New 对话框

2）单击 OK 按钮，弹出文本编译窗口，输入源程序。

说明：Quartus Ⅱ软件一般情况下不区分大小写，需要注意文件中需要编译的语句字符是半角字符，但是保存的文件名要和模块名一致，包括大小写一致。

不同的描述语言有不同的关键字，该关键字具有一定的颜色以便于和其他字符区别，需要更改关键字的颜色，可以选择菜单 Tools → Options，在弹出的 Options 对话框中，可以对软件进行许多方面的设置，选择 Text Editor 子选项设置，可以更改 Keywords 的颜色。

3）保存文件，并把该文件指定为顶层文件。

单击“保存文件”图标，弹出 Save As 对话框。因为在创建文件时就已经选择了文件的类型，故不需要对文件的类型进行更改。但一定要注意，文件名一定要和实体名即模块名一致，否则编译会出错，这是 Quartus Ⅱ软件所要求的。所以我们在编写硬件描述语言的时候，就要根据各个模块所期望实现的功能进行对实体（模块）进行命名，这样在以后使用时，由文件名（实体名、模块名）就可以大概判断其功能，增加文件的可读性和通用性。在保存界面中，一定勾选 Add file to current project 复选框，即把该文件添加到当前工程中。

把该文件指定为顶层文件。在 Project Navigator 面板中，选择 File 选项卡，右键单击该文件，在弹出的浮动窗口中，选择 Set as Top-Level Entity 把该文件设为顶层文件。

4.2.3 编译

Quartus Ⅱ编译器是由一系列处理模块构成的，这些模块负责对设计项目的检错、逻辑综合、结构综合、输出结果的编辑配置，以及时序分析。在这一过程中，将设计项目适配到 FPGA/CPLD 目标器件中，同时产生多种用途的输出文件，如功能和时序信息文件、器件编程的目标文件等。编译器首先检查出工程文件中可能的错误信息，供设计者排除，然后产生一个以网表文件表达的结构化的电路文件。

在编译前，设计者可以选择菜单 Assignments → Settings 进行各种不同的设置，指导编译器使用各种不同的综合和适配技术，以提高设计项目的工程速度，优化器件资源的利用率。而且在编译过程中及编译完成后，可以从编译报告窗口中获得所有相关的详细编译结果，以便于设计者及时调整设计方案。

在将相应的文件设置为顶层实体后。选择菜单 Processing → Start Compilation 或单击其在工具栏上的对应图标进行全程编译。

特别注意： 这时如果文件需要保存，软件会提醒使用者保存，但是，一定要注意保存的是哪个文件以及系统默认的命名是否合适，一旦出现重名文件，会造成错误，修改起来很麻烦。

若在编译过程中发现错误，编译会自动终止，并在消息框中显示错误信息，一般情况下，会告诉用户错误的位置和情况，在 Message 栏中，选择 Error 选项卡，有些 Error 包含若干小错误，可以层级展开。遇到错误后，要仔细看看错误的说明，以积累经验。找出并更正错误直至编译成功为止。

一般情况下，在错误信息处双击鼠标，Quartus Ⅱ会自动跳到软件“识别”的错误处，在该提示附近排错。要获得关于该错误的帮助，可以选中该错误信息，并按 F1 键。如果在编译过程中有警告信息，也会在消息框中列出，使用相同的方法可以定位产生警告的位置。原理图或硬件描述语言中的一个错误，在编译时可能或出现若干条错误信息报告，故要从第一条错误处查找错误原因，纠正后，然后再启动全程编译，直至成功。

如果软件报错，软件本身又无法找到错误位置，这种情况下注意以下几点。

a. 工程的存盘文件夹是否合适（不要带全角字符，也不能直接存放在根目录下）；

b. 工程中是否存在重名文件；

c. 是否指定了合适的 Licence 文件。

在编译时，可能产生很多警告信息，一般情况下，这些警告不会影响设计结果，对于初学者可以不去理会；但是有些警告是设计本身存在不合适的地方造成的。

如果编译成功，可以看到一些编译信息，在 Project Navigator 区域的 Hierarchy 选项卡中可以看到层级结构和结构模块所耗用的逻辑宏单元数（LCS）以及引脚数等其他信息，如图 4-20 所示。

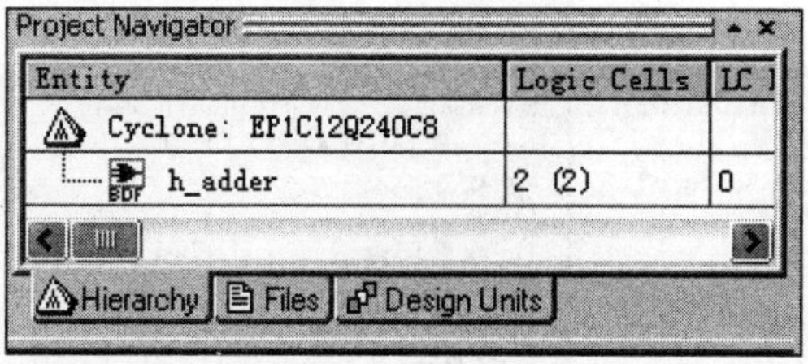

图 4-20　编译后的 Project Navigator 区域之 Hierarchy 选项卡

在编译时，状态窗口显示整个编译过程及每个编译阶段所用的时间。如图 4-21 所示。编译结果显示在 Compilation Report 窗口中。编译时间的长短取决于计算机的性能、编译选项的设置以及工程文件的复杂程度等。

下面介绍其中一些模块。

- ❑ Analysis & Synthesis 为分析与综合过程。它将输入的原理图文件或 HDL 文本文件转化成网表文件并检查其中可能的错误。该模块还负责连接顶层设计中的多层次设计文件；此外还包含一个用于接收外部标准网表文件的内置阅读器。逻辑综合器，对设计项目进行逻辑化简、逻辑优化并检查逻辑错误。综合后输出的网表文件表达了设计项目中底层逻辑元件最基本的连接方式和逻辑关系。逻辑综合器的工作方式和优化方案可以通过一些选项来实现。

Status

Module	Progress %	Time
Full Compilation	100 %	00:00:10
Analysis & Synthesis	100 %	00:00:02
Fitter	100 %	00:00:04
Assembler	100 %	00:00:02
Classic Timing Anal...	100 %	00:00:02

图 4-21　工程编译耗时状态窗口

- ❑ Filtter 为适配器，适配器也称为结构综合器或布线布局器。它将逻辑综合所得的网表文件，即底层逻辑元件的基本连接关系，在选定的目标器件中具体地实现。对于布线布局的策略和优化方式也可以通过设置一些选项来改变和实现。
- ❑ Assembler 为装配器，该功能块将适配器输出的文件，根据不同的目标器件，不同的配置 ROM 产生多种格式的编程 / 配置文件，如用于 CPLD 或配置 ROM 用的 POF 编程文件（编程目标文件）；用于对 FPGA 直接配置的 SOF 文件（SRAM 目标文件）；可用于单片机对 FPGA 配置的 Hex 文件，以及其他 TTFs、Jam、JBC 和 JEDEC 文件等。
- ❑ Classic Timing Analyzer 为时序仿真网表文件提取器，该模块从适配器输出的文件中提取时序仿真网表文件，留待对设计项目进行仿真测试用。对于大的设计项目一般先进行功能仿真，方法是在 Compiler 窗口下选择 Processing 项中的 Functional SNF Extractor（功能仿真网表文件提取器）选项。

说明： 编译过程分多个步骤完成，以上是全程编译的内容，如果需要单独进行某一步骤，可以选择菜单 Processing → Start 执行相应的操作。

如果编译过程中没有错误出现，会弹出一个编译成功的提示框，单击“确定”按钮。弹出如图 4-22 所示的编译报告窗口。左栏是编译报告项目选择菜单，单击其中各项可以在右栏详细了解编译与分析结果。

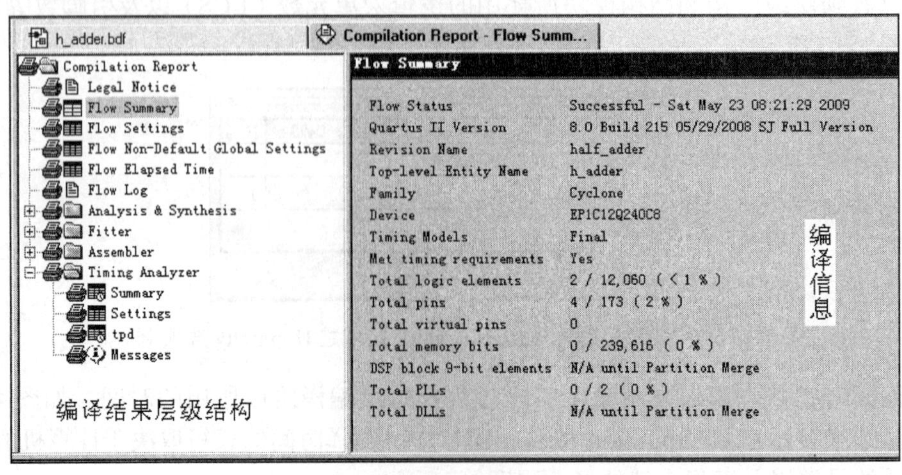

图 4-22　编译报告窗口

例如：单击 Flow Summary 项，将在右栏显示工程信息、所使用的器件和硬件资源耗用的统计报告。我们可以了解到 EP1C12Q240 器件的总逻辑单元为 12060 个，本工程使用了 2 个，占用率 <1%。

如果单击 Timing Analyzer 项的左侧“＋”号，展开其子项目，则能通过单击各个子项目看到当前工程所有相关时序特性报告。

4.2.4　时序仿真

对工程编译通过后，必须对其功能和时序性质进行仿真测试，以了解设计结果是否满足原设计要求。

简单来说，仿真就是人为模拟输入信号，观察输出信号的变化，判断是否合乎预计的设计要求。具体步骤如下所示。

1）建立波形测试文件。

选择菜单 File → New，再选择图 4-11 所示的 Vector Waveform File，即波形仿真文件，弹出如图 4-23 所示的波形编辑器。

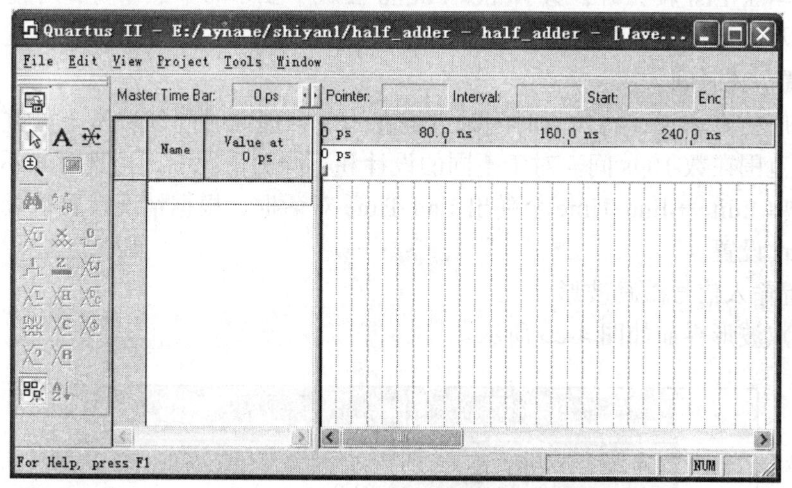

图 4-23　波形编辑器

2）添加信号节点。

在波形编辑器左侧空白区域双击鼠标，会弹出如图 4-24 所示的 Insert Node or Bus 对话框。

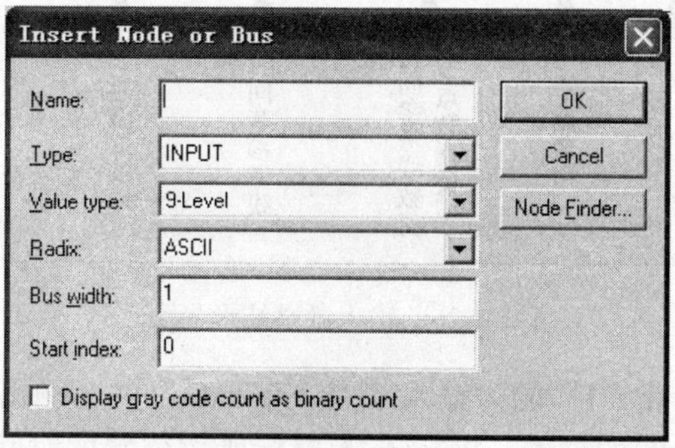

图 4-24　Insert Node or Bus 对话框

在该对话框中，可以直接在 Name 区域输入已知的节点名称。但是为了方便快速地输入信号节点，可以单击 Node Finder 按钮，弹出如图 4-25 所示的 Node Finder 对话框。在 Filter 选项中选择“ Pins: all”即不进行筛选而显示全部节点；单击 List 按钮，进行 Start node search 后，在 Nodes Found 区域中会列出已寻找到的节点。选择合适的节点，通过“≥”、“>>”、“≤”、“<<”4 个按钮对节点进行添加或移除。

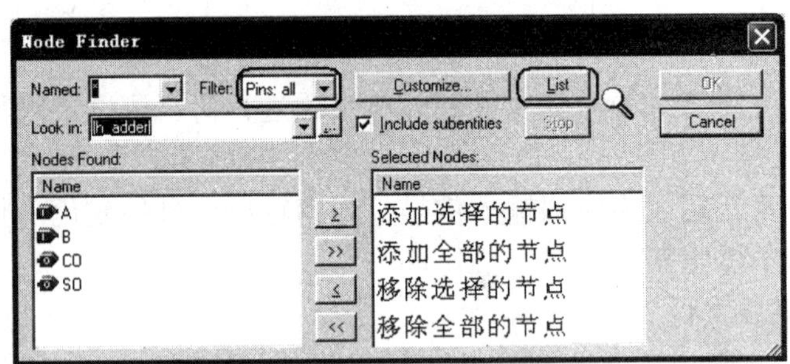

图 4-25 Node Finder 对话框

注意：单击 List 按钮时，若 Nodes Found 区域中显示的节点不对，可能是未进行全程编译、顶层文件设置不正确。

3）设置仿真时间。

对于时序仿真来说，将仿真时间轴设置在一个合理的时间区域是十分重要的。通常设置的时间范围在数 10μs 间。对于不同的设计和不同的情况下，仿真时间不同。

选择菜单 Edit → End Time 会弹出 End Time 对话框，根据情况设置仿真时间。这里按默认值 1μs 设置。

4）设置输入信号激励波形。

部分节点波形界面如图 4-26 所示。

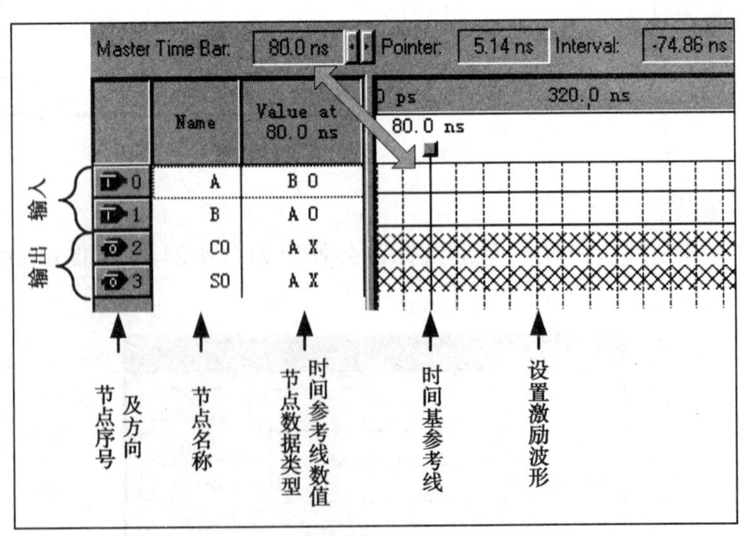

图 4-26 输入激励波形界面

其中，节点符号中带“I”的为输入节点，带“O”的为输出节点。Master Time Bar 中的时间代表时间参考线的位置；Pointer 为鼠标所放位置的时间值；而 Interval 为二者的时间间隔。

在“节点数据类型”栏双击鼠标，弹出如图 4-27 所示的 Node Properties 对话框。这里主要常用的是对数据的 Radix 即数据的显示类型进行设定，便于观察激励波形的数据。其中 Fractional 表示小数，Hexadecimal 表示十六进制，Octal 表示八进制，Signed Decimal 表示有符号的十进制，Unsigned Decimal 表示无符号十进制。勾选 Display gray code count as binary count 复选框就表示以格雷码的方式显示数据。

图 4-27　Node Properties 对话框

图 4-28 为波形编辑器工具条介绍。其中：缩放工具左键放大视图而右键缩小视图，在设置输入激励波形时，尽量单击鼠标右键至显示全部仿真时间段，这样设置的波形的比例就比较合适；“反向”工具是在所选时间区域对激励信号取反。

从“未初始化”到“无关状态”就是图 4-27 中的“9_Level”即 9 种逻辑电平类型。

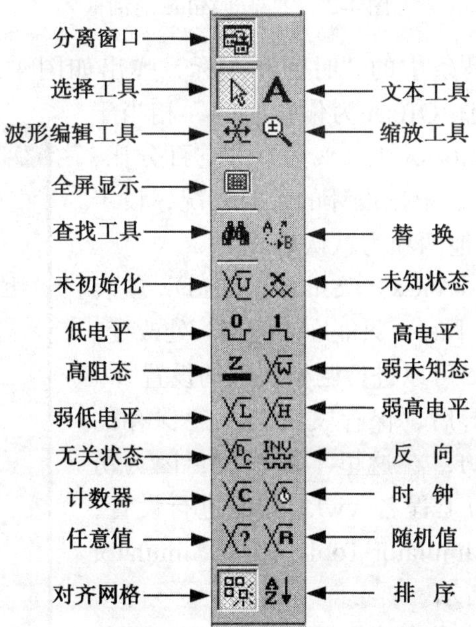

图 4-28　波形编辑器工具条

部分工具是对所选择的仿真时间区域进行操作，故只有使用选择工具选择激励波形的某个时间区域后才有效；在“节点名称”栏单击相应的节点，可以选择该节点的全部仿真时间进行同一设置或规律性设置。

单击“计数器”按钮，弹出如图4-29所示的Count Value对话框。计数值设置就是等差数列设置，即设置起始值（Start value）、步长（Increment by）、时间步长（Timing选项卡）。（该计数功能不体现进位溢出，假如信号为8位的总线数据，初始值设为250，步长为10，其第二个数为4=260-256。）

需要说明的是：Timing选项卡中，Start Time和End time对激励信号的仿真时间区间进行计数值设置；Count every设置时间间隔，而Multiplied by是时间倍数，二者的乘积即为实际的时间步长。

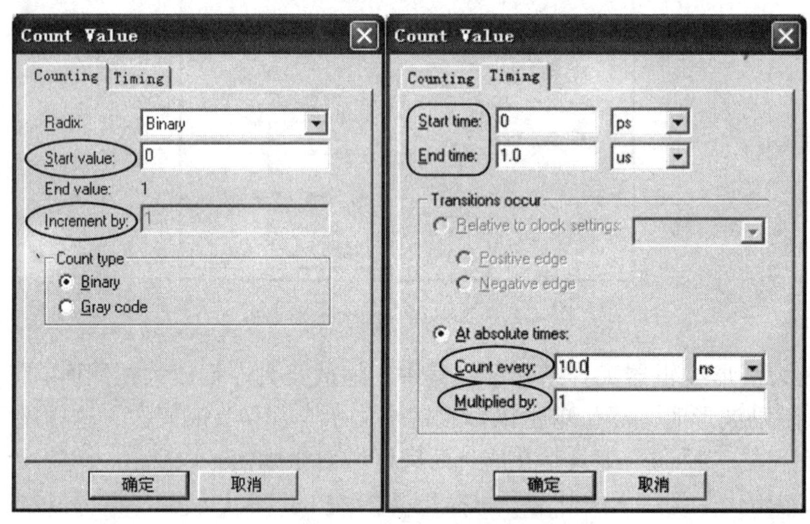

图4-29 Count Value对话框

单击波形编辑器工具条中的“时钟”图标，弹出如图4-30所示的对话框。其中：Period为时钟信号的周期；Offset为偏置时间，相当于初始相位，默认为0；Duty cycle（%）为占空百分比，默认为50%。一般情况下，根据设计的延时情况，设定合适的时钟周期即可，其他两项为默认值。

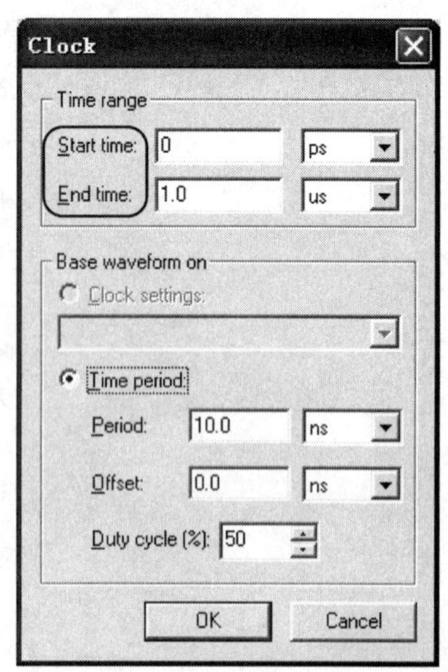

图4-30 Clock对话框

“对齐网格”若使能（View→Snap to Grid），就表示在手动设定激励信号电平时，只能在“网格”处改变。选择菜单Edit→Grid Size可以进行网格间隔的设置。

设置合适的激励波形后，保存文件，注意保存的默认文件名为工程名.vwf，在这里不要修改，因为仿真时，默认的仿真文件为工程名.vwf。如需进行设置，选择菜单Processing→Simulator Tool，打开Simulator Tool对话框，如图4-31所示。

在Simulation mode选项中选择Timing类型，即选择时序仿真；在Simulation input中，选择合适的文件文件名，如果是空白，则软件默认为工程名.vwf文件；并勾选Glitch detection复选框，设置为1ns宽度。

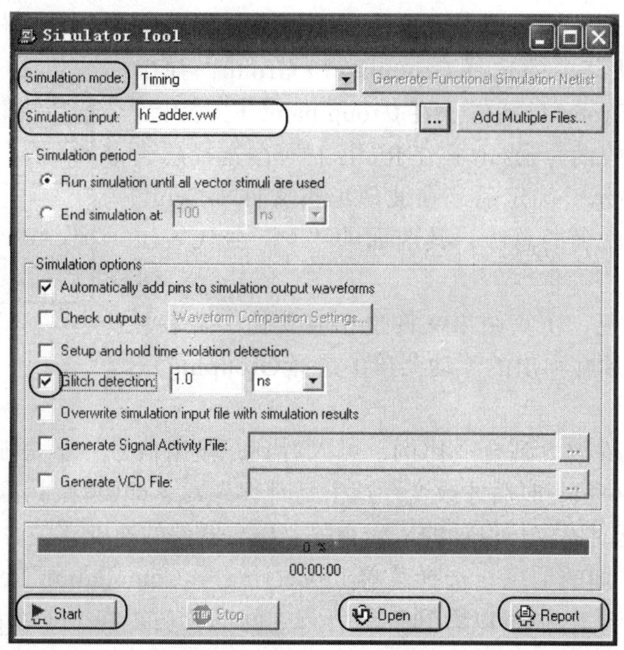

图 4-31 Simulator Tool 对话框

单击该界面的 Start 按钮，或在未弹出本界面时，选择菜单 Processing → Start Simulation，或直接单击其相应的快捷按钮，则可以进行仿真。如果正确无误，则自动弹出文件 Simulation Report。

在仿真结果区域，单击鼠标右键，选择菜单 Zoom → Fit in Windows，使全时域显示仿真波形结果文件。移动时间参考线，可以在“节点电平”栏方便地看出该时刻的各个节点的电平，如图 4-32 所示。

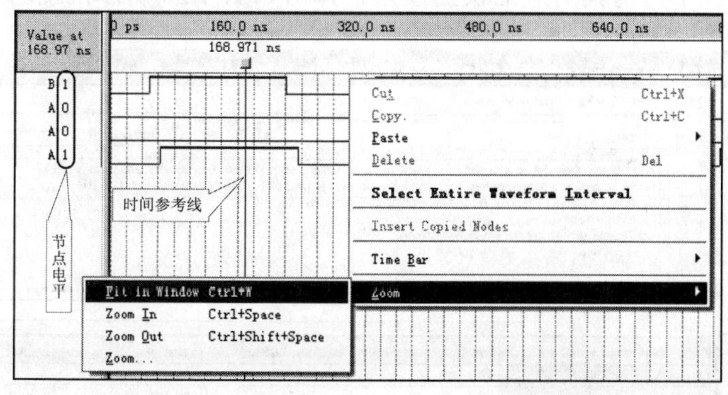

图 4-32 Simulation Report 文件查看说明图

注意：Quartus Ⅱ软件的仿真波形文件中，波形编辑文件（*.vmf）与波形仿真报告文件（Simulation report）是分开的。一般情况下，重新设置激励信号时，要在波形编辑文件（*.vmf）中进行，而不要在波形仿真报告文件进行设置。

有时为了方便观察起见，需要把输出的结果以总线方式显示。在波形编辑文件（*.vmf）中，首先把高位放在上方，方法是先选择节点相对应的图标，再按下鼠标按钮，鼠标指针变成“✣”形状时拖动鼠标，把节点移动到合适的位置。然后点选某个相应的图标，然后按住 Shift 键，再添加其他相应的节点。在选中的节点位置，单击鼠标右键，在弹出的浮动菜单中选择 Grouping → Group，弹出如图 4-33 所示的 Group 对话框。在 Group name 栏输入节点组合后的名称，假设为 result；在 Radix 栏可以选择总线数据以何种进制显示。确定后，在波形编辑文件（*.vmf）中会出现以 result 命名的总线，其前面的“+”号代表层级结构，可以展开。

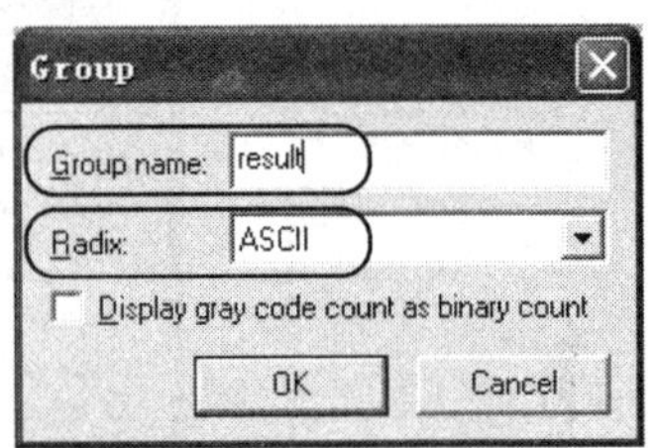

图 4-33 Group 对话框

重新执行仿真后，仿真结果文件也相应变化。如果要分离某条总线，只须在弹出的浮动菜单中选择 Grouping → Ungroup 即可。

把仿真结果文件放大到合适比例，可以看到，输出信号并不是随输入信号“立即”变化的，而是经过一定延时后才改变。这个延时称为 t_{pd}，即引脚到引脚之间的延时（pin-to-pin delay），该延时不仅与设计的工程有关，还与器件的速度有关。引脚之间的延时在工程编译报告有详细的信息，选择菜单 Processing → Compilation Report，展开 Timing Analyzer 项，其子项 t_{pd} 中可以看到各个引脚之间的延时。在 FPGA 设计中，延时是固有的，一般情况下，可以不用设置。

4.2.5 引脚锁定

在前面的编译过程中，Quartus Ⅱ 自动为设计选择输入 / 输出引脚。如果需要将设计编程下载到选定的目标器件中，进行硬件的测试，以便最终了解设计项目的正确性，这就必须根据评估板、开发电路系统或 EDA 实验板的要求对设计项目输入 / 输出引脚赋予确定的引脚，以便能够对其进行实测。

锁定引脚，就是把设计的输入 / 输出引脚人为固定分配。选择菜单 Assignments → Assignment Edit 或单击与其对应的快捷按钮，弹出如图 4-34 所示的引脚分配对话框。

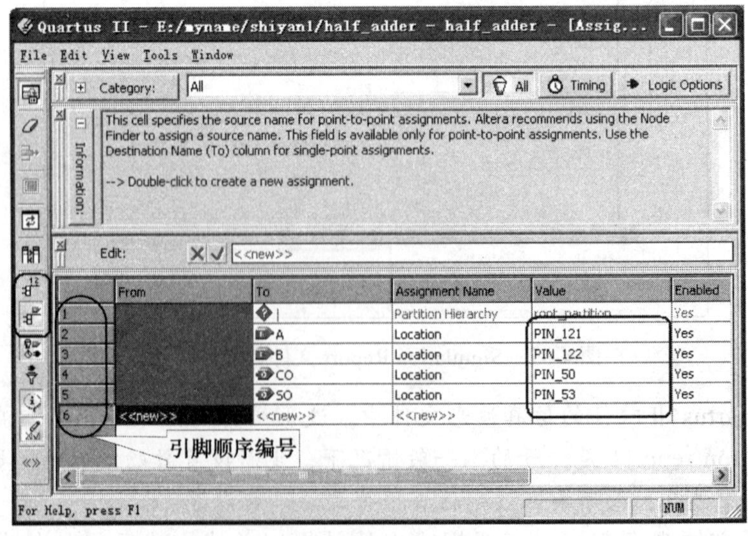

图 4-34 引脚分配对话框

在该对话框内，不激活 Show All Assignable Pin Number 的按钮，激活 Show All

Known Pin Names 的按钮，可以只显示输入 / 输出引脚的信息。在 Value 栏中，单击相应的区域，可以直接输入相应的引脚编号，而不需要输入“PIN_”，按回车键后，自动跳到下一个。完成引脚分配后，关闭该子窗口，进行保存，或单击 Save 按钮。如果是由原理图输入的文件，则可以看到原理图文件中的输入 / 输出引脚附近有该引脚的引脚标号信息。如果没有引脚标号信息，选择菜单 View，激活 Show Location Assignments 即可；或在原理图文件空白区域单击鼠标右键，在弹出的菜单 Show 中激活该选项设置。

注意：器件和引脚的其他设置如下。

选择菜单 Assignments → Device，弹出如图 4-35 所示的器件选择对话框。如果需要，在这里可以重新选择 FPGA 器件（更改器件可能需要重新锁定引脚）。

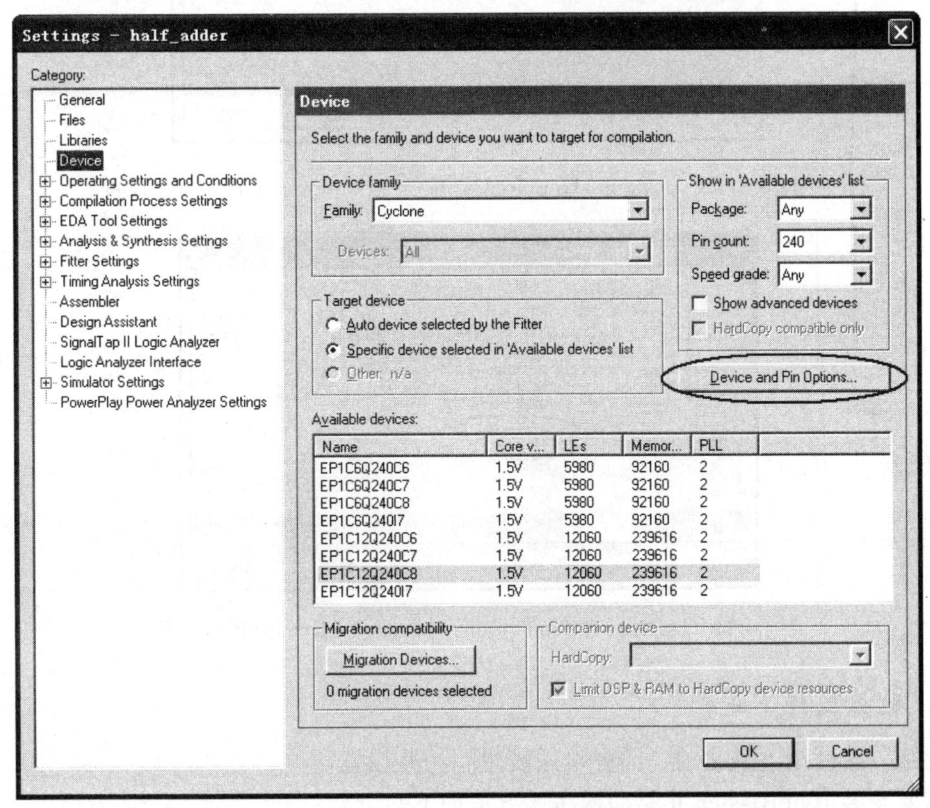

图 4-35 器件选择对话框

单击 Device and Pin Options 按钮，弹出如图 4-36 所示的 Device and Pin Options 对话框，选择 Configuration 选项卡，进行如图 4-36 所示的设置，即采用主动串行（Active Serial）配置方式，configuration device 选择 EPCS1。所谓配置，就是向 FPGA 器件下载、编程，具体采用什么方式的配置，和所使用的硬件设备的电路有关系。

在 Unused Pins 选项卡中，对未使用的引脚进行如图 4-37 所示的设置。这样，在上电后，FPGA 的所有不使用的引脚都处于高阻抗状态。

注意：在设计中一定要将未定义的引脚定义为三态输入。否则，可能会造成连接在核心板上的 Flash、SRAM 等未使用的芯片冲突而损坏芯片。

强调一点：我们在锁定引脚前进行顶层文件编译，引定引脚的信息并没有包含到下载文件中，故在锁定管教后一定需要再次编译。

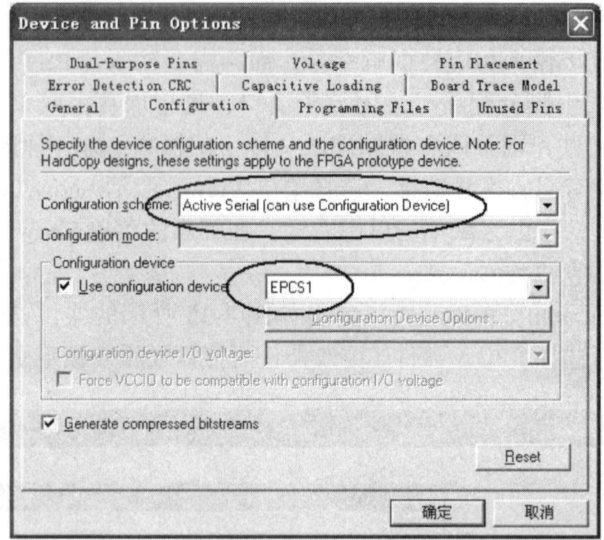

图 4-36 Device and Pin Options 对话框——Configuration Scheme 设置

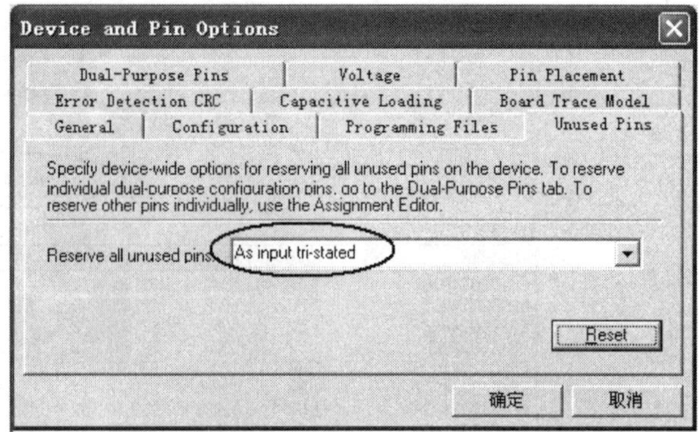

图 4-37 Device and Pin Options 对话框——Unused Pins 设置

4.2.6 配置文件下载

在第一次使用下载之前，需要对系统进行一些设置。

需要安装 ByteBlaster Ⅱ驱动程序，方法如下。

首先要检查 ByteBlaster Ⅱ驱动程序是否安装。查看方法是在“设备管理器”中查看“声音、视频和游戏控制器”选项里是否已经安装，如图 4-38 所示。如果已经安装，则可以跳过此步；如果没有安装，可以通过以下步骤进行安装。

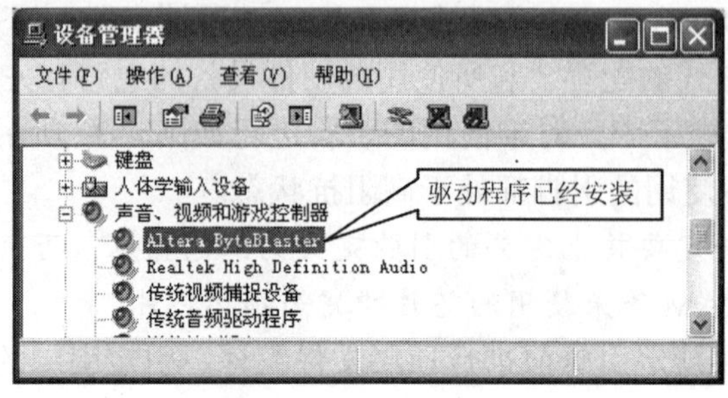

图 4-38 设备管理器

选择“开始”→“设置”→“控制面板”，打开“添加硬件向导”界面，如图 4-39a 所示，选择“是，我已经连接了此硬件”选项，单击“下一步”按钮。并按照图 4-39b ~ g 安装。

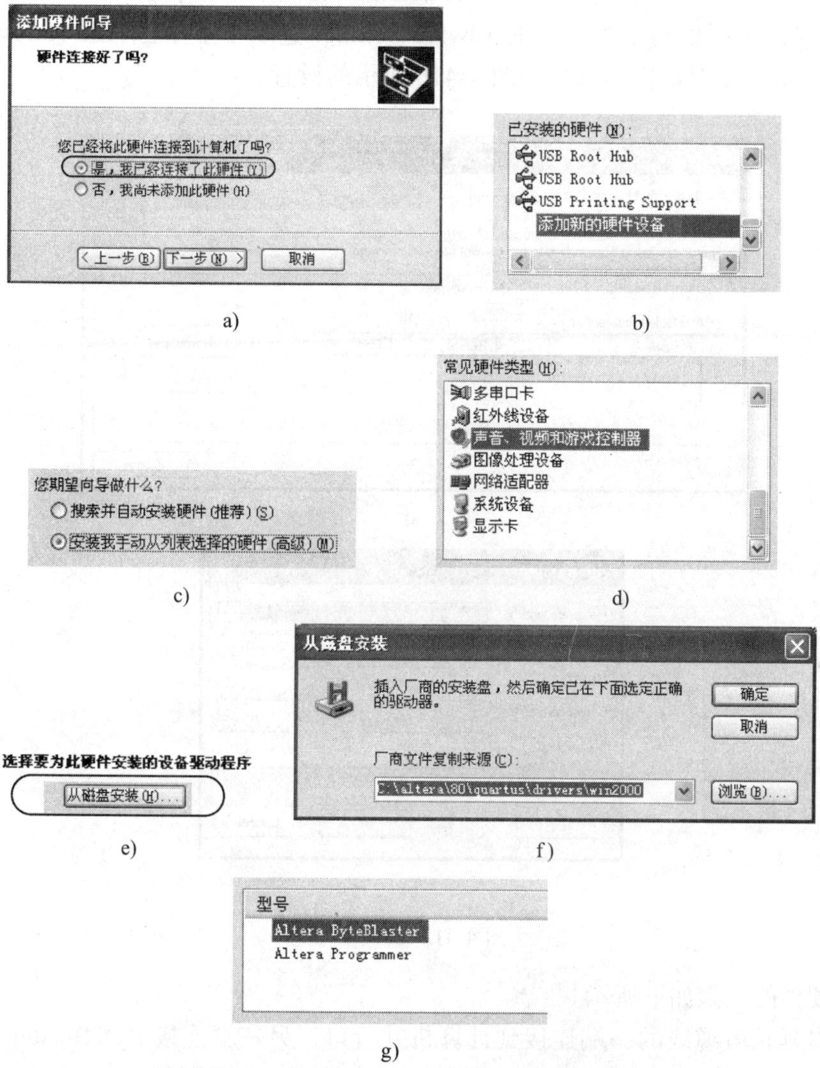

添加硬件向导
硬件连接好了吗?
您已经将此硬件连接到计算机了吗?
⊙是，我已经连接了此硬件(Y)
○否，我尚未添加此硬件(H)
<上一步(B)　下一步(N)>　取消

a)

已安装的硬件(N):
USB Root Hub
USB Root Hub
USB Printing Support
添加新的硬件设备

b)

您期望向导做什么?
○搜索并自动安装硬件(推荐)(S)
⊙安装我手动从列表选择的硬件(高级)(M)

c)

常见硬件类型(H):
多串口卡
红外线设备
声音、视频和游戏控制器
图像处理设备
网络适配器
系统设备
显示卡

d)

选择要为此硬件安装的设备驱动程序
从磁盘安装(H)...

e)

从磁盘安装
插入厂商的安装盘，然后确定已在下面选定正确的驱动器。
确定
取消
厂商文件复制来源(C):
C:\altera\80\quartus\drivers\win2000
浏览(B)...

f)

型号
Altera ByteBlaster
Altera Programmer

g)

图 4-39　添加 ByteBlaster Ⅱ驱动程序向导

其中步骤 f 的文件路径和 Quartus Ⅱ软件的安装目录有关。

安装结束后，需要重新启动计算机，ByteBlaster Ⅱ才可以正常使用。

在 Quartus Ⅱ软件中添加 Altera ByteBlaster Ⅱ下载电缆。方法如下。

在 Quartus Ⅱ软件主界面下，选择菜单 Tools → Programmer，或直接单击其相应的快捷按钮，弹出如图 4-40 所示的 Programmer

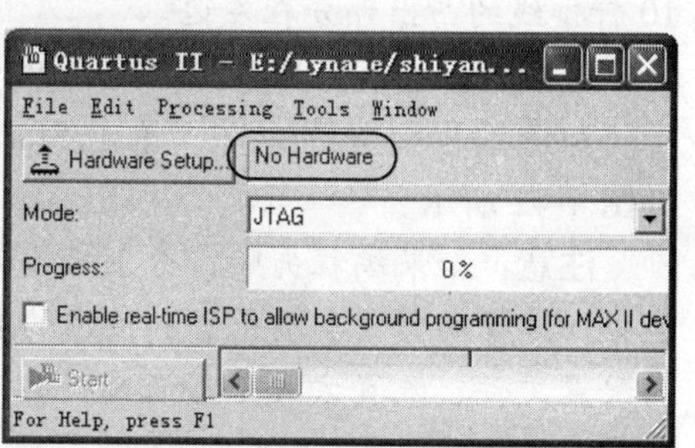

图 4-40　Programmer 窗口

窗口，查看 Programmer 左上角的 Hardware Setup 栏中硬件是否已经安装，如果显示 No Hardware，表明没有设置编程方式。究竟选用哪种编程方式取决于硬件电路设计。

我们实验使用的硬件平台需要以 ByteBlasterMV 方式下载。单击 Hardware Setup 按钮，弹出如图 4-41a 所示的对话框，在 Hardware Settings 选项卡下单击 Add Hardware 按钮，弹出 Add Hardware 对话框，选择如图 4-41b 所示的设置。

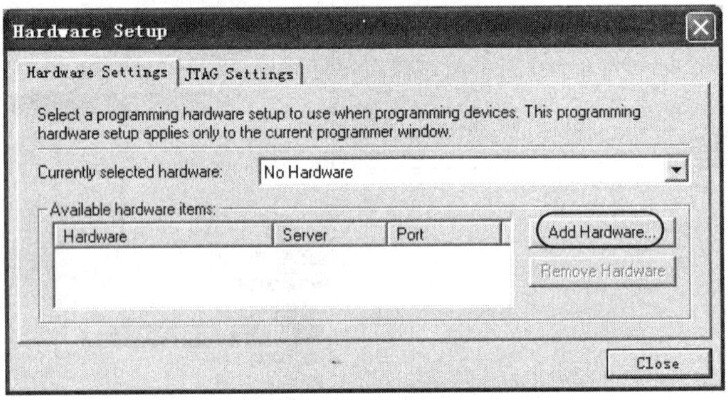

a)

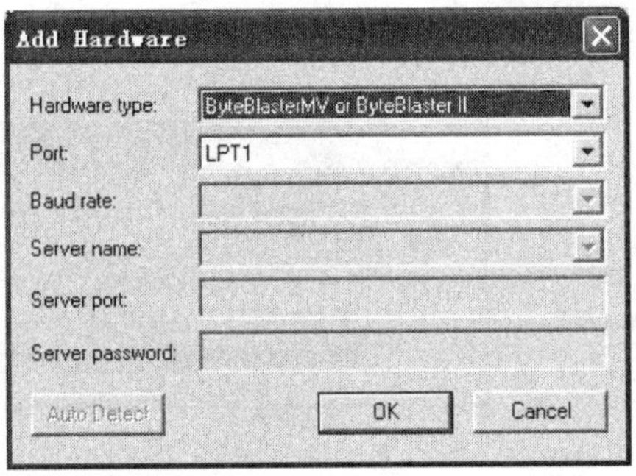

b)

图 4-41　设置硬件

连接硬件的步骤如下所示。

把并口延长电缆线的一端连接到计算机并行口，另一端连接 ByteBlaster Ⅱ下载器，然后连接 10 针排线，再连接到实验箱的核心板上的 JTAG 下载口。

注意：在 JTAG 下载口（10 针双排阵）的上方位置的丝印层标有连接方向提示，即 10 针排线的凸出部分在左边。

连接电源线，打开实验箱的电源开关。

勾选编程配置的文件，单击 Start 按钮，在配置进度提示栏会显示配置完成情况，如图 4-42 所示。

注意：如果编程失败，分别检查系统是否上电；计算机是否和并口延长电缆线正确连接；选择的器件类型是否和使用的器件一致；10 针排线方向是否正确；是否勾选合适的配置文件；配置方式是否正确；实验箱重新上电等。在下载配置过程中，禁止插拔下载线。

观察结果是否正确。实验箱的按键和 LED 的电路图如图 4-43 所示。需要强调的是：

从电路原理图上我们可以看出，在按下按键时，相应的 FPGA 引脚为低电平，松开按键时为高电平；FPGA 引脚为高电平时，相应的 LED 灭，而 FPGA 引脚为低电平时，相应的 LED 亮。在观察时注意这个现象。

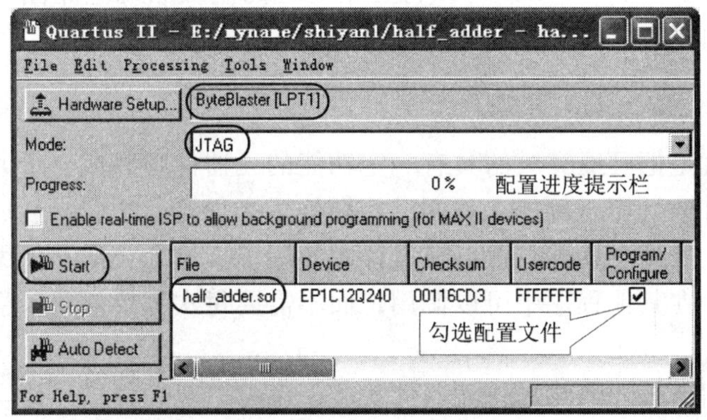

图 4-42　编程配置选择界面

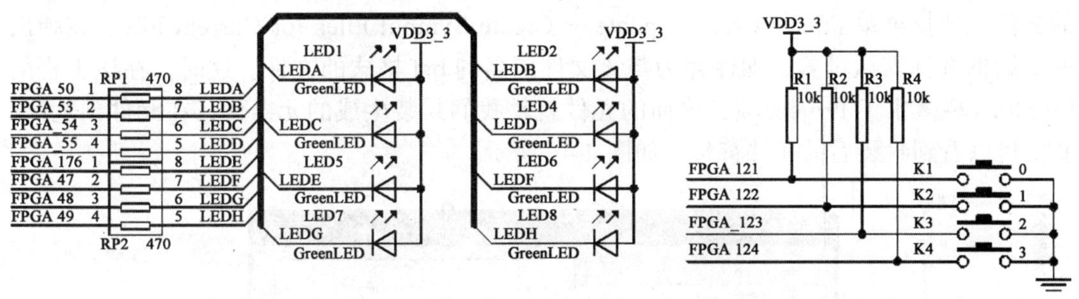

图 4-43　按键和 LED 连线原理图

提示：实验箱打开电源后，核心板的 EPSC 串行配置器件会自动根据其存储的配置数据对 FPGA 进行配置，这种自动配置在脱机情况下运行，一旦进行核心板重新上电或按下核心板上的“RE_CONFIG”按键时，就会启动 FPGA 的一次自动配置。在脱机之前，要事先将配置数据通过编程器写入 EPCS 中。一旦用户配置后，FPGA 里的原配置信息会自动清空而重新配置。可以拔下实验箱上相应的跳线而断开相应模块的输出，如：把 JP7 拔下，即使自动配置，也没有蜂鸣器的“自动演奏”声音了。

注意：如果在编译后，又重新锁定了引脚编号或改变了设计的功能，一定要重新编译，重新生成下载文件。

4.2.7　RTL 电路观察器

Quartus Ⅱ软件功能强大，可以观察硬件描述语言翻译的电路，实现硬件描述语言或网表文件对应的 RTL 电路图的生成。

选择菜单 Tools → Netlist Viewers，在出现的下拉菜单中有 4 个选项：RTL Viewer，即 HDL 的 RTL 级图形观察器；States Machine Viewer，即 HDL 对应的状态机观察器；Technology Map Viewer，即 HDL 对应的 FPGA 底层门级布局观察器。选择 RTL Viewer 可以打开本工程的 RTL 电路图。双击有关模块，或选择左侧层级结构各项，可逐步了解各层次的电路结构。

RTL（Register-Transfer-Level）表示寄存器传输级，RTL是用硬件描述语言（Verilog或VHDL）描述你想达到的功能，RTL描述是可以表示为一个有限状态机或者一个可以在一个预定的时钟周期边界上进行寄存器传输的更一般的时序状态机。

选择Technology Map Viewer可以打开本工程的门级布局电路图。双击有关模块可逐步了解各层次的电路结构，最后可以看到最底层的门级电路。

4.2.8 元件封装

所谓封装，就是把已经完成的具有一定功能的元器件封装成一个元器件符号，以在其更高一层的文件中调用。例如，我们已经做好了半加器，把它封装成元器件后，就像我们已经“生产”出了半加器，可以在设计中使用了。这个类似其他编程语言中的子程序或子函数一样，在其他程序中可以调用，而不需要每次都要对该子程序或函数重新写一遍。

可以对原理图输入的电路进行元器件封装，也可以对硬件描述语言设计的文件进行元器件封装，二者的方法基本相同。对于对原理图输入的电路，方法如下。

在Quartus Ⅱ软件界面的Project Navigator面板中，打开Files选项卡，选择待封装的文件，选择菜单File→Create/Update→Create Symbol Files for Current File，在弹出的对话框选择默认设置，即保存为与该文件同名的bsf格式的文件。这时，在该工程的Libraries栏多出了Project项，里面的元件就是我们封装生成的元器件，在元件预览区，我们可以看到封装后的元件符号，如图4-44所示。

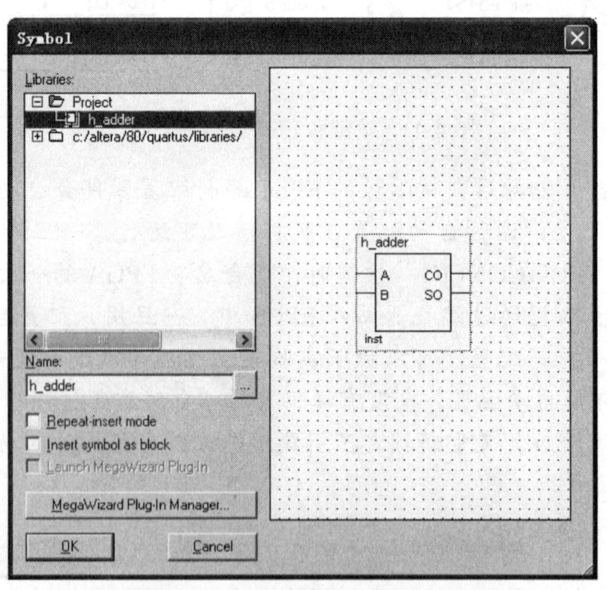

图4-44 封装生成的半加器元件图

在使用已封装的元器件设计器件时，需要注意保存文件的文件名绝对不要和以前设计的文件同名，否则会覆盖原来的文件而造成错误。并把该文件设为顶层文件，进行锁定引脚（见说明）、编译、仿真、下载配置。

说明：如果不进行顶层文件设置，编译时还是原来指定的文件。如果在引脚锁定时，发现“应该”出现的引脚未出现，就要看看设置的顶层文件是否为设计者的本意。

在元器件封装后，其原理图文件中的锁定引脚信息将不影响高一层文件的引脚编号的设置，但需要对编译生成的引脚信息文件进行更新。比较方便的方法是在图 4-34 所示的引脚分配对话框中，在引脚顺序变化栏选中全部引脚，单击鼠标右键，在弹出的浮动菜单选择 Delete，如图 4-45 所示。在 From 或 To 栏单击鼠标，在弹出的浮动菜单选择选择 Node Finder，选择添加引脚，同时删除重复引脚。或在锁定引脚时直接执行菜单 Assignments → Pin Planner，进行引脚锁定。

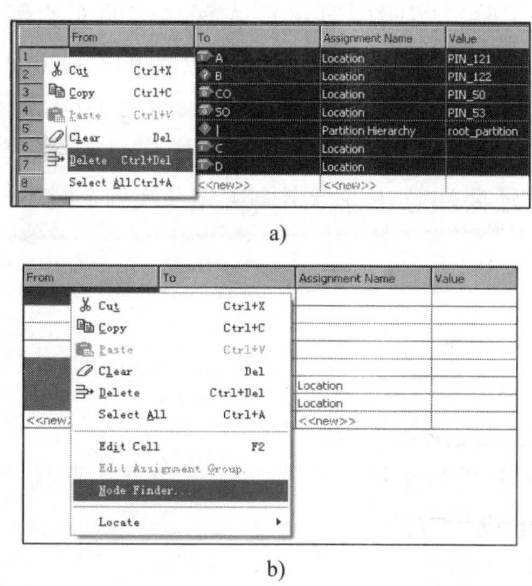

a)

b)

图 4-45　删除、添加引脚示意图

现在许多设计都采用“由下向上”或“由上向下”的设计理念，Quartus Ⅱ软件也是基于此理念的。我们这里体现的是“由下向上”的设计理念。如果在以后的设计中，低层文件的输入 / 输出引脚没变，只是更改了其中的功能设计内容，不需要重新编译或封装低层文件，只须编译顶层文件即可，即顶层原理图文件中显示的只是一个符号图标而已。这和其他软件类似。

如果顶层文件调用低层文件后而又改变低层文件的输入 / 输出引脚信息，需要进行如下处理：在低层文件中重新封装生成元器件符号文件，覆盖原来的符号文件。在顶层原理图文件中，右键单击低层文件的原符号文件，在弹出的浮动菜单中选择 Update Symbol or Block，在弹出的 Update Symbor or Block 对话框里选择 All symbols or blocks in the file 单选按钮，如图 4-46 所示。更新后，可能需要重新对元件进行连线。

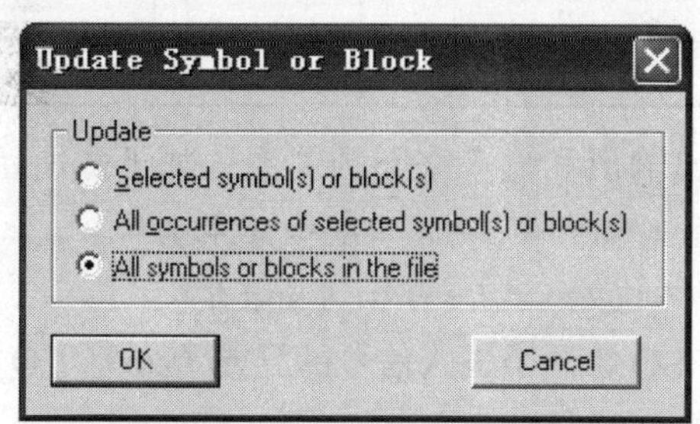

图 4-46　Update Symbor or Block 对话框

第5章 EDA实验

本章共设置了23个实验，实验内容由浅入深。按照实验编排顺序循序渐进，即可初步掌握EDA技术。所有实验都是基于Altera公司的Cyclone芯片EP1C6和EP1C12开发的，软件平台是Quartus Ⅱ。实验中给出了Verilog HDL源程序代码和VHDL源程序代码，以供学习不同的HDL语言。实验的具体操作过程中，注意不同版本的Quartus Ⅱ软件的操作界面差别，还要注意在进行引脚绑定（映射）时不同器件之间的差别。

实验1　加法器

一、实验目的

1）掌握Quartus Ⅱ的原理图输入设计方法。

2）学会使用Quartus Ⅱ进行编译、仿真、锁定引脚、下载。

3）掌握多位全加器的设计方法。

二、实验原理

利用EDA工具进行原理图输入设计的优点是，设计者能利用原有的数字电路知识迅速入门，直观地完成较大规模的电路系统设计，而不必具备许多诸如编程技术、硬件语言等新知识。

本实验设计一个半加器，设输入信号为A、B，输出信号为SO（半加和）、CO（进位）。根据数字电路的知识，可以列出半加器的真值表，如实验表1-1所示。

实验表1-1　半加器真值表

输　入		输　出	
A	B	SO	CO
0	0	0	0
0	1	1	0
1	0	1	0
1	1	0	1

根据真值表，可以得出输出和输入之间的关系，如下式所示。

$$\begin{cases} \mathrm{SO} = \overline{A}B + A\overline{B} = A \oplus B \\ \mathrm{CO} = A \cdot B = A \text{ and } B \end{cases}$$

根据上式，可以得出，SO为两个输入信号的异或（xor），CO为两个信号的与（and）。

三、实验步骤

1）为本设计建立文件夹。

为方便起见，每位实验者在硬盘建立一个以自己学号命名或英文名字的一级文件夹，一级文件夹下建立二级文件夹，每个实验或工程对应一个二级文件夹，二级文件夹的名字为 exp_1，第二个实验的二级文件夹为 exp_2，……或者二级文件夹的名字和工程功能有关，便于以后的管理。

2）建立设计工程。

打开 Quartus Ⅱ软件，选择菜单 File → New Project Wizard，按照新建工程向导建立工程，其中工程目录、工程名及工程的顶层文件名设置如实验图 1-1 所示。

New Project Wizard: Directory, Name, Top-Level Entity [pag...

What is the working directory for this project?

E:\myname\exp_1

What is the name of this project?

half_adder

What is the name of the top-level design entity for this project? This name is case sensitive and must exactly match the entity name in the design file.

half_adder

Use Existing Project Settings ...

< Back　Next >　Finish　取消

实验图 1-1　New Project Wizard：Directory，Name，Top-Level Entity 对话框

我们使用的器件是 Cyclone 系列的 EP1C6Q240C8 或 EP1C12Q240C8，按照实验图 1-2 所示选择器件。其中，器件名称中部分字母的含义如下所示。

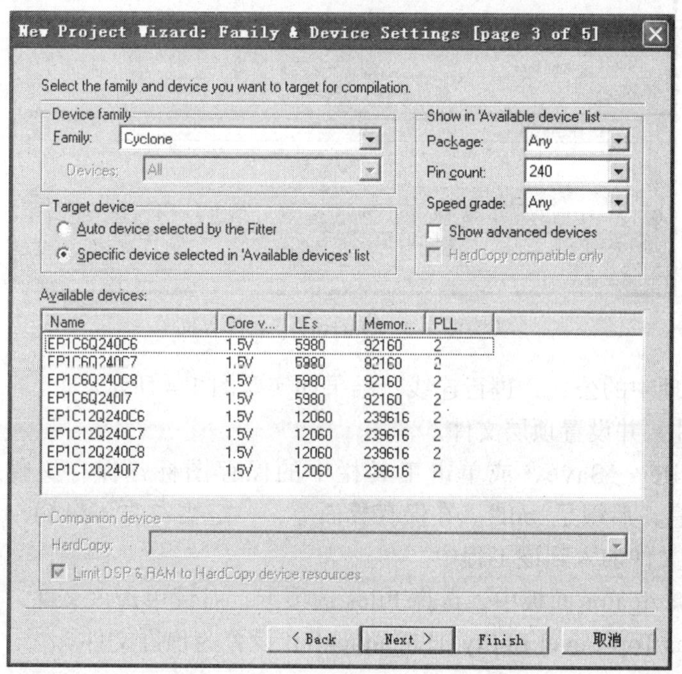

实验图 1-2　New Project Wizard：Family & Device Settings 对话框

Q——代表封装为 PQFP，即塑料四方扁平封装，芯片的四周均有引脚；

240——指器件的引脚数，因为四边引脚数相同，故每边 60 个引脚；

8——代表速度等级为 8，一般来说，器件速度等级值越小，速度越快；

6 或 12——指器件的容量，有时也用逻辑单元、门数等表示。一般来说，EP1C12Q240C8 的容量是 EP1C6Q240C8 的 2 倍。

对于其他符号的含义，可查找相关资料。

3）建立原理图文件。

单击下拉菜单 File，选择 New 选项，我们采用原理图完成半加器，故此处选择 Block Diagram/Schematic File，弹出如实验图 1-3 所示的软件平台界面。

根据实验原理中的公式可知，需要两个基本的逻辑门器件—— 两个信号的与门和异或（XOR）门。可以展开 primitives 基本元件库的 logic 基本逻辑门器件列表，找到 and2 元件，单击 OK 按钮，并在原理图输入区放置到合适的位置。用同样方式添加 xor 元件，同时添加输入（input）、输出（output）引脚符号。

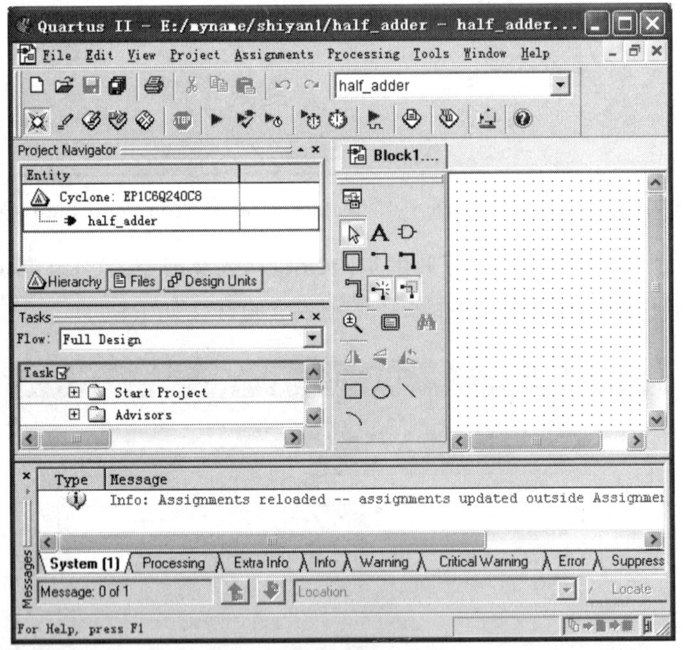

实验图 1-3 Quartus Ⅱ软件界面

按照实验原理中的公式，进行连线，结果如实验图 1-4 所示。

4）保存文件，并设置顶层文件。

选择菜单 File → Save，或单击工具栏中的保存图标，保存文件，文件取名为：h_adder.bdf（注意，后缀是 .bdf）。在保存界面上，一定要勾选 Add file to current project 复选框，即把该文件加入到该工程中。

在 Project Navigator 面板中，选择 Files 选项卡，右键单击该文件，在弹出的浮动窗口中，选择 Set as Top-Level Entity 把 h_adder.bdf 设置为顶层文件。

5）编译。

本实验采用默认的编译设置，不进行任何修改。选择菜单 Processing → Start Compilation 或单击工具栏上的 ▶ 图标进行全程编译。

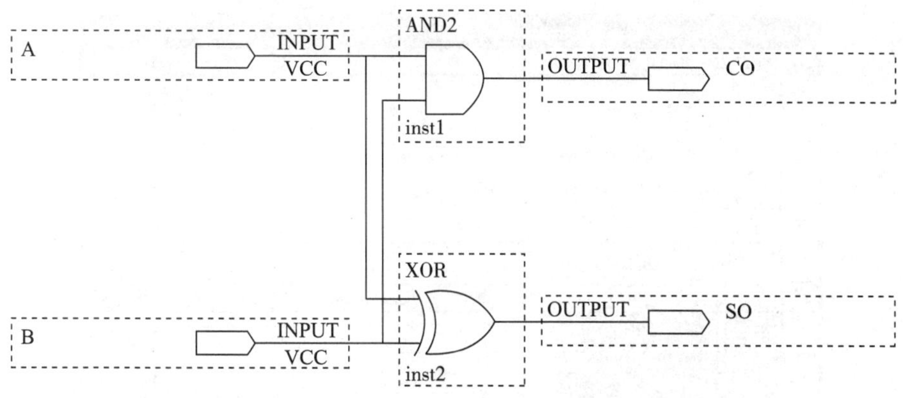

实验图 1-4 半加器原理图

如果有错误，进行修改，重新编译，直至成功。

6）引脚锁定。

本实验中，为了能控制输入信号的变化，使用 K1 控制 A、K2 控制 B。本实验的输出信号只是高低电平变化，故需要使用 LED，LED 的亮灭变化能显示输出引脚的电平变化，LED1 显示 CO，LED2 显示 SO。

锁定引脚，就是把半加器的输入 / 输出引脚人为固定分配。我们要用 K1 控制半加器的输入 A，实验板本身已经把按键的信号和 FPGA 器件的编号为 121 的引脚相连接，我们只需在 FPGA 器件内部使半加器的输入 A 和 121 引脚相连即可，即锁定引脚，这样就实现 K1 控制半加器的输入信号 A 了。

本实验引脚分配如实验表 1-2 所示。

实验表1-2 半加器引脚分配表

信　号	引　脚
A	121
B	122
CO	50
SO	53

选择菜单 Assignments → Assignment Edit 或单击与其对应的快捷按钮，弹出如实验图 1-5 所示的引脚分配窗口。

在该窗口内，激活 Show All Known Pin Names 图标，只显示输入 / 输出引脚的信息。在 Value 栏中，单击相应的区域，直接输入相应的引脚编号，按回车键后，自动跳到下一个。完成引脚分配后，进行保存、编译。切换到 h_adder.bdf 文件，则看到原理图文件中的输入 / 输出引脚附近有该引脚的引脚标号信息。如果没有引脚标号信息，选择菜单 View，激活 Show Location Assignments 图标即可；或在原理图文件空白区域单击鼠标右键，在弹出的菜单 Show 中激活该选项。

7）配置文件下载。

在第一次使用下载之前，需要安装 ByteBlaster Ⅱ驱动程序。

连接硬件：把并口延长电缆线的一端连接到计算机并行口，另一端连接 ByteBlaster Ⅱ下载器，然后连接 10 针排线，再连接到实验箱核心板上的 JTAG 下载口。

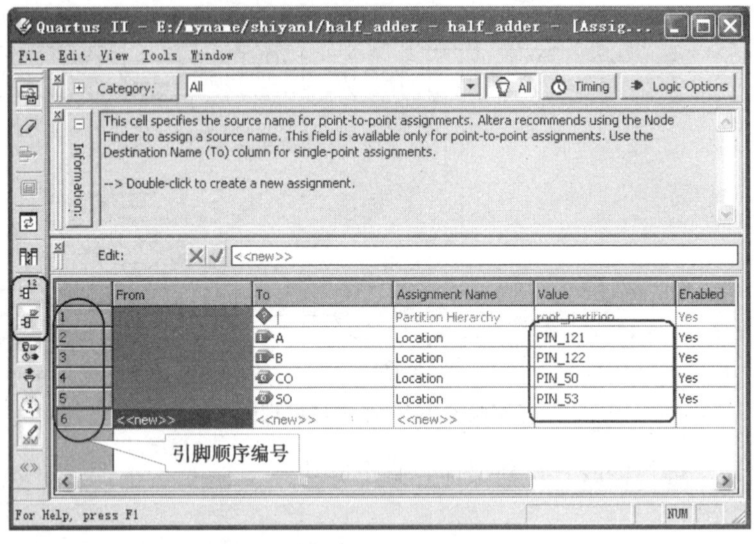

实验图 1-5 引脚分配窗口

注意：在JTAG下载口（10针双排阵）上方位置的丝印层标有连接方向提示，即10针排线的凸出部分在左边。

连接电源线，打开实验箱的电源开关。

在Quartus Ⅱ软件主界面下，选择菜单Tools→Programmer，弹出如实验图1-6所示的Programmer，查看Programmer左上角的Hardware Setup栏中硬件是否已经安装，如果显示No Hardware，需要设置编程方式。

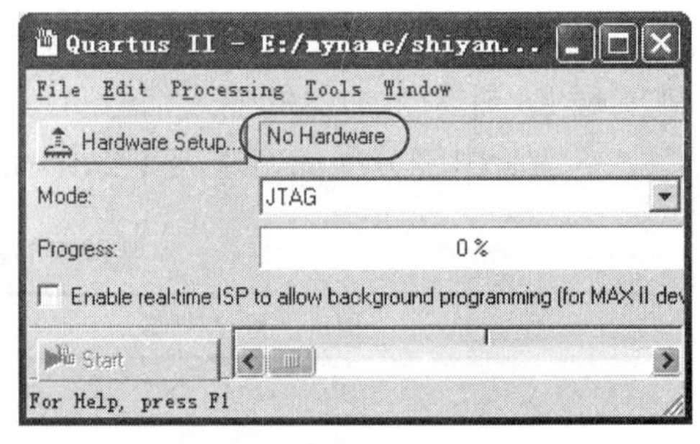

实验图 1-6 Programmer 窗口

单击Hardware Setup按钮，弹出如实验图1-7所示的Hardware Setup对话框，在Hardware Settings选项卡下单击Add Hardware按钮，弹出Add Hardware对话框，选择ByteBlasterMV方式。

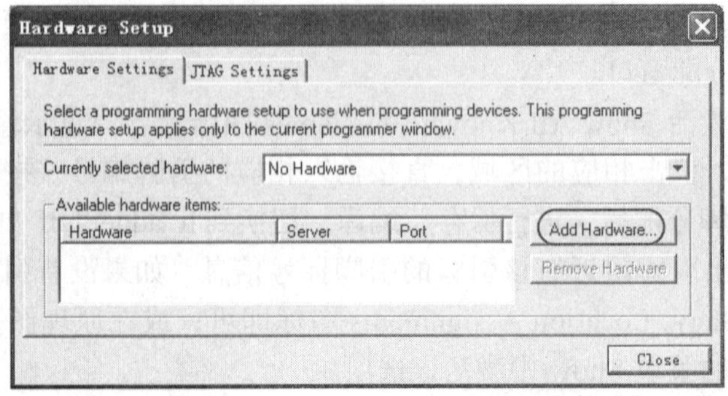

实验图 1-7 Hardware Setup 对话框

勾选编程配置的文件，单击Start按钮，在配置进度提示栏中会显示配置完成情况。如实验图1-8所示。

下载后，观察结果是否正确。

实验图 1-8　编程配置选择界面

注意：重新锁定引脚编号或改变设计功能，一定要重新编译，重新生成下载文件。

8）元件封装。

在 Project Navigator 面板中，打开 Files 选项卡，选择待封装的文件，选择菜单 File → Create/Update → Create Symbol Files for Current File，在弹出的对话框中选择默认设置，即保存为与该文件同名的 bsf 格式的文件。

9）全加器的设计。

为了对封装的元器件有深入的了解，这里使用半加器来设计全加器。如何使用半加器组成全加器呢?

半加器是两个数相加，全加器是三个数相加，设全加器的结果为 COSO。3 个输入信号为 A、B、C，首先使用半加器算出 A+B，结果记为 C1S1，再把 S1 ＋ C 结果记为 C2S2，S2 即为全加器结果的最低位 SO，而进位 C1 和 C2 只要有 1 个为 1（最多只可能 1 个为 1），则全加器的结果就有进位，就是“或”的关系，即 CO ＝ C1 or C2。

在该工程下新建一个原理图文件，在该文件原理图空白区域双击鼠标，弹出 Symbol 对话框，Libraries 栏的 Project 项里面的 h_adder 元件就是我们封装生成的半加器元器件，在元件预览区，我们可以看到封装后的元件符号。

按实验图 1-9 所示的电路图连接电路。然后保存文件，文件名默认为和工程名同名，根据功能另存为 full_adder。

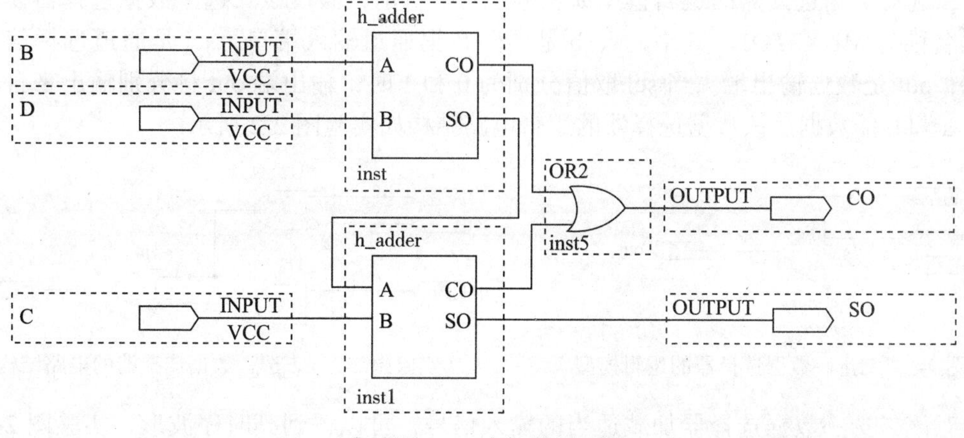

实验图 1-9　全加器原理图

注意：绝对不要和以前设计的文件同名，否则会覆盖原来的文件而造成错误。初学者经常出现这个错误。

把该文件设为顶层文件，进行锁定引脚、编译、仿真、下载配置。

半加器元器件的输入/输出引脚名分别为A、B、CO和SO，尽管这和全加器的输入/输出引脚重名，但不冲突。

半加器元件符号的输入/输出引脚的排列顺序可能不同，这和设计半加器原理图中引脚的顺序有关，本质上没有区别，注意连线要正确，这里也体现了输入引脚命名的重要性，如果在设计半加器时，对输入/输出引脚任意命名，在全加器原理图连线时可能会造成误解。

四、实验内容

1）根据上面的设计向导，完成半加器的设计，并仿真、配置验证。

2）在半加器的基础上，利用生成的半加器元件，组成一个1位全加器adder_1.gdf，并封装为元件。

3）在1位全加器的基础上，利用上步生成的全加器元件，设计一个8位全加器adder_8.gdf，并仿真。

实验2　数据选择器

一、实验目的

1）掌握Quartus Ⅱ的硬件描述语言设计方法。

2）了解数据选择器的原理及应用。

3）设计一个四选一数据选择器。

二、实验原理

数据选择是指通过控制通道选择信号将多路数据中的某一路传送到公共数据线上。实现数据选择功能的逻辑电路就称为数据选择器。数据选择器是一种简单、典型和具有代表性的组合逻辑电路。分析数据选择器的硬件描述语言设计可以更好地了解应用硬件描述语言进行组合逻辑电路设计的特点。

二选一数据选择器的逻辑模型如实验图2-1所示，假设该二选一数据选择器模块的工程名称为MUX2TO1。其中，a、b是两路数据通道输入端口，sel是通道选择信号输入端，out是数据输出端。当sel取值分别为0和1时，输出端out将分别输出来自输入端口a和b的数据。该数据选择器的逻辑电路结构如实验图2-2所示。

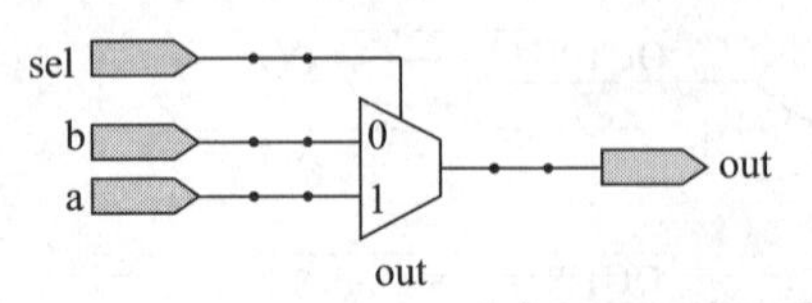

实验图2-1　二选一数据选择器的逻辑模型

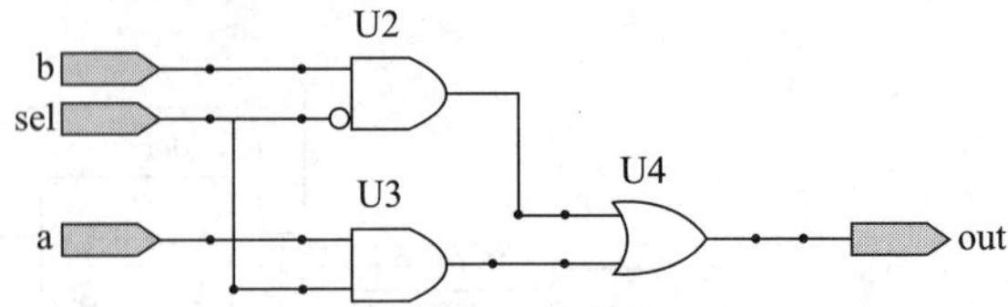

实验图2-2　二选一数据选择器的电路结构

对该二选一数据选择器加载适当的输入信号，可以得到其时序波形，实验图2-3所示为反映 MUX2TO1 逻辑功能的时序图。从其中可以直观地看到，当 a、b 两个输入端分别输入不同频率的脉冲信号时，通过对通道选择控制端 sel 加载不同的电平，使输出端 out 输出不同的信号。当 sel 为高电平时，out 端口输出来自 a 通道的较高频率的脉冲信号；当 sel 为低电平时，out 端口输出来自 b 通道的较低频率的脉冲信号。

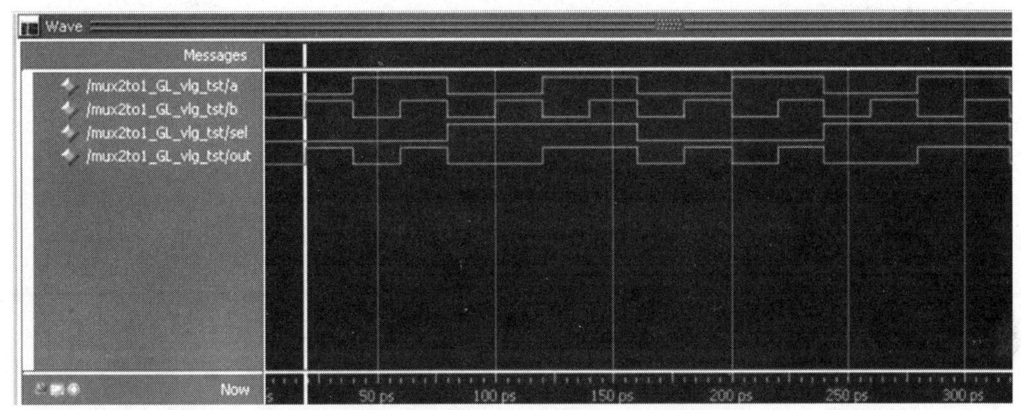

实验图 2-3　二选一数据选择器的时序图

三、实验步骤

1）新建工程 MUX4_1。

打开 Quartus Ⅱ软件后，选择菜单 File → New Project Wizard，在弹出的新建工程界面，建立工程 MUX4_1 并根据实验箱上的器件型号选择合适的 FPGA 器件。

2）新建 Verilog HDL 或 VHDL 文件。

选择菜单 File，选择 New 选项，或直接单击新建文件按钮，弹出如实验图 2-4 所示的 New 对话框。根据所使用的硬件描述语言类型选择相应的新建文件类型（Verilog HDL File 或 VHDL File）。

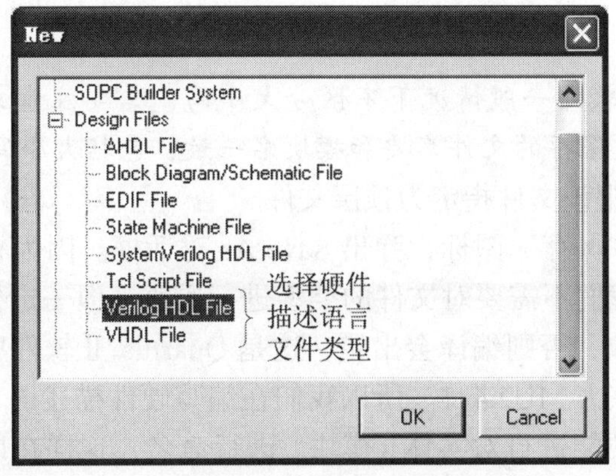

实验图 2-4　New 对话框

3）在该文件编写相应的描述语言。

Verilog HDL 例程：

```
module MUX4_1(a,b,c,d,s1,s0,y);
```

```
input a,b,c,d,s1,s0;
output y;
reg y;

always@(a or b or c or d or s1 or s0)
begin
   case({s1,s0})
       2'b00: y<=a;
       2'b01: y<=b;
       2'b10: y<=c;
       2'b11: y<=d;
       default: y<=a;
   endcase
end
endmodule
```

VHDL 例程：

```
LIBRARY IEEE;
USE IEEE.STD_LOGIC_1164.ALL;
USE IEEE.STD_LOGIC_UNSIGNED.ALL;
ENTITY MUX4_1 IS
PORT (a,b,c,d,s1,s0 : IN STD_LOGIC;
      Y    : OUT STD_LOGIC);
END MUX4_1;
ARCHITECTURE BEH OF MUX4_1 IS
   SIGNAL sel : STD_LOGIC_VECTOR(1 DOWNTO 0);
BEGIN
sel<=s1&s0;
   PROCESS (sel)
   BEGIN
          CASE sel IS
              WHEN "00"=>y<=a;
              WHEN "01"=>y<=b;
              WHEN "10"=>y<=c;
              WHEN "11"=>y<=d;
              WHEN OTHERS=>NULL;
          END CASE;
   END PROCESS;
END BEH;
```

说明：Quartus Ⅱ软件一般情况下不区分大小写，需要注意文件中需要编译的语句字符是半角字符，但是保存的文件名要和模块名一致，包括大小写一致。

4）保存文件，并把该文件指定为顶层文件。

单击工具栏中的“保存”图标，弹出 Save As 对话框。因为在创建文件时就已经选择了文件的类型，故我们不需要对文件的类型进行更改。但一定要注意，文件名一定要和实体名即模块名一致，否则编译会出错，这是 Quartus Ⅱ软件所要求的，上面的程序代码保存的文件名应该为 MUX4_1。所以我们在编写硬件描述语言的时候，就要根据各个模块所期望实现的功能进行对实体（模块）进行命名，这样在以后的使用时，由文件名（实体名、模块名）就可以大概判断其功能，增加文件的可读性和通用性。在保存界面时，一定勾选 Add this file to current project 复选框。

把该文件指定为顶层文件。在 Project Navigator 面板中，选择 Files 选项卡，右键单击该文件，在弹出的浮动窗口中，选择 Set as Top-Level Entity 把该文件设为顶层文件。

5）编译。

选择菜单 Processing → Start Compilation 或直接单击桌面编译快捷按钮，进行全程编译。

如果有错误，进行修改，重新编译，直至成功。

对于硬件描述语言的编译，一般情况下，出现语法错误，软件会告诉使用者大概的错误位置，在该行附近寻找错误并纠正，找到一处错误后然后再编译。

6）引脚锁定。

选择菜单 Processing → Pins 或 Pin Planner，在弹出的引脚锁定对话框，把 s1、s0 设置为按键输入，对应锁定引脚 PIN_121（即核心板上的按键 K1）、PIN_122（即核心板上的按键 K2）；把 a、b、c、d 设置为外部信号输入，对应锁定引脚 PIN_43、PIN_44、PIN_45、PIN_46；把 y 设置为信号输出，对应锁定引脚 PIN_237。

7）下载。

下载前需要对文件重新进行编译，把锁定的引脚信息包含到下载文件中。

选择菜单 Tools → Programmer，勾选相应的 sof 下载文件进行下载。

下载后，在核心板上将 PIN_43、PIN_44、PIN_45、PIN_46 分别连接不同的信号输入，比如，PIN_43 连接高电平，PIN_44 连接 100Hz 方波，PIN_45 连接低电平，PIN_46 连接 1kHz 方波；按“K1”和“K2”键，通过示波器观察 PIN_237 输出信号波形。

按上述设置我们可以观察到，“K1”和“K2”键都不按下时，示波器显示为 1kHz 方波；“K1”键按下、“K2”键不按时，示波器显示为低电平；“K1”键不按、“K2”键按下时，示波器显示为 100Hz 方波；“K1”和“K2”键都按下时，示波器显示为高电平。

这里我们会发现，有时进行按下按键操作时，示波器会有杂乱波形出现，这是因为普通按键的抖动造成的，如何对按键的抖动进行处理，在以后的实验中进行讨论。

四、实验内容

1）按照上述步骤完成简单的四选一数据选择器。

2）扩展实验：设计一个二选一数据选择器，通过按键和 LED 指示灯来直观地观察二选一数据选择器的逻辑功能。LED 指示灯的引脚对应参照实验板原理图。

3）实验思考：不用 case 条件语句，采用其他方式设计数据选择器。

实验 3　3-8 译码器

一、实验目的

1）掌握 Quartus Ⅱ 的硬件描述语言设计方法。

2）了解译码器的原理及应用。

3）设计一个 3-8 译码器。

二、实验原理

编码和译码是非常重要的组合逻辑。编码是用二进制代码表示不同的事物，目的是对物理世界的不同信息加以区分。编码器就是将代表物理事物的高、低电平信号编成对应的二进制代码的逻辑器件。译码是编码的反操作，译码器的逻辑功能是将每个输入的二进制代码译成对应的高、低电平信号。常用的译码器电路有二进制译码器、二－十进制译码器和显示译码器三类。

二进制译码器的输入是一组二进制代码，输出是一组与输入代码一一对应的高、低电平信号。二进制译码器的逻辑真值表，输出高电平有效，如表实验表 3-1 所示。

实验表3-1　3位二进制译码器真值表

输入			输出							
A_2	A_1	A_0	Y_7	Y_6	Y_5	Y_4	Y_3	Y_2	Y_1	Y_0
0	0	0	0	0	0	0	0	0	0	1
0	0	1	0	0	0	0	0	0	1	0
0	1	0	0	0	0	0	0	1	0	0
0	1	1	0	0	0	0	1	0	0	0
1	0	0	0	0	0	1	0	0	0	0
1	0	1	0	0	1	0	0	0	0	0
1	1	0	0	1	0	0	0	0	0	0
1	1	1	1	0	0	0	0	0	0	0

三、实验步骤

1）新建工程 DECODE3_8。

打开 Quartus Ⅱ软件后，选择菜单 File 文件→ New Project Wizard，在弹出的 New Project 界面中，建立工程 DECODE3_8 并根据实验箱上的器件型号选择合适的 FPGA 器件。

2）新建 Verilog HDL 或 VHDL 文件。

选择菜单 File，选择 New 选项，或直接单击新建文件图标，在弹出的 New 对话框中根据所使用的硬件描述语言类型选择相应的新建文件类型（Verilog HDL File 或 VHDL File）。

3）在该文件编写相应的描述语言。

Verilog HDL 例程：

```
module DECODE3_8(data_out,key_in);
output[7:0] data_out;
input[2:0] key_in;
reg[7:0] data_out;

always @(key_in)
    begin
        case(key_in)
        3'd0: data_out=8'b11111110;
        3'd1: data_out=8'b11111101;
        3'd2: data_out=8'b11111011;
        3'd3: data_out=8'b11110111;
        3'd4: data_out=8'b11101111;
        3'd5: data_out=8'b11011111;
```

```
        3'd6: data_out=8'b10111111;
        3'd7: data_out=8'b01111111;
        endcase
    end
endmodule
```

VHDL 例程:

```
LIBRARY IEEE;
USE IEEE.STD_LOGIC_1164.ALL;
USE IEEE.STD_LOGIC_UNSIGNED.ALL;
ENTITY DECODE3_8 IS
PORT(key_in : IN STD_LOGIC_VECTOR(2 DOWNTO 0);
      data_out : OUT BIT_VECTOR (7 DOWNTO 0));
END DECODE3_8;

ARCHITECTURE BEH OF DECODE3_8 IS
    PROCESS (key_in)
BEGIN
        CASE key_in IS
            WHEN "000"=>data_out<="11111110";
            WHEN "001"=>data_out<="11111101";
            WHEN "010"=>data_out<="11111011";
            WHEN "011"=>data_out<="11110111";
            WHEN "100"=>data_out<="11101111";
            WHEN "101"=>data_out<="11011111";
            WHEN "110"=>data_out<="10111111";
            WHEN "111"=>data_out<="01111111";
             WHEN OTHERS=>NULL;
           END CASE;
   END PROCESS;
END BEH;
```

4）保存文件，并把该文件指定为顶层文件。

单击工具栏的“保存”图标，弹出 Save As 对话框。注意，文件名一定要和实体名即模块名一致，上面的程序代码保存的文件名应该为 DECODE3_8。在 Save As 对话框中，一定勾选 Add this file to current project 复选框。在 Project Navigator 面板中，选择 Files 选项卡，右键单击该文件，在弹出的浮动窗口中，选择 Set as Top-Level Entity 把该文件设为顶层文件。

5）编译。

选择菜单 Processing → Start Compilation 或直接单击桌面编译快捷按钮，进行全程编译。

6）引脚锁定。

选择菜单 Processing → Pins 或 Pin Planner，在弹出的引脚锁定对话框中，把 key_in 设置为按键输入，key_in[2..0] 对应引脚分别为 PIN_121（即核心板上的按键 K1）、PIN_122（即核心板上的按键 K2）、PIN_123（即核心板上的按键 K3）；把 data_out 设置为 LED 显示输出，data_out[7..0] 对应引脚分别为 PIN_50（即实验板上的 LED1）、PIN_53（即实验板上的 LED2）、PIN_54（即实验板上的 LED3）、PIN_55（即实验板上的 LED4）、PIN_176（即实验板上的 LED5）、PIN_47（即实验板上的 LED6）、PIN_48（即实验板上的 LED7）、PIN_49（即实验板上的 LED8）。

7）下载。

下载前需要对文件重新进行编译，把锁定的引脚信息包含到下载文件中。

选择菜单 Tools → Programmer，勾选相应的 sof 下载文件进行下载。

下载后，在核心板上按“K1”、“K2”和“K3”键，观察 LED1 ~ LED8 所代表的译码输出结果是否相应变化。注意，按键按下为“0”，不按为“1”；输出为“0”时 LED 灯亮，输出为“1”时 LED 灯不亮。

四、实验内容

1）按照上述步骤完成简单的 3-8 译码器。

2）扩展实验：设计一个二 – 十进制译码器，输出高电平有效。

3）实验思考：不用 case 条件语句，采用其他方式设计译码器。

实验 4　静态数码管显示

一、实验目的

1）了解数码管内部电路结构。

2）学习 7 段数码管显示译码器的设计。

3）学习 LPM 兆功能模块的调用。

二、实验原理

为了对数字电路进行控制、直观观察数字电路的设计结果，CPLD/FPGA 器件往往要和一些外部接口电路相连，前面实验中使用的二极管、DIP 开关、脉冲信号源等都属于外部接口电路。在编译前锁定引脚，就是把设计电路（元件）的数字信号输入、输出连到相应的 CPLD/FPGA 器件引脚；而 CPLD/FPGA 器件的一些引脚在硬件上和外部的接口电路相连；这样就把设计的输入、输出引脚和外部的接口电路相通，以便对电路进行控制（输入）、观察结果（输出）。

通常的外部接口电路有：二极管、7 段数码管、米字型数码管、点矩阵显示器、液晶显示接口、VGA 接口、鼠标接口、键盘、时钟信号接口、A/D 接口、D/A 接口、UART 接口、I^2C 控制器接口等其他数字信号接口。

数码管 LED 显示是工程项目中使用广泛的一种输出显示器件。从数码管的个数上数码管分为单联和多联，单联数码管的封装结构如实验图 4-1 所示。

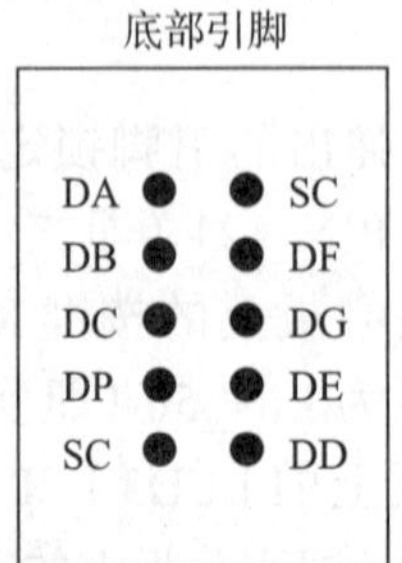

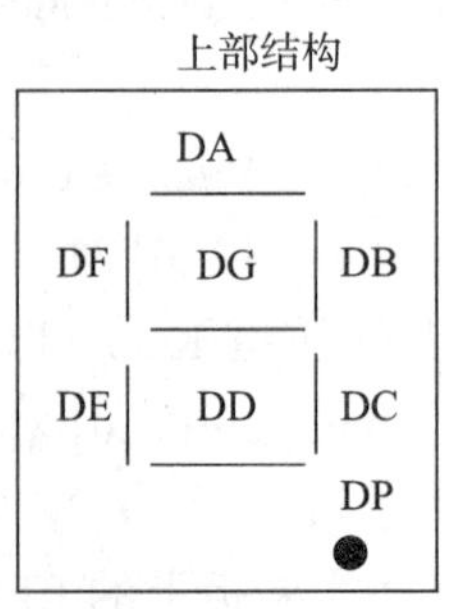

实验图 4-1　单联数码管的引脚定义图

从电路连接上数码管分为共阳极和共阴极两种，共阴极数码管是将 8 个发光二极管的阴极连接在一起作为公共端，如实验图 4-2 所示；而共阳极数码管是将 8 个发光二极管的阳极连接在一起作为公共端，如实验图 4-3 所示。公共端通常称为位码或选通位，而将其他 8 位称为段码。

数码管的 8 个段分别为 DP、DG、DF、DE、DD、DC、DB、DA。我们以实验图 4-3 所示的共阳数码管电路图为例简单说明其工作原理。我们要点亮数码管 A 段，就需要位码 DIG 为高电平，A 段的 11 引脚为低电平，这样发光二极管正向导通，通过一定的电流而发光。如果要显示数字“1”，就需要位码为高电平，BC 段码为低电平，正向导通而发光，而其他的段码为高电平，无电流通过不发光。故 8 位段码的需要赋二进制值为“00000110”，位码赋值为高电平，这就是所谓的“译码”。

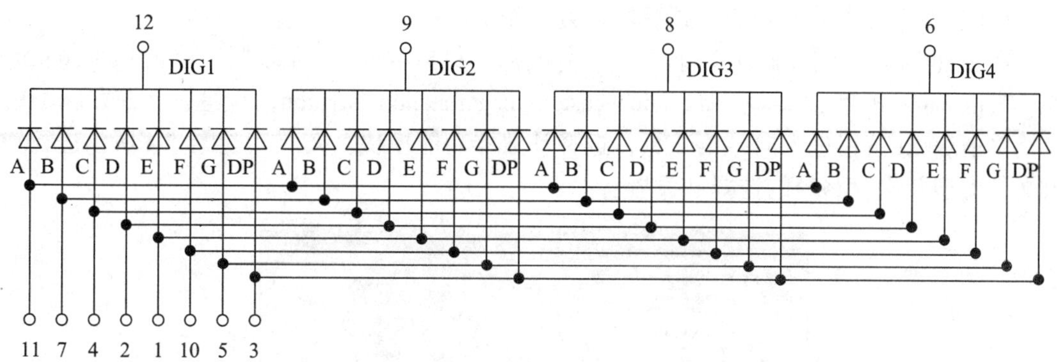

实验图 4-2 4 联共阴极数码管电路图

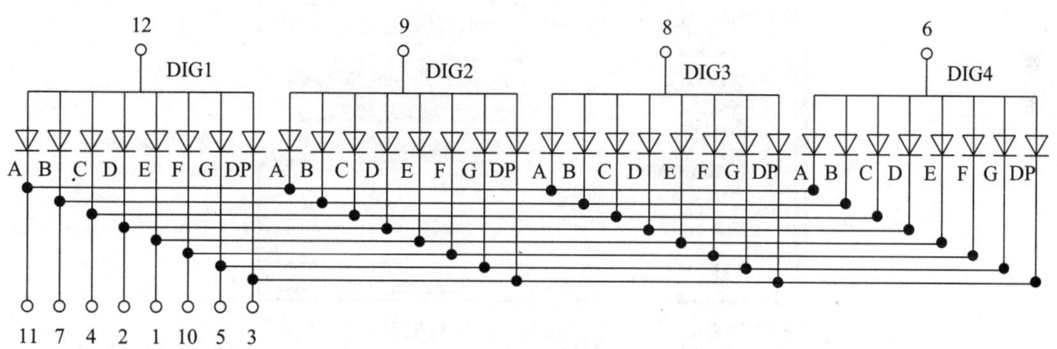

实验图 4-3 4 联共阳极数码管电路图

因为 FPGA 的引脚输出或输入电流的能力有限，一般情况下，不会直接使用 FPGA 驱动数码管，往往使用 FPGA 控制三极管的基极，经三极管对电流放大后再驱动数码管，而具体采用何种类型的三极管，控制的结果也不同，所以在进行设计时，需要对硬件电路进行了解，才能正确地驱动数码管，从实验箱的硬件电路原理图上可知，数码管的段码对应的 FPGA 器件的 I/O 引脚为低电平时，数码管的位码引脚为高电平时，相应的数码管的段码导通。

本实验通过分频器得到 1Hz 的时钟信号，加载于 4 位计数器的时钟输入端。计数器循环输出 0 ~ 9、A ~ F 共 16 个数。最后通过译码器译码后在数码管显示出来。

说明：共阳极和共阴极的电路不同，译码结果正好相反。

译码结果不仅可以显示数字，还可以显示其他字符，理论上说，共有 2^7 种译码结果，只是部分显示的图像我们没有赋予具体的含义而已。

三、实验步骤

实验过程可以分为 8 步。

1）新建工程，工程名为 sled。

2）新建译码器的硬件描述语言源文件 decode7，输入程序后封装成模块符号文件。在封装过程中，若有错误，则找出并纠正错误，至封装成功为止。

3）编写并封装十六进制计数器模块 CNT16。

4）新建原理图文件 testled。

实验箱上的晶振为 48MHz，为了得到 1Hz 的频率需要进行 48×10^6 次分频。使用 Quartus Ⅱ软件自带的兆功能分频模块，方法如下。

在新建的原理图 testled 文件中，双击鼠标，打开 Symbol 对话框，单击 MegaWizard Plug-In manager 按钮，选择 Create a new custom megafunction variation，新建一个兆功能模块。

单击 Next 按钮进入向导第 2 页，选择计数器功能模块。按照实验图 4-4 所示进行输出文件类型及保存路径的选择和设置。

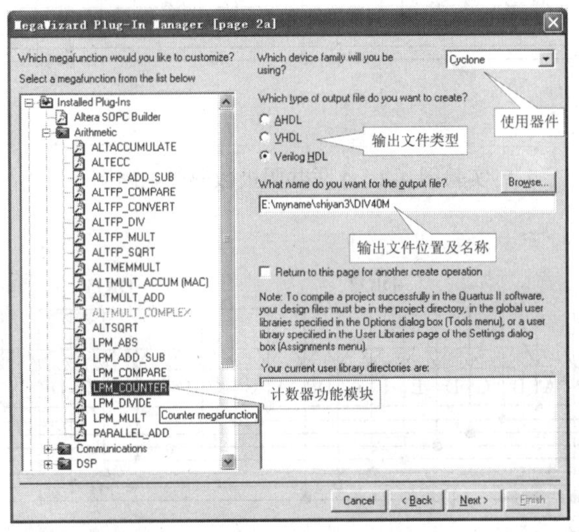

实验图 4-4 添加兆功能模块向导对话框——Page 2

单击 Next 按钮，弹出如实验图 4-5 所示的设置界面，因为我们要进行 48×10^6 次分频，转换为二进制数为 26 位，故总线宽度设为 26；我们选择加法计数器（Up only）。

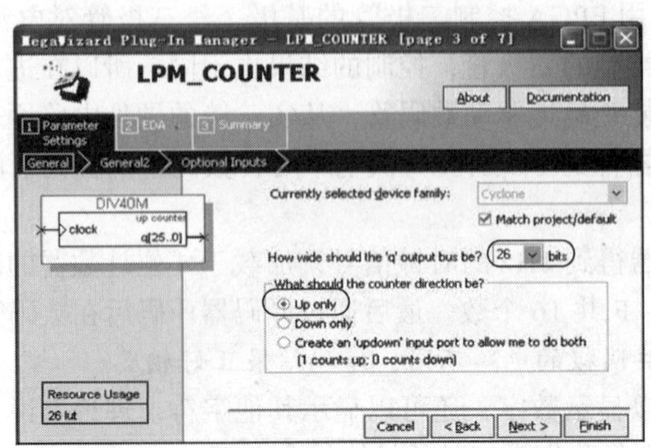

实验图 4-5 添加兆功能模块向导对话框——Page 3

单击 Next 按钮，进入 page 4 设置，如实验图 4-6 所示。这里需要对计数器类型进行设置，48×10^6 进制的计数器即 Modulus 为 48000000；Plain binary 表示计数到各个位全满再重新计数。勾选 Carry-out 复选框。

单击 Next 按钮，进入 Page 5 设置，如实验图 4-7 所示，在这里可进行同步或异步的清零、加载、置数设置，这里不做设置。单击 Next 按钮，进入 Page 6 设置，此略。

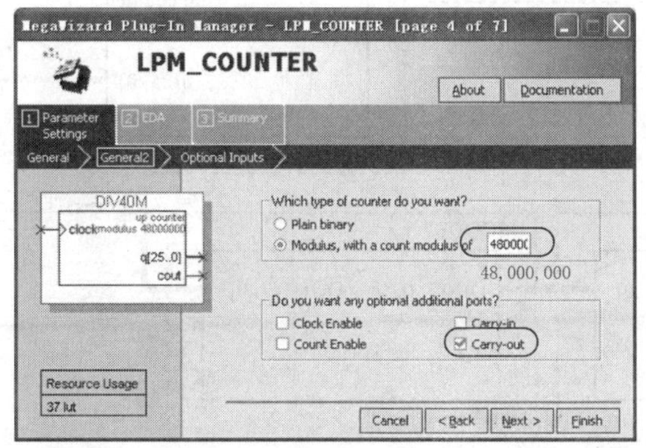

实验图 4-6　添加兆功能模块向导对话框——Page 4

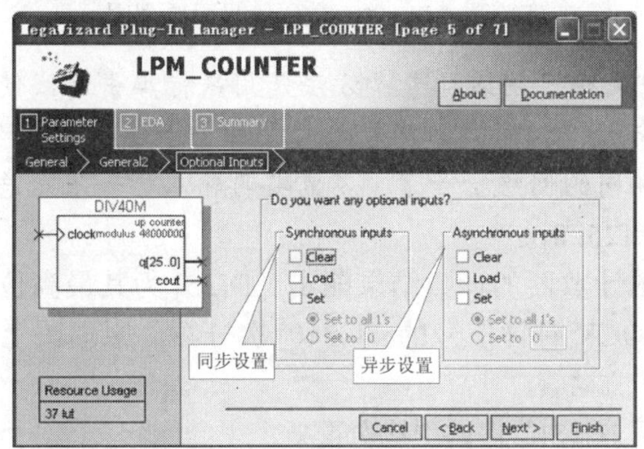

实验图 4-7　添加兆功能模块向导对话框——Page 5

最后，进入计数器功能模块的设置总结界面，如实验图 4-8 所示。

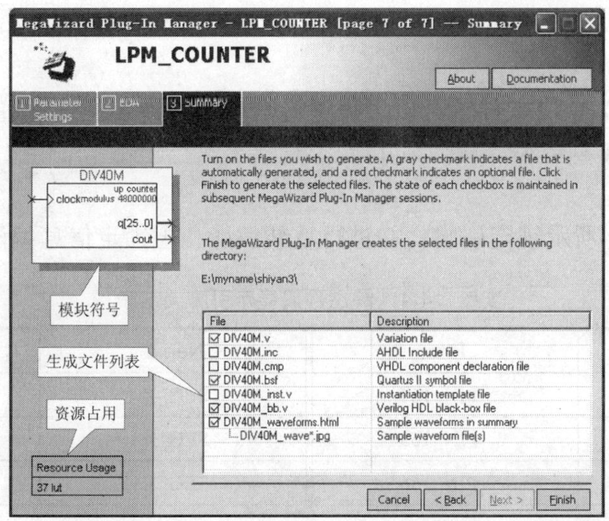

实验图 4-8　添加兆功能模块向导对话框——Page 7

生成功能模块后，把它添加到原理图文件中。添加用户库里的 CNT16 和 DECODE7 模块，电路原理图如实验图 4-9 所示，并锁定引脚。

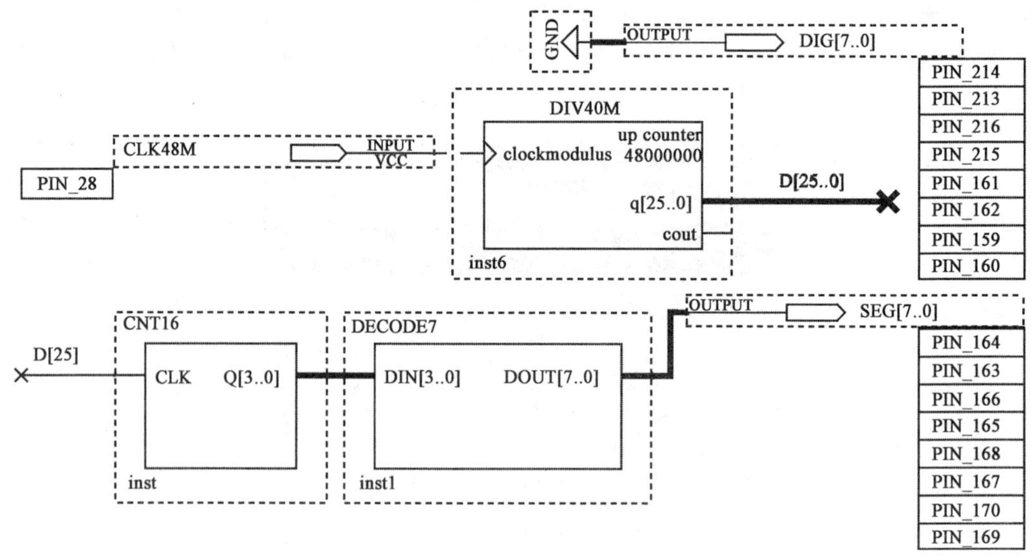

实验图 4-9 静态数码管显示原理图

说明：实验图 4-9 使用了网络标号，方法是用鼠标单击连线使其处于选中状态，然后从键盘输入相应的标号，相同网络标号之间就相当于连接了。输入 / 输出引脚本身就包含了和其引脚名称相同的网络标号了，不需要再输入。如果是总线连接，其网络标号也要是总线形式，如 D[25..0]。

D[25..0] 为 40M 的计数器的计数结果输出，D[25] 为其最高位，相对于该模块，其最高位 Q[25] 就是 CLOCK 时钟信号的 48×10^6 次分频。原理图上使用网络标号进行的连线，注意这种连线的方法。

原理图的引脚遵循 1C12 器件的引脚分配。

控制位码的引脚全部接地，使三极管全部导通，即位码全部为高电平，8 个数码管显示完全相同的内容。

5）未使用引脚设置。

设定未使用引脚为三态输入。一定要进行设置，否则可能会损坏芯片。

6）编译。

将 testled 设置为顶层文件，对该工程进行全程编译，若在编译过程中发现错误，则找出错误并进行纠正直至编译成功为止。

7）引脚锁定。

按照实验表 4-1 所示锁定引脚，并进行重新编译，把锁定信息编译到下载文件中。

实验表4-1 静态数码显示引脚锁定表

Name	Pin#	Name	Pin#
SEG[7]	PIN_164	SEG[4]	PIN_165
SEG[6]	PIN_163	SEG[3]	PIN_168
SEG[5]	PIN_166	SEG[2]	PIN_167

（续）

Name	Pin#	Name	Pin#
SEG[1]	PIN_170	DIG[3]	PIN_161
SEG[0]	PIN_169	DIG[2]	PIN_162
DIG[7]	PIN_214	DIG[1]	PIN_159
DIG[6]	PIN_213	DIG[0]	PIN_160
DIG[5]	PIN_216	CLK48M	PIN_28
DIG[4]	PIN_215		

8）配置下载。

正确连接硬件，下载程序，观察数码管显示结果。

四、实验内容

1）按照上述步骤完成数码管静态显示。

2）修改程序完成如下功能—— 让数码管循环显示“HHHHHHHH”、“PPPPPPPP”和全灭，1 秒变化一次显示的内容。

五、实验参考程序

CNT16 程序可以参考实验 2 的内容，也可以使用分频兆功能模块完成，可参考 DIV40M 模块的生成。此略。

程序清单：DECODE7.VHD

```
LIBRARY IEEE;                                                    --打开 IEEE 库
USE IEEE.STD_LOGIC_1164.ALL;
USE IEEE.STD_LOGIC_UNSIGNED.ALL;
USE IEEE.STD_LOGIC_ARITH.ALL;                                    --打开程序包
ENTITY DECODE7 IS                                                --实体
  PORT(DIN:IN STD_LOGIC_VECTOR(3 DOWNTO 0);                      --定义输入引脚
       DOUT:OUT STD_LOGIC_VECTOR(7 DOWNTO 0));                   --定义输出引脚
END DECODE7;                                                     --结束实体定义
ARCHITECTURE RTL OF DECODE7 IS                                   --结构体
BEGIN
 PROCESS(DIN)                                                    --进程
  BEGIN
   CASE DIN IS
    WHEN"0000"=>DOUT<="11000000";                                --显示 0
    WHEN"0001"=>DOUT<="11111001";                                --显示 1
    WHEN"0010"=>DOUT<="10100100";                                --显示 2
    WHEN"0011"=>DOUT<="10110000";                                --显示 3
    WHEN"0100"=>DOUT<="10011001";                                --显示 4
    WHEN"0101"=>DOUT<="10010010";                                --显示 5
    WHEN"0110"=>DOUT<="10000010";                                --显示 6
    WHEN"0111"=>DOUT<="11111000";                                --显示 7
    WHEN"1000"=>DOUT<="10000000";                                --显示 8
    WHEN"1001"=>DOUT<="10010000";                                --显示 9
    WHEN"1010"=>DOUT<="10001000";                                --显示 A
    WHEN"1011"=>DOUT<="10000011";                                --显示 B
    WHEN"1100"=>DOUT<="11000110";                                --显示 C
    WHEN"1101"=>DOUT<="10100001";                                --显示 D
```

```
    WHEN"1110"=>DOUT<="10000110";                          -- 显示E
    WHEN"1111"=>DOUT<="10001110";                          -- 显示F
    WHEN OTHERS=>NULL;
    END CASE;
END PROCESS;                                               -- 进程结束
END RTL;                                                   -- 结构体结束
```

程序清单：decode7.V

```
module decode7(din,dout);
input [3:0] din;
output [7:0] dout;
reg [7:0] dout;

always@(din)
begin
   case(din)
          4'h0:dout<=8'hc0;                                //显示0
          4'h1:dout<=8'hf9;                                //显示1
          4'h2:dout<=8'ha4;                                //显示2
          4'h3:dout<=8'hb0;                                //显示3
          4'h4:dout<=8'h99;                                //显示4
          4'h5:dout<=8'h92;                                //显示5
          4'h6:dout<=8'h82;                                //显示6
          4'h7:dout<=8'hf8;                                //显示7
          4'h8:dout<=8'h80;                                //显示8
          4'h9:dout<=8'h90;                                //显示9
          4'ha:dout<=8'h88;                                //显示A
          4'hb:dout<=8'h83;                                //显示b
          4'hc:dout<=8'hc6;                                //显示C
          4'hd:dout<=8'ha1;                                //显示d
          4'he:dout<=8'h86;                                //显示E
          4'hf:dout<=8'h8e;                                //显示F
   endcase
end
endmodule
```

实验5　动态数码管显示

一、实验目的

1）理解动态数码管扫描显示的原理。

2）掌握动态数码管扫描显示电路的设计。

二、实验原理

因为扫描显示大大减少了引脚的使用，在实际工作中具有重要地位，其实扫描显示的电路不太麻烦，所以如果理解了其工作原理，扫描电路很容易实现。

由于各位数码管的段码并联，如果同一时刻各个位选信号均处于选通状态，则每个数码管显示相同的字符。若要每位数码管能够显示与本位相应的显示字符，就必须采用扫描显示方式，即在某一时刻，只让某一位的位码信号处于选通状态，而其他各位的位码信号处于关闭状态，同时段码线上输出相应数码管要显示字符的字形码。

例如：如果只让某个数码管显示“1”，该数码管的位码应为高电平，（因为使用了三极管，相应的FPGA引脚为低电平），其他数码管的位码应为低电平，即相应的FPGA

引脚为高电平。

如果让数码管 1 ～ 8 显示“12345678”，则显示状态如实验表 5-1 所示。

实验表5-1　扫描显示状态表

显示字符	段码（PGFEDCBA）	FPGA 引脚电平	显示器状态
1	11111001	01111111	1
2	10100100	10111111	2
3	10110000	11011111	3
4	10011001	11101111	4
5	10010010	11110111	5
6	10000010	11111011	6
7	11111000	11111101	7
8	10000000	11111110	8

如果依次使数码管 1 ～ 8 分别首先显示 1、2、3、4、5、6、7、8，然后依次显示，一直循环闪烁显示。如果每个周期的时间短到人眼无法分辨的状态（>24Hz），尽管有 7/8 的时间内处于不亮状态，但是由于人的视觉暂留现象，则人眼看到的是稳定显示的字符，就像看电影一样。但是这个频率不能太快，因为发光二极管从导通到发光有一定的延时，导通时间太短，发光太弱，人眼无法看清。一般 50 ～ 100Hz 即可，每个数码管处于显示状态的频率为该频率的 8 倍（8 个数码管），即 400 ～ 800Hz。

在实验 4 的基础上，我们不使用 CNT16 计数器，而是直接输入一个十六进制的常数“12345678”作为待显示数；而位码相应循环选通，共 8 种状态。同时需要得到一个 400 ～ 800Hz 的显示扫描频率。

三、实验步骤

1）新建工程 dled。

新建工程文件夹 exp_4，并把实验 4 中的 DECODE7 译码文件复制到该文件夹下，在新建工程时，把该文件添加到工程中。如果在新建工程时未添加，在文件复制完成后，可以选择菜单 Assignments → Settings，在弹出的 Setting 对话框的 File 项里进行添加文件设置。

2）编写描述语言文件，并封装生成元件符号。

结合 CNT16，编写八进制计数器 CNT8 模块并封装。因为 8 个数码管都要使用。

编写扫描模块 SCANLED，并封装。

编写译码模块 DECODE7，并封装。

3）新建原理图文件 DSCANLED。

在原理图文件中添加添加计数器分频模块 DIV100K，得到 480Hz 的显示扫描频率。添加方法见实验 4，只不过分频次数＝ $48 \times 10^6/480 = 100 \times 10^3$，位宽为 17 即可。

在原理图文件中添加“常数”兆功能模块 LPM_CONSTANT（在 Gates 元件库下），模块命名为 constant1，添加方法与实验 3 中添加计数器兆功能模块的类似，在设置常数位宽和数值时，按实验图 5-1 所示进行设定。

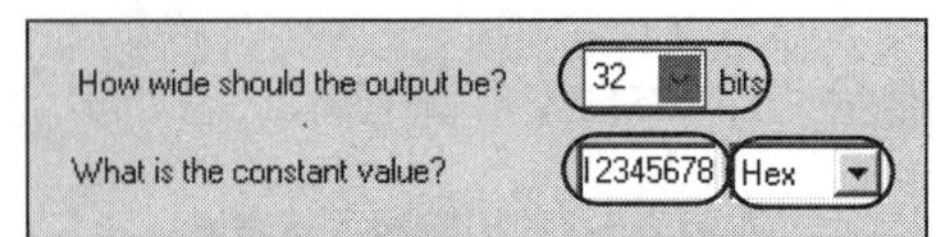

实验图 5-1 LPM_CONSTANT 兆功能模块设置

设置 DSCANLED 原理图文件为顶层文件，进行编译。

4）锁定引脚。

如果锁定引脚时无引脚信息，先编译，再按照实验表 5-2 进行引脚锁定，再编译使锁定的引脚信息更新到下载文件中。在该过程中，若有错误，纠错至成功。

实验表5-2 动态数码显示引脚锁定表

名 称	Pin#	名 称	Pin#
SEG[7]	PIN_164	DIG[6]	PIN_213
SEG[6]	PIN_163	DIG[5]	PIN_216
SEG[5]	PIN_166	DIG[4]	PIN_215
SEG[4]	PIN_165	DIG[3]	PIN_161
SEG[3]	PIN_168	DIG[2]	PIN_162
SEG[2]	PIN_167	DIG[1]	PIN_159
SEG[1]	PIN_170	DIG[0]	PIN_160
SEG[0]	PIN_169	CLK48M	PIN_28
DIG[7]	PIN_214		

最后完成的原理图如实验图 5-2 所示。

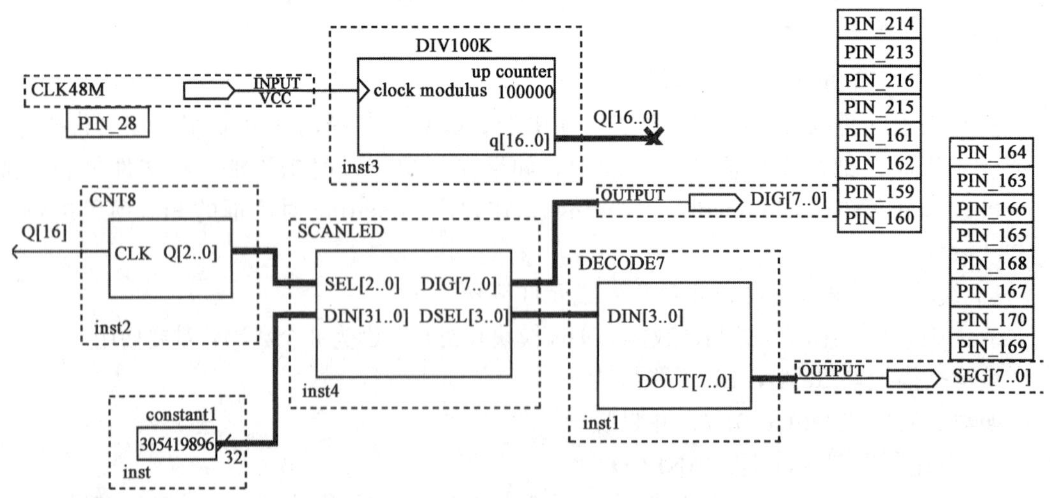

实验图 5-2 动态数码管扫描顶层模块

实验图 5-2 所示的原理图中，尽量使用单一功能的模块，在编写硬件描述语言时，也可以把数个模块编写在一个文件中。动态扫描显示的电路在以后实验中经常用到。

5）下载配置。

下载配置后，观察数码管上的数字是否为“12345678”；然后把分频模块的参数调大，即扫描频率调小，扫描间隔时间变长，再重新编译下载，观察数码管上的显示数据，可以看到显示数据逐个显示，这正是动态扫描的方法和过程。同时观察数码管的亮度，其低于静态显示的亮度。

四、实验内容

1）按照上述步骤完成扫描显示。

2）更改程序和电路，使右面的 6 个数码管扫描显示“123456”，左面的两个数码管不显示。

3）使用按键 K1，使按键按下时，只有某个数码管灭；松开按键后，该数码管仍显示。

五、实验参考程序

程序清单：SCANLED.VHD

```
LIBRARY IEEE;
USE IEEE.STD_LOGIC_1164.ALL;
USE IEEE.STD_LOGIC_UNSIGNED.ALL;
USE IEEE.STD_LOGIC_ARITH.ALL;
ENTITY SCANLED IS
  PORT(SEL:IN STD_LOGIC_VECTOR(2 DOWNTO 0);
       DIN:IN STD_LOGIC_VECTOR(31 DOWNTO 0);
       DIG:OUT STD_LOGIC_VECTOR(7 DOWNTO 0);
       DSEL:OUT STD_LOGIC_VECTOR(3 DOWNTO 0));
END SCANLED;
ARCHITECTURE BHV OF SCANLED IS
BEGIN
 PROCESS(SEL)
  BEGIN
   CASE SEL IS
   WHEN "000" => DSEL<=DIN(31 DOWNTO 28); DIG<="01111111";
                                              --选择显示数据、配置位码
   WHEN "001" => DSEL<=DIN(27 DOWNTO 24); DIG<="10111111";
   WHEN "010" => DSEL<=DIN(23 DOWNTO 20); DIG<="11011111";
   WHEN "011" => DSEL<=DIN(19 DOWNTO 16); DIG<="11101111";
   WHEN "100" => DSEL<=DIN(15 DOWNTO 12); DIG<="11110111";
   WHEN "101" => DSEL<=DIN(11 DOWNTO  8); DIG<="11111011";
   WHEN "110" => DSEL<=DIN( 7 DOWNTO  4); DIG<="11111101";
   WHEN "111" => DSEL<=DIN( 3 DOWNTO  0); DIG<="11111110";
   WHEN OTHERS => NULL;
   END CASE;
  END PROCESS;
 END BHV;
```

程序清单：scanled.V

```
module scanled(sel,din,dig,dsel);
input [2:0] sel;
input [31:0] din;
output [7:0] dig;
output [3:0] dsel;

reg [7:0] dig;
reg [3:0] dsel;

always@(sel)
```

```
begin
   case(sel)
           3'd0:begin dsel<=din[31:28];dig<=8'b01111111;end
           3'd1:begin dsel<=din[27:24];dig<=8'b10111111;end
           3'd2:begin dsel<=din[23:20];dig<=8'b11011111;end
           3'd3:begin dsel<=din[19:16];dig<=8'b11101111;end
           3'd4:begin dsel<=din[15:12];dig<=8'b11110111;end
           3'd5:begin dsel<=din[11: 8];dig<=8'b11111011;end
           3'd6:begin dsel<=din[ 7: 4];dig<=8'b11111101;end
           3'd7:begin dsel<=din[ 3: 0];dig<=8'b11111110;end
           default:begin end
   endcase
end
endmodule
```

实验 6　按键消抖电路

一、实验目的

1）掌握按键消抖的方法。

2）掌握类属参数的使用。

二、实验原理

在按键使用的过程中，常常遇到按键抖动的问题，按键在闭合（断开）的瞬间，不能一接触就一直保持导通（断开），因为按键的机械特性，需要经历接触→断开→再接触→再断开，最终稳定在接触位置，这就是按键的抖动（见实验图 6-1），即虽然只是按下按键一次然后放掉，结果在按键信号稳定前后，竟出现了一些不该存在的噪声，这样就会引起电路的误动作。在很多应用按键的场合，要求具有消抖措施。按键抖动与开关的机械特性有关，其抖动期一般为 5 ~ 10ms。

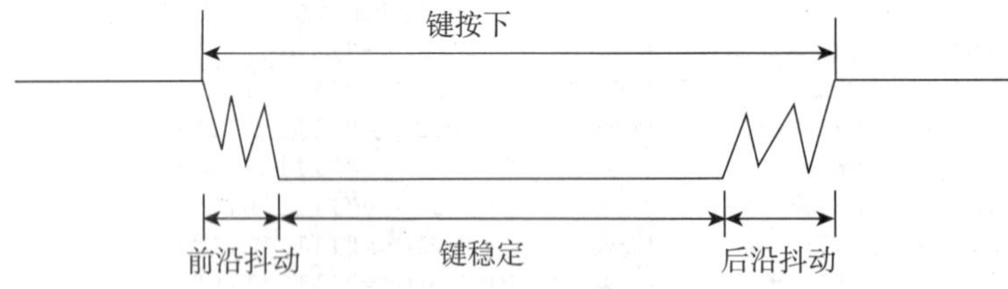

实验图 6-1　按键电平抖动示意图

按键的消除抖动分为硬件消除抖动和软件消除抖动。硬件消除抖动一般采用滤波的方法，通常在按键两端并联一个 1 ~ 10μF 的电容，有时这样也不能完全消除按键的抖动。软件消除抖动的方法有多种，常用的是延时扫描和定时器扫描。延时扫描其原理为：检测到按键操作后延时一段时间（如 10ms）后，再检测是否仍然处于同样的按键操作状态，如果处于同样的按键操作状态，就认为是进行了按键操作，然后对该操作进行相应的处理。定时器扫描的原理是：每隔一端时间（几毫秒）扫描一次键盘，如果连续两次（或 3 次）的所获得的按键状态相同，就输出按键状态，然后再对这种按键状态进行处理，这里的扫描时间间隔和连续判断按键状态的次数是有关系的，一般总时间要大于按键的抖动期。如果总时间太长，则感觉按键迟钝，如果时间太短，则可能不能完全消除抖动，要根据实际的情况合适的选择。

在实际电路设计中，经常采用的是软硬件相结合对按键进行消除抖动的处理方法。

本实验采用的软件消抖方法，其思路如下：实验箱按键的硬件电路是共阳极电路，按下按键时输出到 FPGA 引脚的电平为低电平，松开按键时为高电平。我们采用 5ms 的定时器扫描采样 FPGA 引脚电平，如果连续 3 次为低电平，可以认为此时按键已稳定，输出一个低电平按键信号；继续采样的过程中如果不能满足连续 3 次采样为低，则认为键稳定状态结束或未到稳定状态，这时输出变为高电平（连线 3 次采用信号相“或”），认为按键松开。其原理图如实验图 6-2 所示。时间间隔更小、采样次数更多，则效果可能会更好，但是增加了硬件的复杂度和资源利用。

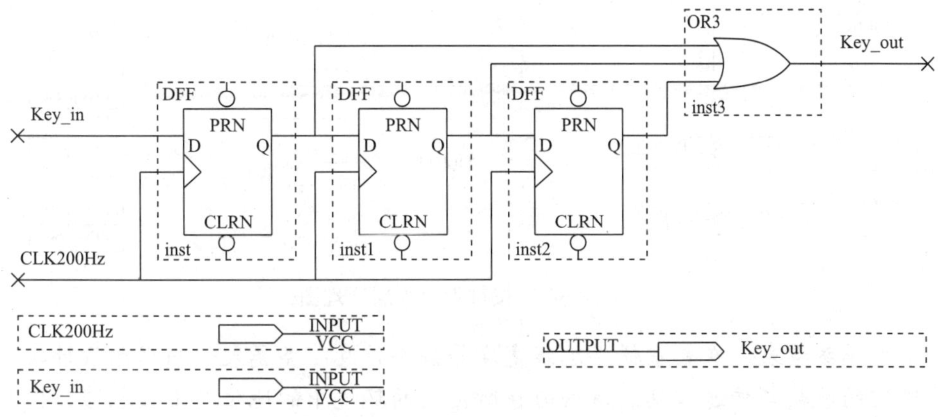

实验图 6-2　按键抖动硬件原理图

本实验的内容为：用按键消抖与不消抖的信号，分别当作时钟信号触发十六进制计数器，计数结果用数码管静态显示，比较按键消抖与不消抖的区别。

三、实验步骤

1）新建工程 antiwobble。

新建文件夹，并在该文件夹下新建工程。

2）编写硬件描述语言文件。

将实验图 6-2 所示的电路用语言描述出来，并扩展多个通道（多路按键输入，多路消抖信号输出）。文件名为 debounce，并封装生成模块符号文件。

编写十六进制计数器文件 CNT16，并封装生成模块符号文件，或添加兆功能计数器模块实现十六进制的计数器。

编写译码电路文件 DECODE7，并封装生成模块符号文件。

添加计数器分频模块 DIV200Hz，我们需要周期为 5ms 的时钟信号，故分频次数为 240 000。

最后生成顶层原理图文件 antiwobble，如实验图 6-3 所示。

说明： 48MHz 的系统晶振时钟频率经模 240 000 的计数器，得到的进位 cout，其频率为 200Hz，也可以使用其计数值的最高位 Q[17] 作为消抖模块的时钟信号。二者的区别是占空比不同。

消抖模块“debounce”使用了参数传递说明语句，以关键词 GENERIC 或 parameter

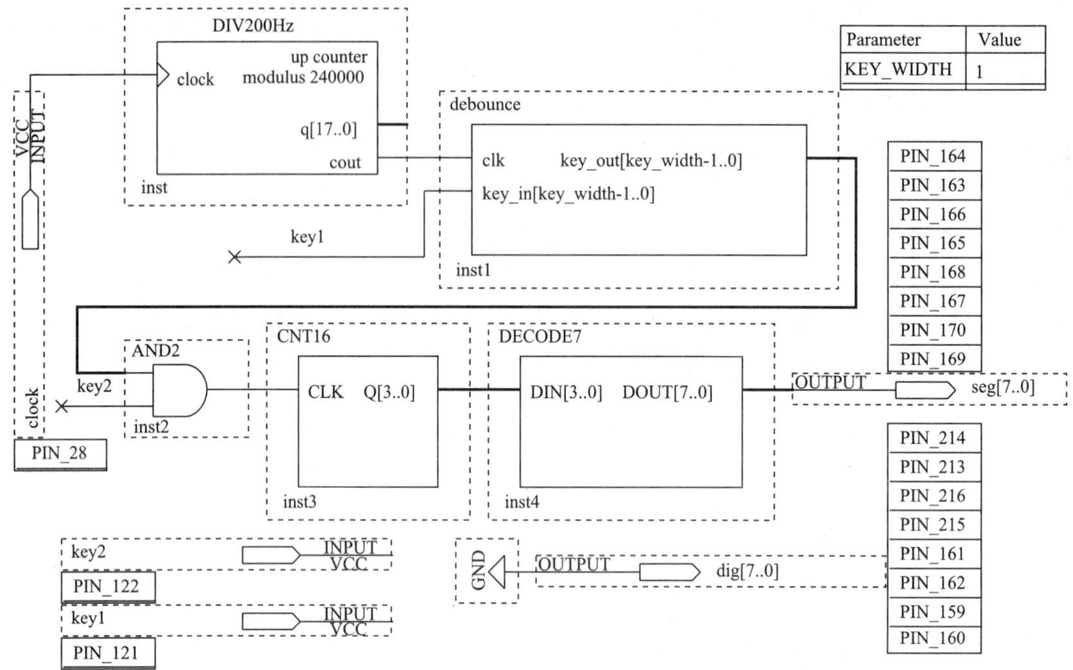

实验图 6-3　按键消抖顶层原理图

引导一个类属参量表，在表中提供总线宽度等静态信息。类属表说明用于设计实体和外部环境通信的参数与传递信息。该语句在所定义的环境中的地位与常数相似，但却能从环境（如外部实体）外部动态地接受赋值，其行为又类似于输入端口，其使用见本实验参考程序。在类属表的“KEY_WIDTH”参数的“Value”栏设置 1，就是对一个按键进行消抖处理。这时其模块输入 / 输出引脚 key_in、key_out 为 1 位的逻辑位信号而非总线信号，但其模块间连线可以是总线连线（粗线），也可以是节点连线（细线）。

在 debounce 程序中，尽管设定了位宽 KEY_WIDTH=8，但是在顶层文件中调用该模块时，可以重新更改其位宽设置，编译时以顶层文件的设置进行编译。尽管在 debounce 程序中设置的位宽在顶层文件中无效，但必须进行设置，否则 debounce 文件封装生成模块符号文件时会报错。

Key1 经过消抖处理，作为时钟信号触发计数器 CNT16，而 Key2 则未经过消抖处理。

3）编译、锁定引脚、再编译。

指定 antiwobble 原理图文件为顶层文件。

为了方便锁定引脚，我们先进行编译，发现错误进行纠正，直至成功为止。

按照实验表 6-1 进行锁定引脚。

实验表6-1　按键消抖引脚锁定表

名　称	Pin#	名　称	Pin#
SEG[7]	PIN_164	SEG[2]	PIN_167
SEG[6]	PIN_163	SEG[1]	PIN_170
SEG[5]	PIN_166	SEG[0]	PIN_169
SEG[4]	PIN_165	DIG[7]	PIN_214
SEG[3]	PIN_168	DIG[6]	PIN_213

（续）

名　　称	Pin#	名　　称	Pin#
DIG[5]	PIN_216	DIG[0]	PIN_160
DIG[4]	PIN_215	key2	122
DIG[3]	PIN_161	key1	121
DIG[2]	PIN_162	CLOCK	PIN_28
DIG[1]	PIN_159		

再编译，把引脚锁定的信息编译到下载文件中去。

4）下载。

连接电源，进行下载。

观察按键 key1 和 key2 进行操作时，计数器变化结果的区别，以认识按键存在抖动以及对按键需要进行消抖处理才能使用正常。

四、实验参考程序

程序清单：debounce.VHD

```
LIBRARY IEEE;
USE IEEE.STD_LOGIC_1164.ALL;
USE IEEE.STD_LOGIC_Arith.ALL;
USE IEEE.STD_LOGIC_Unsigned.ALL;

ENTITY debounce IS
GENERIC(KEY_WIDTH:Integer:=8);                          --参数传递说明语句
PORT(
    clk:IN STD_LOGIC;
    key_in:IN STD_LOGIC_VECTOR(KEY_WIDTH-1 DOWNTO 0);
    key_out:OUT STD_LOGIC_VECTOR(KEY_WIDTH-1 DOWNTO 0) );
END;

ARCHITECTURE one OF debounce IS
SIGNAL dout1,dout2,dout3:STD_LOGIC_VECTOR(0 TO KEY_WIDTH-1);
BEGIN
key_out<=dout1 OR dout2 OR dout3;                       --按键消抖输出
PROCESS(clk)
BEGIN
   IF FALLING_EDGE(clk)THEN                             --下降沿触发
           dout1<=key_in;                               --寄存
           dout2<=dout1;
           dout3<=dout2;
   END IF;
END PROCESS;
END one;
```

说明：key_out<=dout1 OR dout2 OR dout3;表示 3 个信号“或”。对总线数据而言，相同的位进行“或”把运算后的结果赋值给输出的相同位。即 key_out[i]<=dout1[i] OR dout2[i] OR dout3[i]。

程序清单：debounce.V

```
module debounce(clk,key_in,key_out);
input clk;
input[KEY_WIDTH-1:0] key_in;
output[KEY_WIDTH-1:0] key_out;
```

```
reg[KEY_WIDTH-1:0] dout1,dout2,dout3;
parameter KEY_WIDTH=8;

assign key_out=(dout1|dout2|dout3);

always@(negedge clk)
begin
   dout1<=key_in;
   dout2<=dout1;
   dout3<=dout2;
end
endmodule
```

实验7 小数分频器

一、实验目的

1）了解小数分频的原理。

2）学习小数分频器的设计方法。

二、实验原理

分频器是数字电路中最基础也是最常用的电路，通常用来对某个给定频率进行分频，以得到所需的频率。整数分频器的实现比较简单，可采用标准的计数器设计实现。但在某些特定场合下，时钟源与所需的频率不是整数倍关系，此时就需要采用小数分频器对输入的信号进行分频。

小数分频器的实现方法很多，但其基本原理一样，即在若干个分频周期中采取某种方法使某几个周期多计或少计一个数，从而在整个计数周期的总体平均意义上获得一个小数分频比。

设 K 为分频系数，N 为分频系数的整数部分，X 为分频系数的小数部分，M 为输入脉冲个数，P 为输出脉冲个数，n 为小数部分的位数，则有

$$\begin{cases} K = N + 10^{-n}X \\ K = M/P \end{cases}$$

由上式可得

$$M = K \cdot P = (N+10^{-n}X)\ P$$

令 $P = 10^n$，则得

$$M = 10^{-n}N+X$$

可知在进行一次 N 分频时，多输入 X 个脉冲，可实现小数分频。

三、实验步骤

1）新建工程。

新建文件夹，在该文件夹下新建工程 fdiv8_1。

2）编写 HDL 文件。

编写 HDL 文件，实现 8.1 分频器。要实现 8.1 分频，只需在 10 次分频中做 9 次 8 分频，1 次 9 分频，这样总的分频值为：

$$F = (9\times 8+1\times 9)/(9+1) = 8.1$$

3）锁定引脚。

按实验表 7-1 锁定引脚，并重新进行编译，把引脚信息编译到下载文件中。

实验表7-1　引脚锁定表

名　称	Pin#	名　称	Pin#
clk_in	PIN_28	rst	PIN_121
clk_out	PIN_55		

4）下载。

下载后，用示波器观察输出时钟与输入时钟的关系。

四、实验参考程序

程序清单：fdic8_1.V

```
module fdiv8_1(clk_in,rst,clk_out);
input clk_in,rst; output reg clk_out;
reg[3:0] cnt1,cnt2;
always@(posedge clk_in or posedge rst)
begin
    if(rst)  begin cnt1<=0; cnt2<=0; clk_out<=0;  end
    else if(cnt1<9)                     //9 次 8 分频
    begin
        if(cnt2<7)  begin
           cnt2<=cnt2+1;
           clk_out<=0;
         end else begin
           cnt2<=0;
           cnt1<=cnt1+1;
           clk_out<=1;
         end
    end
    else  begin                         //1 次 9 分频
        if(cnt2<8)  begin
           cnt2<=cnt2+1;
           clk_out<=0;
        end
        else
        begin
            cnt2<=0;
            cnt1<=0;
            clk_out<=1;
        end
    end
end
endmodule
```

程序清单：fdic8_1.VHD

```
LIBRARY IEEE;
USE IEEE.STD_LOGIC_1164.ALL;
USE IEEE.STD_LOGIC_UNSIGNED.ALL;
ENTITY fdic8_1 IS
PORT (clk_in,rst:IN STD_LOGIC;
                  clk_out : OUT STD_LOGIC);
END;
ARCHITECTURE behav OF fdic8_1 IS
   SIGNAL cnt1,cnt2 :STD_LOGIC_VECTOR(3 DOWNTO 0);
```

```
BEGIN
PROCESS (clk_in)
BEGIN
IF rst ='1' THEN
     cnt1 <= "0000";
     cnt2 <= "0000";
     clk_out <= '0';
ELSIF clk_in'EVENT AND clk_in='1' THEN
    IF cnt1 < "1001" THEN
           IF cnt2 < "0111" THEN
              cnt2 <= cnt2 + '1';
              clk_out <= '0';
           ELSE
              cnt2 <= "0000";
              cnt1 <= cnt1 + '1';
              clk_out <= '1';
           END IF;
    ELSE
           IF cnt2 <"1000"  THEN
              cnt2 <= cnt2 + '1';
              clk_out <='0';
           ELSE
              cnt2 <= "0000";
              cnt1 <= "0000";
              clk_out <= '1';
           END IF;
    END IF;
 END IF;
 END PROCESS;
END behav;
```

实验 8　数控分频器

一、实验目的

1）学习数控分频器的设计、分析和测试方法。

2）了解蜂鸣器的发声原理。

二、实验原理

我们知道，分频器与计数器是基于同一原理的。如果设计 N 进制的计数器，即其模为 N，一般情况下，我们使用计数器都是从 0 计数到 N–1，输出进位，然后复位或清零，以后依次循环。其计数结果就是 0 ~ N–1，共 N 种变化，进位就是一个 N 次的分频器。同样，计数结果从 1 ~ N，或从 2 ~ N + 1……在最大计数值时输出进位，其进位同样也是 N 次分频。为了方便和其他考量，一般在设计分频次数未定的分频器时，把计数器的最大计数设为计数器计满时的最大值，即如果是 8 位的 N 进制计数器，计数范围为 0xFF + 1-N ~ 0xFF，0xFF 就是由计数器位数决定的最大计数值。二者的区别在于：0 ~ N–1 计数方式是同一起点计数，0xFF + 1 ~ N ~ 0xFF 计数方式是同一终点计数。在使用可变分频器的设计中，往往采用第二种方法，原因是其分频频率比较“干净”。

蜂鸣器从控制电路上分为有源和无源。有源蜂鸣器直接接上额定电源（1.5 ~ 15V 直流工作电压，和蜂鸣器本身有关），多谐振荡器起振，输出 1.5 ~ 2.5 kHz 的音频信号，就可连续发声，但是发声的频率无法改变。而无源蜂鸣器则和电磁扬声器一样，需要接在音频输出电路中才能发声，即对蜂鸣器加的电压或通过的电流要是在 300Hz 到几千赫兹（听觉范围内）的交流信号，从能量的角度来说，这个方波信号占空比最好为 1：1，这时其发声强度最大。

实验箱上的蜂鸣器是无源蜂鸣器，本实验使用按键控制分频器的输出频率，其进位输出结果接到蜂鸣器，在听觉范围内的频率，可以直观地分辨数控分频器的变化。

三、实验步骤

1）新建工程 dvf。

新建工程文件夹，在该文件夹中新建工程 dvf。

2）新建原理图文件 dvf。

编写模为可变参数、位宽为可变参数的通用计数分频器模块 Int_Div，并封装。参考程序清单，要看懂程序。

新建 HDL 数控分频器文件 pluse，其进位输出经 T 触发器送入蜂鸣器。

编写扫描显示模块和译码电路模块。

编写按键消抖程序。

编写十六进制计数器模块 CNT16。或使用 Int_Div，改变参数使其成为 4 位十六进制计数器。

在原理图文件中添加各个模块，最后生成的电路原理图如实验图 8-1 所示。

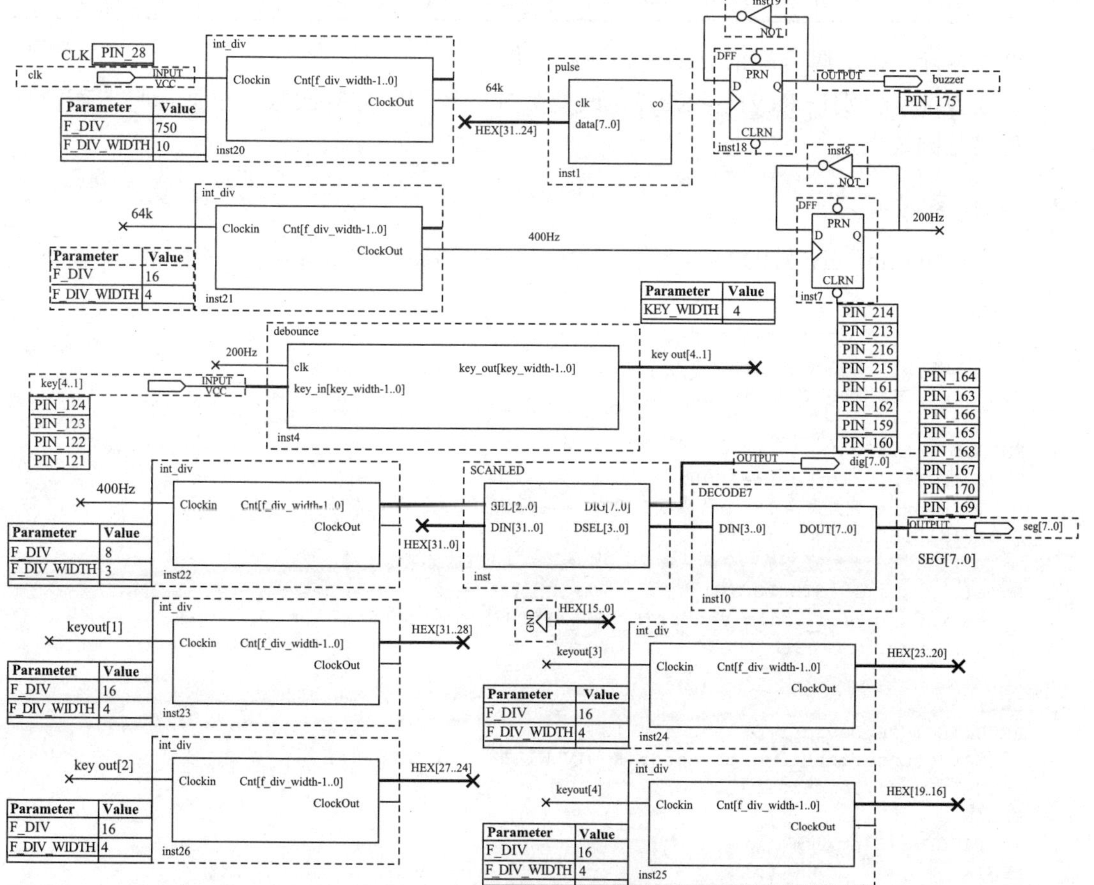

实验图 8-1　数控分频器电路原理图

3）编译、下载。

把 dvf.bdf 原理图文件设定为顶层文件，并进行编译，如有错误，改正直至正确为止。按照实验表 8-1 所示进行锁定引脚。

实验表8-1 数控分频器引脚锁定表

名 称	Pin#	名 称	Pin#
seg[7]	PIN_164	key[1]	PIN_121
seg[6]	PIN_163	dig[7]	PIN_214
seg[5]	PIN_166	dig[6]	PIN_213
seg[4]	PIN_165	dig[5]	PIN_216
seg[3]	PIN_168	dig[4]	PIN_215
seg[2]	PIN_167	dig[3]	PIN_161
seg[1]	PIN_170	dig[2]	PIN_162
seg[0]	PIN_169	dig[1]	PIN_159
key[4]	PIN_124	dig[0]	PIN_160
key[3]	PIN_123	clk	PIN_28
key[2]	PIN_122	buzzer	PIN_175

再次编译，把引脚分配信息编译到下载文件中。

下载验证。分别按 Key1 ~ Key2，改变数控分频器的分频次数，根据蜂鸣器声音频率，观察分频效果。

四、实验参考程序

程序清单：int_div.VHD

```
LIBRARY IEEE;
USE IEEE.STD_LOGIC_1164.ALL;
USE IEEE.STD_LOGIC_Arith.ALL;
USE IEEE.STD_LOGIC_Unsigned.ALL;

ENTITY int_div IS
GENERIC(F_DIV:Integer:=1000;
         -- 此处定义了一个默认值 1000，即电路为 1000 分频电路
F_DIV_WIDTH:Integer:=10);
         -- 此处定义了一个默认值 10，即电路为 10 位的计数器电路
Port(Clockin:IN STD_LOGIC;
     Cnt: out std_logic_vector(F_DIV_WIDTH-1 downto 0);
     ClockOut:OUT STD_LOGIC
);
END;
ARCHITECTURE Devider OF int_div IS
SIGNAL Counter:std_logic_vector(F_DIV_WIDTH-1 downto 0);
SIGNAL Temp1,Temp2:STD_LOGIC;
BEGIN
   PROCESS(Clockin)
BEGIN
IF RISING_EDGE(Clockin) THEN
```

```
    IF Counter=F_DIV-1 THEN
        counter<=(others =>'0');
        Temp1<=Not Temp1;
    ELSE
        Counter<=Counter+1;
    END IF;
END IF;
IF falling_edge(clockin)  THEN
    IF Counter=F_DIV/2 THEN
        Temp2<=NOT Temp2;
    END IF;
END IF;
END PROCESS;
ClockOut<=Temp1 XOR Temp2;
Cnt<=Counter;
END;
```

程序清单：int_div.V

```
module int_div(clockin,cnt,clockout);
input clockin;
output [F_DIV_WIDTH-1:0] cnt;
output clockout;

reg[F_DIV_WIDTH-1:0]counter;
reg temp1,temp2;
parameter F_DIV_WIDTH=10,F_DIV=1000;

always@(posedge clockin)
begin
   if(counter==F_DIV-1)
   begin
       counter<='d0;
       temp1<=~temp1;
   end
   else
       counter<=counter+1'b1;
end

always@(negedge clockin)
begin
   if(counter==F_DIV/2)
      temp2<=~temp2;
end

assign clockout=temp1 ^ temp2;
assign cnt=counter;

endmodule
```

程序清单：pulse.VHD

```
LIBRARY IEEE;
USE IEEE.STD_LOGIC_1164.ALL;
USE IEEE.STD_LOGIC_Arith.ALL;
USE IEEE.STD_LOGIC_Unsigned.ALL;

ENTITY pulse IS
PORT(clk: IN STD_LOGIC;
     data: IN STD_LOGIC_VECTOR(7 DOWNTO 0);
     co:  OUT STD_LOGIC);
```

```
END;
ARCHITECTURE one OF pulse IS
SIGNAL     cnt8:   STD_LOGIC_VECTOR(7 DOWNTO 0); --8 位计数器
BEGIN
PROCESS(clk)
BEGIN
   IF RISING_EDGE(clk) THEN
       IF cnt8=X"FF" THEN          -- 当 cnt8 计数计满时
          cnt8<=data;              -- 输入数据 Data 被同步预置给计数器 cnt8
          co<='1';                 -- 同时使溢出标志信号 co 输出为高电平
       ELSE
          cnt8<=cnt8+1;            -- 否则继续作加 1 计数
          co<='0';                 -- 且输出溢出标志信号 co 为低电平
       END IF;
   END IF;
END PROCESS;
END;
```

程序清单：pulse.V

```
module pulse(clk,data,co);
input clk;
input [7:0] data;
output co;

reg [7:0] cnt8;
reg co;

always@(posedge clk)
begin
   if(cnt8==8'hff)
   begin
       cnt8<=data;
       co<=1'b1;
   end
   else
   begin
       cnt8<=cnt8+1'b1;
       co<=1'b0;
   end
end
endmodule
```

实验 9　8 位十进制频率计

一、实验目的

1）掌握 8 位十进制频率计的设计。

2）学习 HDL 编程例化语句的使用。

二、实验原理

根据频率的定义和频率测量的基本原理，测定信号的频率必须有一个脉宽为 1s 的输入信号作为脉冲计数允许的信号；1s 计数结束后，计数值锁入锁存器，并将为下一测频计数周期做准备的计数器清零。在这里，计数器由 8 个十进制的计数器级联组成，如实验图 9-1 所示的是频率计的计数结构图，可以看出，十进制模块之间是由进位级联而成

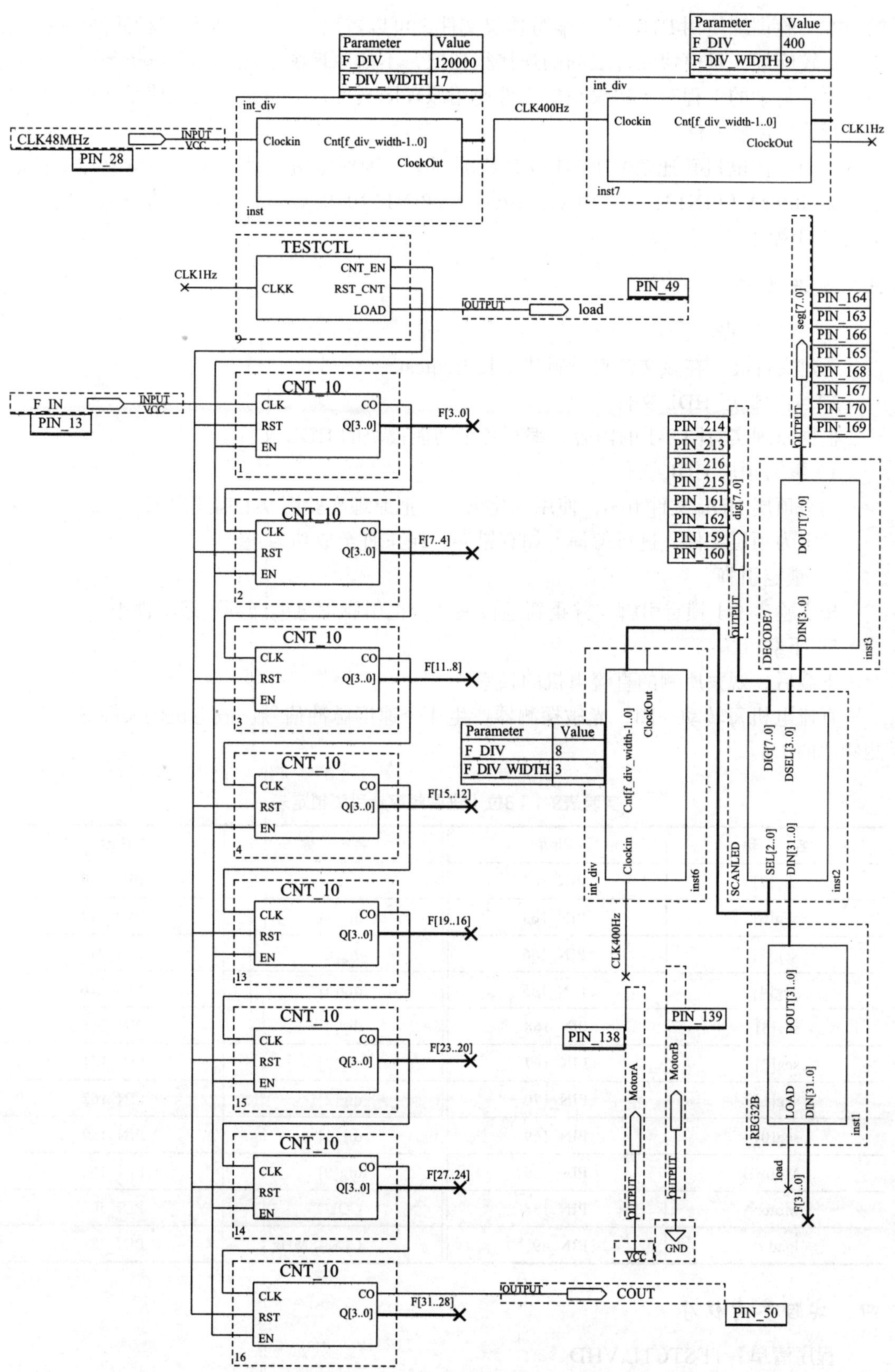

实验图 9-1　8 位十进制频率计原理图

的。本实验训练使用HDL语言编写顶层文件，可以看出，在顶层文件进行元件例化时，书写比较麻烦，且模块元件之间的连接很抽象，不如原理图直观，对于电子类的学生来说，设计复杂的工程时，建议顶层文件使用原理图文件；但是也需要能使用元件例化语句进行编写顶层文件。

使用直流电机转速信号PIN140为待测频率，为使电机转动，需要给电机加上控制信号，MotorA（PIN138）接VCC，MotorB（PIN139）接GND。这里对直流电机的电路不做详细说明。

三、实验步骤

1）新建工程。

新建文件夹，在该文件夹下新建工程freqtest。

2）编写低层HDL文件。

根据原理实验图9-1的内容，编写各个功能模块的HDL文件。

3）编写顶层HDL文件。

编写顶层HDL文件freq，使用例化语句，把原理实验图9-1描述出来。

设定为顶层文件，进行编译，如有错误，纠正直至成功为止。

4）锁定引脚。

按实验表9-1锁定引脚，并重新进行编译，把引脚信息编译到下载文件中。

5）下载。

下载后，观察所测的直流电机的频率。

直流电机每转动一圈，光敏探测器产生4个速度脉冲信号。故电机的实际频率为所测频率的1/4。

实验表9-1 8位十进制频率计引脚锁定表

名　称	Pin#	名　称	Pin#
seg[7]	PIN_164	F_IN	PIN_140
seg[6]	PIN_163	dig[7]	PIN_214
seg[5]	PIN_166	dig[6]	PIN_213
seg[4]	PIN_165	dig[5]	PIN_216
seg[3]	PIN_168	dig[4]	PIN_215
seg[2]	PIN_167	dig[3]	PIN_161
seg[1]	PIN_170	dig[2]	PIN_162
seg[0]	PIN_169	dig[1]	PIN_159
MotorB	PIN_139	dig[0]	PIN_160
MotorA	PIN_138	COUT	PIN_50
load	PIN_49	CLK48MHz	PIN_28

四、实验参考程序

程序清单：TESTCTL.VHD

```
LIBRARY IEEE;
```

```
USE IEEE.STD_LOGIC_1164.ALL;
USE IEEE.STD_LOGIC_UNSIGNED.ALL;

ENTITY TESTCTL IS
   PORT ( CLKK : IN STD_LOGIC;   -- 1Hz
          CNT_EN,RST_CNT,LOAD : OUT STD_LOGIC);
END TESTCTL;

ARCHITECTURE BEHAV OF TESTCTL IS
   SIGNAL DIV2CLK : STD_LOGIC;
BEGIN

   PROCESS( CLKK )
BEGIN
       IF CLKK'EVENT AND CLKK = '1' THEN
          DIV2CLK <= NOT DIV2CLK;
       END IF;
   END PROCESS;

   PROCESS (CLKK, DIV2CLK)
   BEGIN
       IF CLKK='0' AND Div2CLK='0' THEN
          RST_CNT <= '1';
       ELSE
          RST_CNT <= '0';
       END IF;
   END PROCESS;

   LOAD  <= NOT DIV2CLK ;
   CNT_EN <= DIV2CLK;
END BEHAV;
```

程序清单：testctl.V

```
module testctl(clkk,cnt_en,rst_cnt,load);
input clkk;
output cnt_en,rst_cnt,load;
reg div2clk;
reg rst_cnt;

always@(posedge clkk)
begin
     div2clk<=~div2clk;
end

always@(clkk or div2clk)
begin
     if((clkk==0) & (div2clk==0))
          rst_cnt<=1'b1;
    else
          rst_cnt<=1'b0;
end

assign load=~div2clk;
assign cnt_en=div2clk;
endmodule
```

程序清单：CNT_10.VHD

```
LIBRARY IEEE;
USE IEEE.STD_LOGIC_1164.ALL;
USE IEEE.STD_LOGIC_UNSIGNED.ALL;
ENTITY CNT_10 IS
PORT ( CLK : IN STD_LOGIC;
       RST : IN STD_LOGIC;   --1 RESET
       EN  : IN STD_LOGIC;   --1 COUNTER ENABLE
       CO  : OUT STD_LOGIC; 、
       Q   : OUT STD_LOGIC_VECTOR(3 DOWNTO 0));
END CNT_10;
ARCHITECTURE BEH OF CNT_10 IS
   SIGNAL Q1 : STD_LOGIC_VECTOR(3 DOWNTO 0);
BEGIN
   PROCESS (CLK)
   BEGIN
       IF RST='1' THEN
          Q1<=(OTHERS=>'0');
       ELSIF RISING_EDGE(CLK) THEN
          IF EN='1' THEN
              IF Q1="1001" THEN
                 Q1<=(OTHERS=>'0');
                 CO<='1';
              ELSE
                 Q1<=Q1+1;
                 CO<='0';
                 END IF;
              END IF;
          END IF;
   Q<=Q1;
   END PROCESS;
END BEH;
```

程序清单：cnt_10.V

```
module cnt_10(clk,rst,en,co,q);
input clk,rst,en;
output co;
output [3:0] q;

reg[3:0]q;
reg co;

always@(posedge clk or posedge rst)
begin
   if(rst)
         q<=4'd0;
   else
   begin
       if(en)
       begin
           if(q==4'b1001)
           begin
              q<=4'd0;
              co<=1'b1;
           end
           else
           begin
               q<=q+1'b1;
```

```
            co<=1'b0;
        end
      end
   end
end
endmodule
```

程序清单：REG32B.VHD

```
LIBRARY IEEE;
USE IEEE.STD_LOGIC_1164.ALL;

ENTITY REG32B IS
   PORT ( LOAD : IN STD_LOGIC;
          DIN : IN STD_LOGIC_VECTOR(31 DOWNTO 0);
          DOUT : OUT STD_LOGIC_VECTOR(31 DOWNTO 0) );
END REG32B;

ARCHITECTURE BEH OF REG32B IS
BEGIN
    PROCESS(LOAD, DIN)
       BEGIN
       IF LOAD'EVENT AND LOAD = '1' THEN
          DOUT <= DIN;
        END IF;
    END PROCESS;
END BEH;
```

程序清单：reg32b.V

```
module reg32b(load,din,dout);
input load;
input [31:0] din;
output [31:0] dout;

reg [31:0] dout;

always@(posedge load)
begin
    dout<=din;
end

endmodule
```

程序清单：freq.VHD

```
LIBRARY ieee;
USE ieee.std_logic_1164.all;

ENTITY freq IS
port(F_IN :  IN  STD_LOGIC;
     CLK48MHz :  IN  STD_LOGIC;
     COUT :  OUT  STD_LOGIC;
     load :  OUT  STD_LOGIC;
     MotorA :  OUT  STD_LOGIC;
     MotorB :  OUT  STD_LOGIC;
     dig :  OUT  STD_LOGIC_VECTOR(7 downto 0);
     seg :  OUT  STD_LOGIC_VECTOR(7 downto 0));
END freq;
```

```
ARCHITECTURE bdf_type OF freq IS

component cnt_10
   PORT(CLK : IN STD_LOGIC;
        RST : IN STD_LOGIC;
        EN : IN STD_LOGIC;
        CO : OUT STD_LOGIC;
        Q : OUT STD_LOGIC_VECTOR(3 downto 0));
end component;

component testctl
   PORT(CLKK : IN STD_LOGIC;
        CNT_EN : OUT STD_LOGIC;
        RST_CNT : OUT STD_LOGIC;
        LOAD : OUT STD_LOGIC);
end component;

component int_div
GENERIC(F_DIV:INTEGER;
        F_DIV_WIDTH:INTEGER);
   PORT(Clockin : IN STD_LOGIC;
        ClockOut : OUT STD_LOGIC;
        Cnt : OUT STD_LOGIC_VECTOR(F_DIV_WIDTH-1 downto 0));
end component;

component reg32b
   PORT(LOAD : IN STD_LOGIC;
        DIN : IN STD_LOGIC_VECTOR(31 downto 0);
        DOUT : OUT STD_LOGIC_VECTOR(31 downto 0));
end component;

component scanled
   PORT(DIN : IN STD_LOGIC_VECTOR(31 downto 0);
        SEL : IN STD_LOGIC_VECTOR(2 downto 0);
        DIG : OUT STD_LOGIC_VECTOR(7 downto 0);
        DSEL : OUT STD_LOGIC_VECTOR(3 downto 0));
end component;

component decode7
   PORT(DIN : IN STD_LOGIC_VECTOR(3 downto 0);
        DOUT : OUT STD_LOGIC_VECTOR(7 downto 0));
end component;

signal    CLK1Hz, CLK400Hz, RESET, ENABLE:  STD_LOGIC;
signal    F ,REGF :  STD_LOGIC_VECTOR(31 downto 0);
signal    load_r :  STD_LOGIC;
signal    COUTA, COUTB, COUTC, COUTD: STD_LOGIC;
signal    COUTF, COUTE, COUTG: STD_LOGIC;
signal    SCANCNT :  STD_LOGIC_VECTOR(2 downto 0);
signal    SEGIN :  STD_LOGIC_VECTOR(3 downto 0);

BEGIN
MotorA <= '1';
MotorB <= '0';
load <= load_r;

U1 : cnt_10
PORT MAP(CLK => F_IN,
         RST => RESET,
         EN => ENABLE,
```

```
        CO => COUTA,
        Q => F(3 downto 0));

U2 : cnt_10
PORT MAP(CLK => COUTA,
        RST => RESET,
        EN => ENABLE,
        CO => COUTB,
        Q => F(7 downto 4));

U3 : cnt_10
PORT MAP(CLK => COUTB,
        RST => RESET,
        EN => ENABLE,
        CO => COUTC,
        Q => F(11 downto 8));

U4 : cnt_10
PORT MAP(CLK => COUTC,
        RST => RESET,
        EN => ENABLE,
        CO => COUTD,
        Q => F(15 downto 12));
U13 : cnt_10
PORT MAP(CLK => COUTD,
        RST => RESET,
        EN => ENABLE,
        CO => COUTE,
        Q => F(19 downto 16));

U15 : cnt_10
PORT MAP(CLK => COUTE,
        RST => RESET,
        EN => ENABLE,
        CO => COUTF,
        Q => F(23 downto 20));

U14 : cnt_10
PORT MAP(CLK => COUTF,
        RST => RESET,
        EN => ENABLE,
        CO => COUTG,
        Q => F(27 downto 24));

U16 : cnt_10
PORT MAP(CLK => COUTG,
        RST => RESET,
        EN => ENABLE,
        CO => COUT,
        Q => F(31 downto 28));

U9 : testctl
PORT MAP(CLKK => CLK1Hz,
        CNT_EN => ENABLE,
        RST_CNT => RESET,
        LOAD => load_r);

Uinst : int_div
GENERIC MAP(F_DIV => 120000,F_DIV_WIDTH => 17)
PORT MAP(Clockin => CLK48MHz,
```

```
        ClockOut => CLK400Hz);

Uinst1 : reg32b
PORT MAP(LOAD => load_r,
        DIN => F,
        DOUT => REGF);
Uinst2 : scanled
PORT MAP(DIN => REGF,
        SEL => SCANCNT,
        DIG => dig,
        DSEL => SEGIN);

Uinst3 : decode7
PORT MAP(DIN => SEGIN,
        DOUT => seg);

Uinst6 : int_div
GENERIC MAP(F_DIV => 8,F_DIV_WIDTH => 3)
PORT MAP(Clockin => CLK400Hz,
        Cnt => SCANCNT);

Uinst7 : int_div
GENERIC MAP(F_DIV => 400,F_DIV_WIDTH => 9)
PORT MAP(Clockin => CLK400Hz,
        ClockOut => CLK1Hz);

END;
END;
```

程序清单：freq.V

```
module freq(f_in,clk48m,cout,load,motora,motorb,dig,seg);
input f_in,clk48m;
output cout,load,motora,motorb;
output [7:0] dig,seg;

wire clk1hz,clk400hz,coua,coub,coutc,coutd,coute,coutf,courg;
wire enable,loada,reset;
wire [31:0] f,regf;
wire [2:0] scancnt;
wire [3:0] segin;
wire [16:0] cnt17;

assign motora=1'b1;
assign motorb=1'b0;

cnt_10 u1(
          .clk(f_in),
          .rst(reset),
          .en(enable),
          .co(coua),
          .q(f[3:0]));

cnt_10 u2(
          .clk(coua),
          .rst(reset),
          .en(enable),
          .co(coub),
          .q(f[7:4]));

cnt_10 u3(
```

```
            .clk(coub),
            .rst(reset),
            .en(enable),
            .co(coutc),
            .q(f[11:8]));

cnt_10 u4(
            .clk(coutc),
            .rst(reset),
            .en(enable),
            .co(coutd),
            .q(f[15:12]));

cnt_10 u5(
            .clk(coutd),
            .rst(reset),
            .en(enable),
            .co(coute),
            .q(f[19:16]));

cnt_10 u6(
            .clk(coute),
            .rst(reset),
            .en(enable),
            .co(coutf),
            .q(f[23:20]));

cnt_10 u7(
            .clk(coutf),
            .rst(reset),
            .en(enable),
            .co(coutg),
            .q(f[27:24]));

cnt_10 u8(
            .clk(coutg),
            .rst(reset),
            .en(enable),
            .co(cout),
            .q(f[31:28]));

testctl u9(
            .clkk(clk1hz),
            .cnt_en(enable),
            .rst_cnt(reset),
            .load(loada));

defparam u10.F_DIV =120000;
defparam u10.F_DIV_WIDTH  =17;
int_div u10(
            .clockin(clk48m),
            .clockout(clk400hz));

reg32b u11(
            .load(loada),
            .din(f),
            .dout(regf));

scanled u12(
             .din(regf),
```

```
                .sel(scancnt),
                .dig(dig),
                .dsel(segin));

decode7 u13(
                .din(segin),
                .dout(seg));

defparam u14.F_DIV =400;
defparam u14.F_DIV_WIDTH  =9;
int_div u14(
                .clockin(clk400hz),
                .clockout(clk1hz));
defparam u15.F_DIV =8;
defparam u15.F_DIV_WIDTH  =3;
int_div u15(
                .clockin(clk400hz),
                .cnt(scancnt));

assign load=loada;
endmodule
```

实验 10　硬件电子琴设计

一、实验目的

1）了解交流蜂鸣器的发音原理。

2）利用蜂鸣器和按键设计硬件电子琴。

3）学会编写独立 HDL 顶层文件。

二、实验原理

与利用微处理器（CPU 或 MCU）来实现乐曲演奏相比，以纯硬件完成乐曲演奏电路的逻辑要复杂得多，仅凭传统的数字逻辑技术，很难完成简单的演奏电路，但是借助于功能强大的 EDA 工具与硬件描述语言，就相对简单，很容易实现。

实验箱上有 1 个交流蜂鸣器 BUZZER，它通过跳线 JP6 的 BEEP 与可编程逻辑器件相连接。为了增加 I/O 口的驱动能力，在其硬件原理图上采用了 PNP 型三极管，这样只要在 BEEP 上输入一定频率的方波，蜂鸣器就会发出音乐。从能量的角度来说，这个脉冲信号占空比最好为 1 ∶ 1，此时蜂鸣器的发声强度最大。

乐曲演奏的原理：由于组成乐曲的每个音符的频率值（音调）及其持续时间（音长）是乐曲演奏的两个基本数据，因此需要控制输出到蜂鸣器的激励信号的频率和该频率信号持续的时间。

频率的高低决定了音调的高低，而乐曲的简谱与各个音名的频率对应关系如实验表 10-1 所示，所有不同频率的信号都从同一基准频率分频而来。由于音节频率为非整数，而把分频系数作为小数处理又太麻烦，故需将计算得到的分频数进行四舍五入取整处理，并且其基准频率和分频系数应综合考虑加以选择，从而保证音乐不会走调。

实验表10-1　简谱中的音名与频率的关系　（单位：Hz）

低音部	1	2	3	4	5	6	7
频　率	261.63	293.67	329.63	349.23	391.99	440.00	493.88
中音部	1	2	3	4	5	6	7
频　率	523.25	587.33	659.25	698.46	783.99	880	987.76
高音部	1	2	3	4	5	6	7
频　率	1046.50	1174.66	1381.51	1396.92	1567.98	1760	1975.52

注：中音频率为低音的 2 倍，高音频率为中音的 2 倍

如在 48MHz 的时钟下，中音 1（对应的频率值为 523.25Hz）的分频系数应该为 48 000 000/（2×523.25）＝ 0xb327，这样只须对系统的时钟进行 45863 次分频，然后再进行占空比为 1∶1 的二分频即可得到所要的中音 1，至于其他音符，同样可以求出其对应的分频系数，如实验表 10-2 所示。

从实验表 10-2 可知，分频器即计数器的位宽为 17 位即可。分频计数器的计数方式是 0 ~ *N* 还是 *M* ~ 满量程，在硬件描述语言中需要区别对待，实验中要采用 *M* ~ 满量程的计数方式，否则会出现少量的“杂音”，计数器计满时的加载数就是计满最大值＋ 1–48 000 000/（2*f*），如实验表 10-3 所示。分频器即计数器的位宽设为 17 位。

实验表10-2　简谱中音名与分频次数的关系　（单位：次数）

低音部	1	2	3	4	5	6	7
频　率	91734	81726	72810	68723	61225	54545	48595
中音部	1	2	3	4	5	6	7
频　率	45867	40863	34745	34361	30613	27273	24297
高音部	1	2	3	4	5	6	7
频　率	22934	20431	17372	17181	15306	13636	12149

实验表10-3　简谱中音名与加载数的关系　（单位：次数）

低音部	1	2	3	4	5	6	7
频　率	39338	49346	58262	62349	69847	76527	82477
中音部	1	2	3	4	5	6	7
频　率	85205	90209	96327	96711	100459	103799	106775
高音部	1	2	3	4	5	6	7
频　率	108138	110641	113700	113891	115766	117436	118923

说明：实验表 10-3 的加载数和设计的分频器的位宽有关系。

因为只有 8 个按键，所以这里为了简单起见，进行如下处理：按键 key1 ~ key7 按下（低电平）时分别对应中音部的 1 ~ 7，此时数码管 8 显示音符，数码 7 全灭不显示；而按键 key8 按下时，按键 key1 ~ key7 分别对应高音部的 1 ~ 7，此时数码管 8 显示音符，数码 7 显示“H”，即标志为高音。为了简单起见，按键不进行消抖处理。

三、实验步骤

1）新建工程 beep1。

新建文件夹，并在该文件夹下新建工程 beep1。

2）新建顶层文件。

新建 HDL 文件 tone，并设为顶层实体文件。

本实验的工程文件只包含 1 个 HDL 顶层文件，即在一个 HDL 文件中实现硬件电子琴的设计，该 HDL 文件中，包含多个进程，各个进程之间使用信号进行传递。

该文件的输入引脚包括：按键 key[7..0]、系统时钟 clk48M；输出包括：蜂鸣器 buzzer、扫描显示的位码 dig[7..0]、扫描显示的段码 seg[7..0]。

按键 key8 按下（低电平）时，数码 7（段码定义为 seg7）显示“H”(seg7="10001001")，反之不显示（seg7="11111111"）。

按键 key7 ~ key1 有且只有 1 个按键按下（低电平）时，数码 8（段码定义为 seg8）分别显示“7” ~ “1”，并得出不同的加载数 count_start；无 key7 ~ key1 操作时，数码 8 不显示即全灭（seg8="11111111"）。

按下 key8 时，再分别按键 key7 ~ key1，按下（低电平）时，数码 8 分别显示“7” ~ “1”，译码出不同的加载数。无 key7 ~ key1 操作时，数码 8 不显示，即全灭。

计数范围为加载数 N ~ 满量程的带进位 beep_r 的进程。

beep_r 经 T 触发器，结果为送蜂鸣器 buzzer。

48MHz 的系统时钟分频，得到占空比为 1∶1 的 clk100Hz 时钟信号。该时钟信号为高电平时，点亮数码 7（位码 dig=“11111101”，段码 reg=seg7）；该时钟信号为低电平时，点亮数码 8（位码 dig=“11111110”，段码 reg=seg8）；

注意：各个进程之间的“连线”就是信号，进程之间依靠信号进行传递“数据”的，故需要定义一些信号（VHDL）或寄存器（Verilog HDL）。

3）编译、锁定引脚、再编译。

指定 tone 文件为顶层文件。

为了方便锁定引脚，我们先进行编译，发现错误进行纠正，直至成功为止。

根据实验表 10-4 进行引脚锁定。

再编译，把引脚锁定的信息编译到下载文件中去。

实验表10-4 硬件电子琴电路引脚锁定表

名　称	Pin#	名　称	Pin#
seg[7]	PIN_164	key[7]	PIN_156
seg[6]	PIN_163	key[6]	PIN_158
seg[5]	PIN_166	key[5]	PIN_141
seg[4]	PIN_165	key[4]	PIN_143
seg[3]	PIN_168	key[3]	PIN_124
seg[2]	PIN_167	key[2]	PIN_123
seg[1]	PIN_170	key[1]	PIN_122
seg[0]	PIN_169	key[0]	PIN_121

（续）

名　称	Pin#	名　称	Pin#
dig[7]	PIN_214	dig[2]	PIN_162
dig[6]	PIN_213	dig[1]	PIN_159
dig[5]	PIN_216	dig[0]	PIN_160
dig[4]	PIN_215	clk48M	PIN_28
dig[3]	PIN_161	buzzer	PIN_175

4）下载。

连接电源，进行下载。

根据设计思路，试验结果。

四、实验参考程序

程序清单：tone.VHD

```
LIBRARY IEEE;
USE        IEEE.STD_LOGIC_1164.ALL;
USE        IEEE.STD_LOGIC_UNSIGNED.ALL;
USE        IEEE.STD_LOGIC_ARITH.ALL;

ENTITY tone IS
PORT(clk48M: IN STD_LOGIC;                              -- 系统时钟 48MHz
    key: IN STD_LOGIC_VECTOR(7 DOWNTO 0);               -- 按键输入
    buzzer: OUT STD_LOGIC;                              -- 蜂鸣器输出端
    seg: OUT STD_LOGIC_VECTOR(7 DOWNTO 0);              -- 数码管段码输出
    dig: OUT STD_LOGIC_VECTOR(7 DOWNTO 0) );            -- 数码管位码输出
END ;

ARCHITECTURE one  OF tone IS
SIGNAL  beep,beep_r,clk100Hz,clk50Hz:    STD_LOGIC;
SIGNAL  count,count_start:INTEGER RANGE 0 TO 131071;
                         -- 预置数分频器中间计数值信号
SIGNAL  count100Hz:           INTEGER RANGE 0 TO 480000;
                         --100Hz 计数器中间计数值信号
SIGNAL  seg8,seg7: STD_LOGIC_VECTOR(7 DOWNTO 0);
                         -- 数码 7、8 的译码
BEGIN
PROCESS(clk48M)
BEGIN
   IF      RISING_EDGE(clk48M)THEN
           IF count=131071 THEN                         -- 计满 X‘1FFFF’
               count<=    count_start;                  -- 加载预置数
               beep_r<='1';                             -- 输出进位，触发 T 触发器
           ELSE
               count<=count+1;
               beep_r<='0';
           END IF;
   END IF;
END PROCESS;

PROCESS(beep_r)
BEGIN
   IF RISING_EDGE(beep_r)THEN
        beep <= not beep;                               --T 触发器，得到 1 ： 1 方波
```

```
   END IF;
END PROCESS;
buzzer <= beep;                                                    -- 输出到蜂鸣器

PROCESS(key)
BEGIN
   CASE  key IS                                                    -- 预置数，显示译码
      WHEN "11111110"=>   count_start<=85205;seg8<=X"f9";           -- 中音 1
      WHEN  "11111101"=>count_start<=90209;seg8<=X"a4";             -- 中音 2
      WHEN  "11111011"=>count_start<=96327;seg8<=X"b0";             -- 中音 3
      WHEN  "11110111"=>count_start<=96711;seg8<=X"99";             -- 中音 4
      WHEN  "11101111"=>count_start<=100459;seg8<=X"92";            -- 中音 5
      WHEN  "11011111"=>count_start<=103799;seg8<=X"82";            -- 中音 6
      WHEN  "10111111"=>count_start<=106775;seg8<=X"f8";            -- 中音 7

      WHEN  "01111110"=>count_start<=108138;seg8<=X"f9";            -- 高音 1
      WHEN  "01111101"=>count_start<=110641;seg8<=X"a4";            -- 高音 2
      WHEN  "01111011"=>count_start<=113700;seg8<=X"b0";            -- 高音 3
      WHEN  "01110111"=>count_start<=113891;seg8<=X"99";            -- 高音 4
      WHEN  "01101111"=>count_start<=115766;seg8<=X"92";            -- 高音 5
      WHEN  "01011111"=>count_start<=117436;seg8<=X"82";            -- 高音 6
      WHEN  "00111111"=>count_start<=118923;seg8<=X"f8";            -- 高音 7

      WHEN OTHERS=>count_start<=131071;seg8<=X"ff";                 -- 无声无显示
   END CASE;
   CASE key(7)     IS                                               --key8 按下时
      WHEN  '0'   =>  seg7<="10001001";                             -- 显示 "H"
      WHEN OTHERS=>  seg7<="11111111";                              -- 不显示
   END CASE;
END PROCESS;

PROCESS(clk48M)
BEGIN
   IF  RISING_EDGE(clk48M)THEN
      IF count100Hz = 240000 THEN
           count100Hz <= 0;
           clk100Hz <= not clk100Hz;                                -- 反转，占空比 1∶1
      ELSE
           count100Hz <= count100Hz+1;
      END IF;
   END IF;
END PROCESS;

PROCESS(clk100Hz)
BEGIN
   IF  clk100Hz='1'THEN
       seg<=seg7;                                                   -- 显示数码 7 的内容
       dig<="11111101";                                             -- 选通数码 7
   ELSE
       seg<=seg8;                                                   -- 显示数码 8 的内容
       dig<="11111110";                                             -- 选通数码 8
   END IF;
END PROCESS;

END;
```

程序清单：tone.V

```
module tone(clk48m,key,buzzer,seg,dig);
input clk48m;
input[7:0] key;
```

```
output buzzer;
output [7:0] seg,dig;
reg beep,beep_r,clk100hz,clk50hz;
reg [16:0] count,count_start;
reg [18:0] count100hz;
reg [7:0] key_r,seg8,seg7, seg,dig;
always@(posedge clk48m)
begin
   if(count==17'd131071)
   begin
       count<=count_start;
       beep_r<=1'b1;
   end
   else
   begin
       count<=count+1'b1;
       beep_r<=1'b0;
   end
end

always@(posedge beep_r)
begin
    beep<=~beep;
end
assign buzzer=beep;

always@(key)
begin
   case(key)
        8'b11111110:begin count_start <= 17'd85205;seg8<=8'hf9;end       //中音 1
        8'b11111101:begin count_start <= 17'd90209;seg8<=8'ha4;end       //中音 2
        8'b11111011:begin count_start <= 17'd96327;seg8<=8'hb0;end       //中音 3
        8'b11110111:begin count_start <= 17'd96711;seg8<=8'h99;end       //中音 4
        8'b11101111:begin count_start <= 17'd100459;seg8<=8'h92;end      //中音 5
        8'b11011111:begin count_start <= 17'd103799;seg8<=8'h82;end      //中音 6
        8'b10111111:begin count_start <= 17'd106775;seg8<=8'hf8;end      //中音 7
        8'b01111110:begin count_start <= 17'd108138;seg8<=8'hf9;end      //高音 1
        8'b01111101:begin count_start <= 17'd110641;seg8<=8'ha4;end      //高音 2
        8'b01111011:begin count_start <= 17'd113700;seg8<=8'hb0;end      //高音 3
        8'b01110111:begin count_start <= 17'd113891;seg8<=8'h99;end      //高音 4
        8'b01101111:begin count_start <= 17'd115766;seg8<=8'h92;end      //高音 5
        8'b01011111:begin count_start <= 17'd117436;seg8<=8'h82;end      //高音 6
        8'b00111111:begin count_start <= 17'd118923;seg8<=8'hf8;end      //高音 7
        default:    begin count_start <= 17'h1ffff; seg8<=8'hff;end
   endcase
   case(key[7])
        1'b0: seg7<=8'b10001001;
        default: seg7<=8'b11111111;
   endcase
end

always@(posedge clk48m)
begin
   if(count100hz=='d240000)
   begin
       count100hz<='d0;
       clk100hz<=~clk100hz;
   end
   else
       count100hz<=count100hz+1'b1;
```

```
    end

    always@(posedge clk100hz)
    begin
        if(clk100hz)
        begin
            seg<=seg7;
            dig<=8'b11111101;
        end
        else
        begin
            seg<=seg8;
            dig<=8'b11111110;
       end
    end

    endmodule
```

实验 11 硬件乐曲自动演奏电路设计

一、实验目的

1）掌握 LPM_ROM 的使用。

2）完成乐曲自动演奏电路的设计。

二、实验原理

实验 10 中，通过数控分频器可以控制音调的变化，组成音乐电路的基本因素除了音调外，还有音调的长度，即发音持续时间。音符的持续时间需根据乐曲的速度及每个音符的节拍数来确定。为了简单起见，把乐谱的每一节拍定为 1/4s。若两个连续音符 A、B 均为 1 拍，则 1/4s 使蜂鸣器发出 A 对应的频率，然后再 1/4s 使蜂鸣器发出 B 对应的频率；若某个音符的节拍数为 2 拍，即持续时间为 2/4s，就是 1/4s 使蜂鸣器发出 A 对应的频率，然后 1/4s 使蜂鸣器再发出 A 对应的频率。《友谊地久天长》乐谱如实验图 11-1 所示，N 为 1 拍；N 为 2 拍；N · 为 4 拍；N · 为 6 拍；N 为音符。

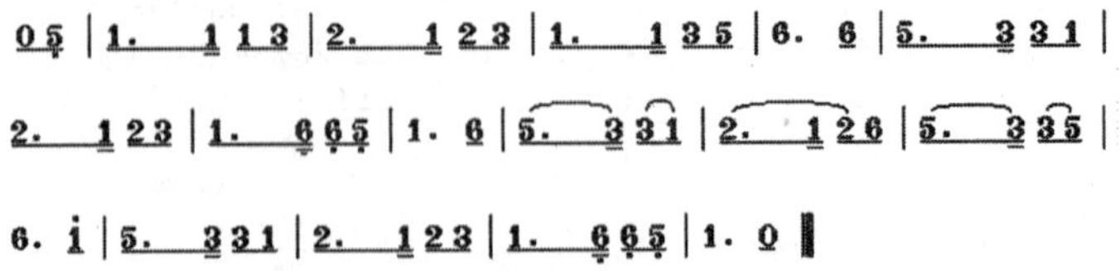

0 5 | 1. 1 1 3 | 2. 1 2 3 | 1. 1 3 5 | 6. 6 | 5. 3 3 1 |

2. 1 2 3 | 1. 6 6 5 | 1. 6 | 5. 3 3 1 | 2. 1 2 6 | 5. 3 3 5 |

6. i | 5. 3 3 1 | 2. 1 2 3 | 1. 6 6 5 | 1. 0 ‖

实验图 11-1 《友谊地久天长》乐谱

1. LPM_ROM 模块

ROM 存放着歌曲的音符编号，根据地址值，查表，把结果（音符编号）送出，可见每秒送出 4 个音符，这决定了音乐的 MIF 文件的制作。为了简单起见，音符编号为 0 ~ 15 之间的 4 位数字，中音部 7 个（编号 5 ~ 11），低音部后 4 个（编号 1 ~ 4），高音部前 4 个（编号 12 ~ 15），外加 1 个休止符（即不发声，编号 0）。

2. 计数器模块

设 Lpm_rom 存储数据的个数 N，其地址值为 0 ~ N-1，故需要一个 N 进制的计数器模块，该模块用来实现 0 ~ N–1 循环计数。每 1/4s，计数器加 1，其计数值为 LPM_ROM 的 address 地址值

3. 确定加载数模块

根据输入频率、音符编号对应的频率，确定分频值，对应出相应的加载数。

4. 数控分频器

根据加载数，进行分频。

5. 显示模块

显示当前音符和音调。

三、实验步骤

1）新建工程。

新建文件夹，并在该文件夹下新建工程 music。

2）新建顶层文件。

新建原理图文件 song，并设为顶层文件。最后结果如实验图 11-2 所示。

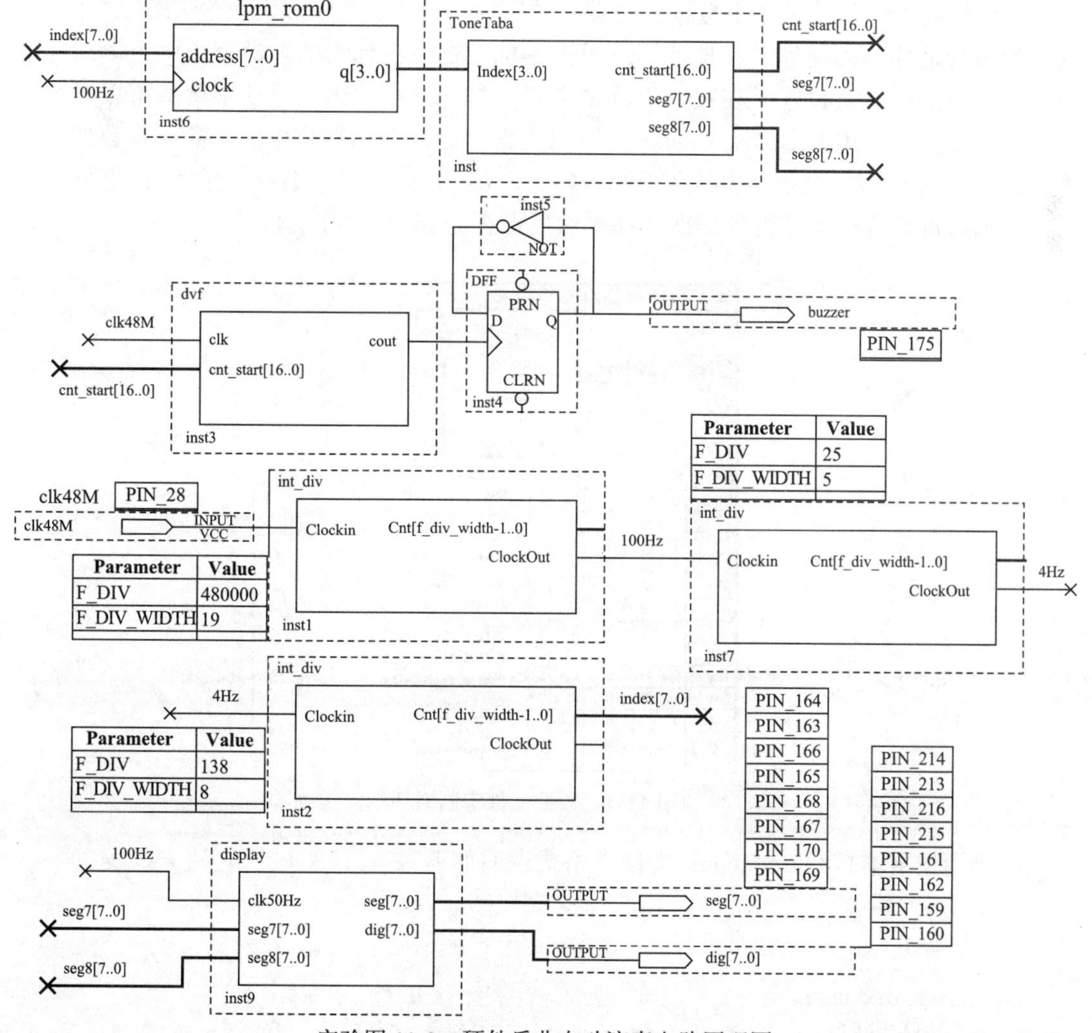

实验图 11-2　硬件乐曲自动演奏电路原理图

其中 LPM_ROM 兆功能模块定制如下。

在 Altera 的 FPGA 系列器件中，含有内部的 Memory 区域。不同器件的 Memory 空间大小不同。一些固定的数据可存放在 Memory 中，可以根据其存放的地址，而读出数据，在设计中经常用到。其功能相当于 CASE 语句，但是因为器件的逻辑单元 LCS 有限，有时会出现不足的情况，Memory 不占用器件的逻辑单元，实际使用中它具有重要的地位。

LPM_ROM 就是在 FPGA 的 memory 区域存储表格数据。

① 首先要制作 memory 表文件。

新建文件，选择 Memory Initialization File 类型，确定后弹出如实验图 11-3 所示的 Number of Words & Word Size 对话框。我们需要把乐谱做成 memory 表文件，设计的乐谱中最大为“256”个节拍，故数据深度即个数为 256；音符编号为 4 位（16 种编号 0 ~ 15），故数据宽度设置为 4。

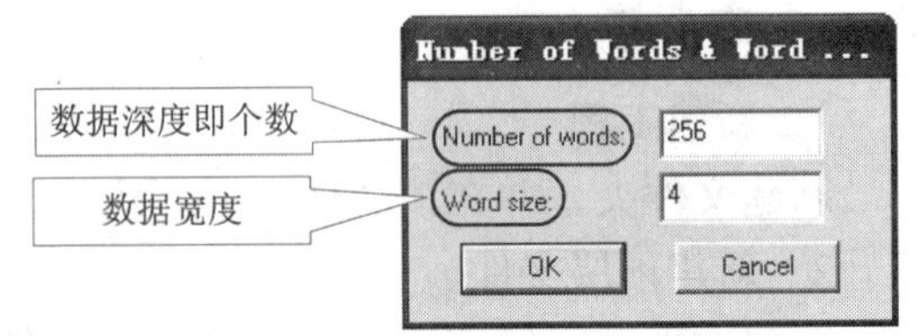

实验图 11-3　Number of Words & Word Size 对话框

单击 OK 按钮后，进入数据输入窗口。默认情况下，每行是 8 个数据，数据的地址为行地址 + 列地址。在地址区域单击鼠标右键，在弹出的浮动菜单中可以对地址和数据进行数据格式设置。在数据区域单击鼠标右键，在弹出的浮动菜单中可以对数据进行操作，其中 Cell Per Row / AutoFit 可以根据窗口改变每行数据的个数。在数据区域输入合适的音符编号数据，如实验图 11-4 所示（该数据对应《梁祝》乐谱），也可以自己根据乐谱进行音符编号得到数据文件。然后保存为 music.mif 文件。

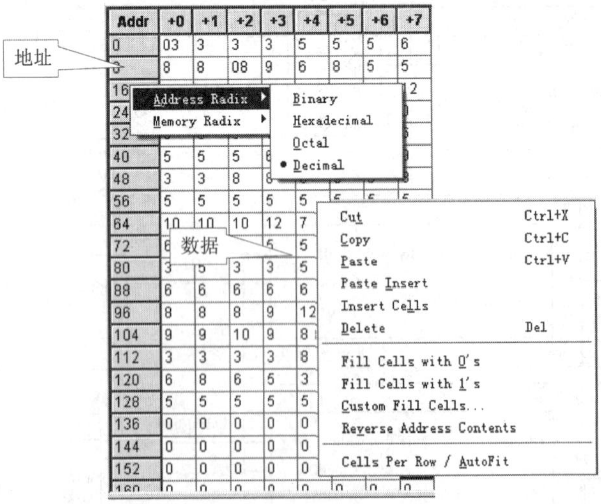

实验图 11-4　数据文件定制对话框

可以用记事本打开 music.mif 文件，格式说明如下：

```
WIDTH=4;                                    -- 数据宽度
DEPTH=256;                                  -- 数据深度

ADDRESS_RADIX=UNS;                          -- 数据地址格式，十进制
DATA_RADIX=UNS;                             -- 数据格式，十进制
```

```
CONTENT BEGIN                                  -- 开始
    0     :   3;                               -- 地址 0，数据为 3
    [1..3]  :   3;                             -- 地址 1~3，数据均为 3
    [4..6]  :   5;
    ……                                         -- 中间略
    [136..255]  :   0;
END;                                           -- 结束
```

根据实验表 11-1 完成 mif 文件。

实验表11-1　《梁祝》乐谱编码表

3	3	3	3	5	5	5	6	8	8	8	9	6	8	5	5
12	12	12	15	13	12	10	12	9	9	9	9	9	9	9	0
9	9	9	10	7	7	6	6	5	5	5	6	8	08	9	9
3	3	8	8	6	5	6	8	5	5	5	5	5	5	5	5
10	10	10	12	7	7	9	9	6	8	5	5	5	5	5	5
3	5	3	3	5	6	7	9	6	6	6	6	6	6	5	6
8	8	8	9	12	12	12	13	9	9	10	9	8	8	6	5
3	3	3	3	8	8	8	8	6	8	6	5	3	5	6	8
5	5	5	5	5	5	5	5	0	0	0					

说明：根据表的格式，我们可以自己编写数据表 mif 文件，有时表中的数据太多，在这里录入数据很麻烦，如果数据本身有规律或可由公式或其他软件（如字模软件）得到，可以借助其他软件方便得到。首先可以保存一个空的 mif 文件，然后根据实际设计确定 WIDTH、DEPTH、ADDRESS_RADIX、DATA_RADIX。在 CONTENT BEGIN 和 END 之间就是“ADDRESS : DATA;”，借助 Excel 软件可以方便地得到从 0 开始的地址列、半角的“:”列、半角的“;”列，数据部分由公式或其他软件得到。当然，也可以自己编写 C 程序生成 mif 文件。

② 添加兆功能模块 LPM_ROM。

添加兆功能模块 LPM_ROM（\Megafunctions\storage 下），按实验图 11-5 进行设置。

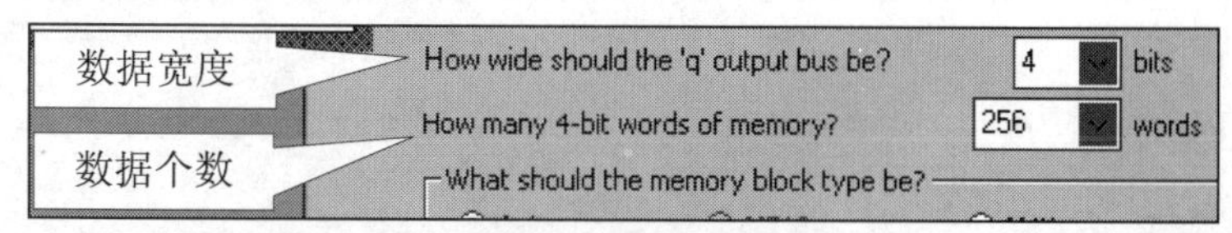

a）设置数据宽度和深度

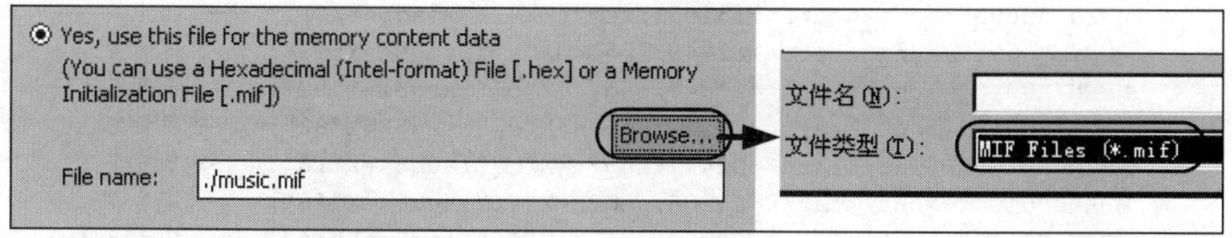

b）指定数据 mif 文件

实验图 11-5　LPM_ROM 功能模块设置

说明： 在使用ROM时，数据的宽度和深度要统一，包括3个方面：mif文件、LPM_ROM文件和ROM地址的计数器位宽。

3）编译、锁定引脚、再编译。

根据实验表11-2进行引脚锁定。

实验表11-2　硬件乐曲自动演奏电路引脚锁定表

名　称	Pin#	名　称	Pin#
seg[7]	PIN_164	dig[6]	PIN_213
seg[6]	PIN_163	dig[5]	PIN_216
seg[5]	PIN_166	dig[4]	PIN_215
seg[4]	PIN_165	dig[3]	PIN_161
seg[3]	PIN_168	dig[2]	PIN_162
seg[2]	PIN_167	dig[1]	PIN_159
seg[1]	PIN_170	dig[0]	PIN_160
seg[0]	PIN_169	clk48M	PIN_28
dig[7]	PIN_214	buzzer	PIN_175

4）下载。

下载到FPGA器件中，此时可以听到《梁祝》乐曲开始演奏。

四、实验参考程序

程序清单：ToneTaba.VHD

```
LIBRARY IEEE;
USE     IEEE.STD_LOGIC_1164.ALL;
USE     IEEE.STD_LOGIC_UNSIGNED.ALL;
USE     IEEE.STD_LOGIC_ARITH.ALL;

ENTITY ToneTaba IS
PORT(Index: IN STD_LOGIC_VECTOR(3 DOWNTO 0);                        --音符编号
     cnt_start: out integer range 0 to 131071;                      --分频器预置数
     seg7,seg8: OUT STD_LOGIC_VECTOR(7 DOWNTO 0));                  --数码管段码位码
END ;

ARCHITECTURE one  OF ToneTaba IS
BEGIN
PROCESS(Index)
BEGIN
   CASE   Index   IS
      WHEN "0000"=>cnt_start<=131071;seg7<=X"ff";seg8<=X"ff";  --休止
      WHEN "0001"=>cnt_start<=62349;seg7<=X"c7";seg8<=X"99";   --低音4
      WHEN "0010"=>cnt_start<=69847;seg7<=X"c7";seg8<=X"92";   --低音5
      WHEN "0011"=>cnt_start<=76527;seg7<=X"c7";seg8<=X"82";   --低音6
      WHEN "0100"=>cnt_start<=82477;seg7<=X"c7";seg8<=X"f8";   --低音7
      WHEN "0101"=>cnt_start<=85205;seg7<=X"ff";seg8<=X"f9";   --中音1
      WHEN "0110"=>cnt_start<=90209;seg7<=X"ff";seg8<=X"a4";   --中音2
      WHEN "0111"=>cnt_start<=96327;seg7<=X"ff";seg8<=X"b0";   --中音3
      WHEN "1000"=>cnt_start<=96711;seg7<=X"ff";seg8<=X"99";   --中音4
      WHEN "1001"=>cnt_start<=100459;seg7<=X"ff";seg8<=X"92"; --中音5
```

```
        WHEN "1010"=>cnt_start<=103799;seg7<=X"ff";seg8<=X"82";  --中音 6
        WHEN "1011"=>cnt_start<=106775;seg7<=X"ff";seg8<=X"f8";  --中音 7

        WHEN "1100"=>cnt_start<=108138;seg7<=X"89";seg8<=X"f9";  --高音 1
        WHEN "1101"=>cnt_start<=110641;seg7<=X"89";seg8<=X"a4";  --高音 2
        WHEN "1110"=>cnt_start<=113700;seg7<=X"89";seg8<=X"b0";  --高音 3
        WHEN "1111"=>cnt_start<=113891;seg7<=X"89";seg8<=X"99";  --高音 4
        WHEN OTHERS=>       NULL;
    END CASE;
END PROCESS;

END;
```

程序清单：tonetaba.V

```
module tonetaba(index,cnt_start,seg7,seg8);
input [3:0] index;
output [16:0] cnt_start;
output [7:0] seg7,seg8;
reg [16:0]cnt_start;
reg [7:0] seg7,seg8;

always@(index)
begin
    case(index)
        4'b0000:begin cnt_start<='d131071; seg7<=8'hff; seg8<=8'hff; end
        4'b0001:begin cnt_start<='d62349;  seg7<=8'hc7; seg8<=8'h99; end
        4'b0010:begin cnt_start<='d69847;  seg7<=8'hc7; seg8<=8'h92; end
        4'b0011:begin cnt_start<='d76527;  seg7<=8'hc7; seg8<=8'h82; end
        4'b0100:begin cnt_start<='d82477;  seg7<=8'hc7; seg8<=8'hf8; end

        4'b0101:begin cnt_start<='d85205;  seg7<=8'hff; seg8<=8'hf9; end
        4'b0110:begin cnt_start<='d90209;  seg7<=8'hff; seg8<=8'ha4; end
        4'b0111:begin cnt_start<='d96327;  seg7<=8'hff; seg8<=8'hb0; end
        4'b1000:begin cnt_start<='d96711;  seg7<=8'hff; seg8<=8'h99; end
        4'b1001:begin cnt_start<='d100459; seg7<=8'hff; seg8<=8'h92; end
        4'b1010:begin cnt_start<='d103799; seg7<=8'hff; seg8<=8'h82; end
        4'b1011:begin cnt_start<='d106775; seg7<=8'hff; seg8<=8'hf8; end

        4'b1100:begin cnt_start<='d108138; seg7<=8'h89; seg8<=8'hf9; end
        4'b1101:begin cnt_start<='d110641; seg7<=8'h89; seg8<=8'ha4; end
        4'b1110:begin cnt_start<='d113700; seg7<=8'h89; seg8<=8'hb0; end
        4'b1111:begin cnt_start<='d113891; seg7<=8'h89; seg8<=8'h99; end
        default: begin    end
    endcase
end
endmodule
```

程序清单：dvf.VHD

```
LIBRARY IEEE;
USE IEEE.STD_LOGIC_1164.ALL;
USE IEEE.STD_LOGIC_Arith.ALL;
USE IEEE.STD_LOGIC_Unsigned.ALL;

ENTITY dvf IS
PORT( clk:        IN      STD_LOGIC;
      cnt_start:  IN      integer range 0 to 131071;
```

```
      cout:        OUT STD_LOGIC);
END;

ARCHITECTURE one OF dvf IS
SIGNAL     cnt:integer range 0 to 131071;        --17 位计数器
BEGIN
PROCESS(clk)
BEGIN
   IF RISING_EDGE(clk) THEN
        IF cnt = 131071 THEN                     -- 当 cnt 计数计满时
           cnt <= cnt_start;                     -- 输入数据 cnt_start 同步预置给 cnt
           cout <= '1';                          -- 同时使溢出标志信号 cout 输出为高电平
        ELSE
           cnt<=cnt+1;                           -- 否则继续作加 1 计数
           cout<='0';                            -- 且输出溢出标志信号 cout 为低电平
        END IF;
   END IF;
END PROCESS;

END;
```

程序清单：dvf.V

```
module dvf(clk,cnt_start,cout);
input clk;
input [16:0] cnt_start;
output cout;

reg [16:0] cnt;
reg cout;

always@(posedge clk)
begin
   if(cnt=='h1ffff)
   begin
          cnt<=cnt_start;
          cout<=1'b1;
   end
   else
   begin
          cnt<=cnt+1'b1;
          cout<=1'b0;
   end
end
endmodule
```

程序清单：display.VHD

```
LIBRARY IEEE;
USE    IEEE.STD_LOGIC_1164.ALL;
USE    IEEE.STD_LOGIC_UNSIGNED.ALL;
USE    IEEE.STD_LOGIC_ARITH.ALL;

ENTITY display IS
PORT(  clk50Hz:    IN STD_LOGIC; --系统时钟 48MHz
       seg7,seg8:IN STD_LOGIC_VECTOR(7 DOWNTO 0);         --数码 7、8 位码
       seg:OUT STD_LOGIC_VECTOR(7 DOWNTO 0);              --数码管段码输出
       dig:OUT STD_LOGIC_VECTOR(7 DOWNTO 0) );            --数码管位码输出
```

```
END ;

ARCHITECTURE one  OF display IS
BEGIN
   PROCESS(clk50Hz)
   BEGIN
          IF  clk50Hz='1'THEN
              seg<=seg7;          -- 显示数码 7 的内容
              dig<="11111101";    -- 选通数码 7
          ELSE
              seg<=seg8;          -- 显示数码 8 的内容
              dig<="11111110";    -- 选通数码 8
          END IF;
   END PROCESS;

END;
```

程序清单：display.V

```
module display(clk50hz,seg7,seg8,seg,dig);
input clk50hz;
input [7:0] seg7,seg8;
output [7:0] seg,dig;

reg [7:0] seg,dig;

always@(clk50hz)
begin
   if(clk50hz)
   begin
        seg<=seg7;
        dig<=8'b11111101;
   end
   else
   begin
        seg<=seg8;
        dig<=8'b11111110;
   end
end
endmodule
```

实验 12　数字时钟设计

一、实验目的

1）掌握数字时钟的硬件设计。

2）掌握数码管闪烁显示的方法。

3）掌握小时计数器模块的设计方法。

二、实验原理

一个完整的时钟应由 3 部分组成：秒脉冲发生器、计数显示部分和时钟调整部分。一个时钟的准确与否主要取决于秒脉冲的精确度。为了保证计时准确，我们对 48MHz 系统时钟进行分频，得到 1Hz 的秒脉冲。至于显示部分与 LED 数码管原理相同，而对于时钟调整部分可以自由发挥。本实验只实现暂停、清零基本功能。

实验涉及按键和显示处理，显示需要400Hz左右的扫描显示频率，按键需要200Hz的消抖扫描键盘频率。故48MHz的系统时钟，先分频到400Hz，再分频到200Hz，然后分频到1Hz。

时钟就是特殊的计数器而已，需要六十进制和二十四进制的计数器，且显示的数值是十进制。为了方便起见，我们设计十进制和六进制的计数器组合成六十进制的计数器；而二十四进制计数器的处理就有点小技巧，数字电路都由二进制表示，4位组合在一起就是十六进制。我们把二十四进制用一个8位的二进制数表示，其高4位对应小时的十位数，低4位对应小时的个位数。一般情况下，计数器的个位数会0→1→…→9→A→B→…→F→0循环计数，如何实现0→1→…→9→0的循环计数呢？计数器本身对于每个clock累加器加1，我们在低4位等于9时要跳变到X10，这时累加器不是加“1”而是加“7”。累加器本身是十六进制，只不过跳过了A~F。程序的思路基本是：时钟沿到来时，先判断累加器是否为X“23”，是即清零；不是再判断累加器的低4位是否为9，如是9则累加器加7，不是则加1。同样六十进制的计数器也可以这样处理。

既然带有暂停、清零基本功能，那么计数器本身就需要带有异步reset和同步enable功能。需要说明的是，计数器的enable功能同步和异步使能结果一样，但是在VHDL语言中，在沿触发前只能有一条if语句，故此处使用同步enable功能。一般情况下，数字电路的同步和异步是相对于时钟沿来说的，同步复位功能就是在沿触发时，若复位有效，才进行复位，和时钟“同步”；而异步复位功能就是一旦复位有效，就马上进行复位，和时钟沿到来与否无关。体现在HDL语言中就是复位功能的if语句在沿触发判断语句前（异步）或后（同步）；体现在Verilog HDL语言中，就是复位的边沿是否是敏感信号，若是敏感信号就为异步复位，反之是同步复位。

三、实验步骤

1）新建工程。

新建文件夹，在该文件夹下新建工程clock。

2）编写低层HDL文件。

编写带异步复位、同步使能、带进位的六、十进制计数器HDL文件。

编写带异步复位、同步使能、带进位的二十四进制计数器HDL文件，实现小时显示功能。

编写按键消抖模块。

编写扫描显示模块。

编写分频模块。

3）编写顶层原理图文件。

编写顶层原理图文件clock，把各个模块封装后的元件符号添加到该原理图文件中，其原理图如实验图12-1所示，并设定为顶层文件，进行编译。

4）锁定引脚。

按键key1控制enable，key2控制reset。根据实验表12-1锁定引脚。

重新进行编译，把引脚信息编译到下载文件中。

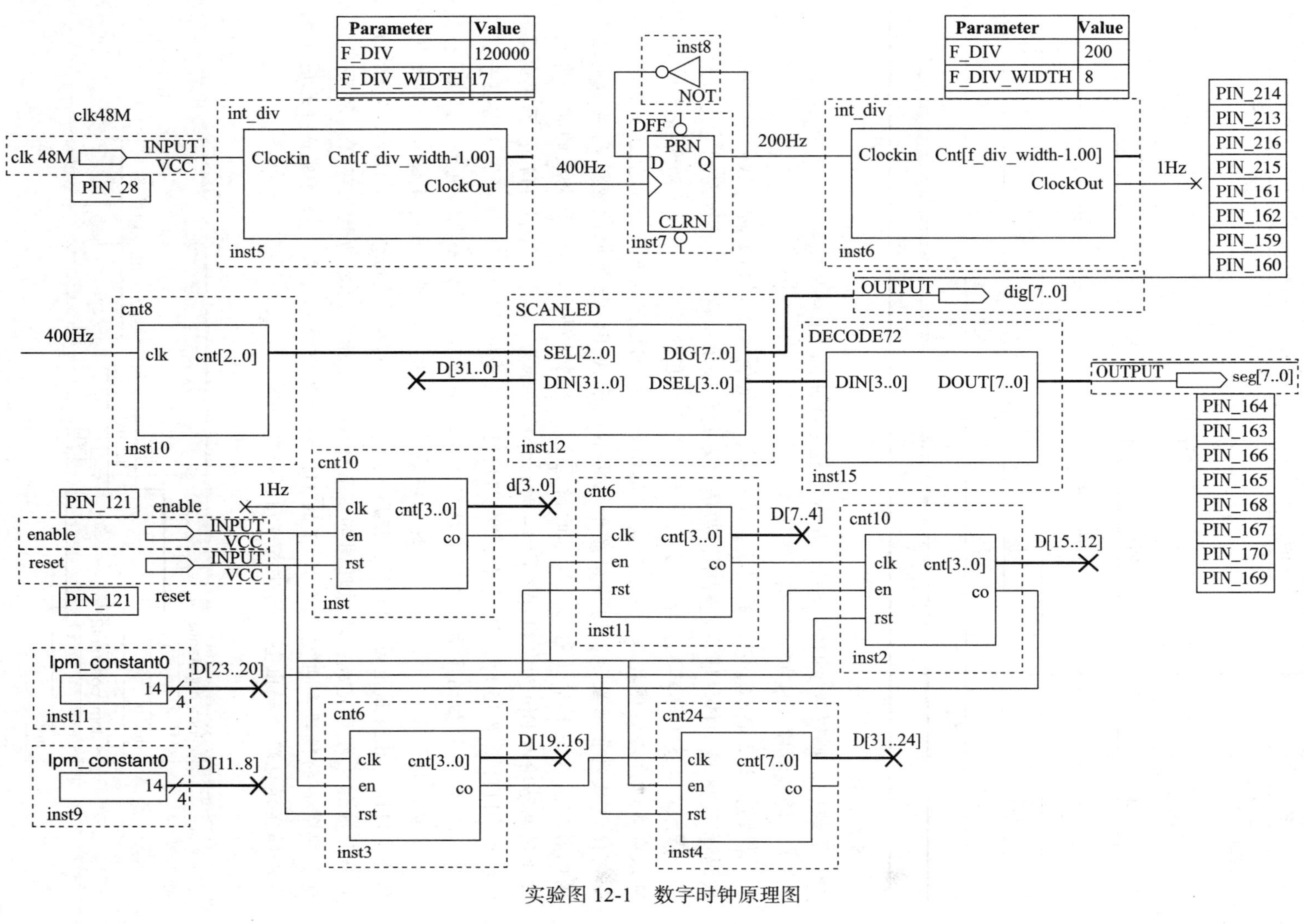

实验图 12-1　数字时钟原理图

实验表12-1 数字时钟引脚锁定表

名　　称	Pin#	名　　称	Pin#
clk48M	28	dig[7]	214
enable	121	seg[0]	169
reset	122	seg[1]	170
dig[0]	160	seg[2]	167
dig[1]	159	seg[3]	168
dig[2]	162	seg[4]	165
dig[3]	161	seg[5]	166
dig[4]	215	seg[6]	163
dig[5]	216	seg[7]	164
dig[6]	213		

5）下载。

下载后，观察数字时钟效果。并观察复位和使能键的功能。

6）修改程序完成如下功能。

数码管 1、2 显示小时，数码 3 显示“-”，数码管 4、5 显示分钟，数码管 6 显示“-”，数码管 7、8 显示秒。显示过程中，数码管 6 每秒闪烁一次，且亮灭时间均为 0.5s。

提示：其基本思路就是某个数码管正常显示相应的字符和不显示两种情况交替进行，可以有多种方法实现数码“–”及其闪烁功能，我们已经实现了正常显示，只需要考虑如何使该数码管不显示。因译码显示电路不显示 A~F，故可以改变译码显示电路的译码规则，在 A ~ F 中任意两个输入的情况下，分别译码出“-”和全灭的状态即可。如设译码电路输入 Din 为“1110”即 14 时，译码显示为“–”（10111111），译码电路输入 Din 为“1111”即 15 时，译码显示为“11111111”（即不显示）。数码管 3 需要一直显示“–”，故 32 位的扫描显示数值对应数码管 3 的 4 位二进制数一直赋值为“1110”；数码管 6 需要闪烁显示“-”，故 32 位的扫描显示数值对应数码管 6 的 4 位二进制数 0.5s 赋值为“1110”，0.5s 赋值为“1111”，使用一个二选一电路，选择信号为 1Hz（占空比 1：1）的秒脉冲信号即可完成，其原理图如实验图 12-2 所示。闪烁功能也可以利用段码完成，把数码管 6 的段码和占空比为 1：1 的 1Hz 秒脉冲信号相“或”即可完成（此时不需要在译码显示电路译码出全灭的状态“11111111”）。

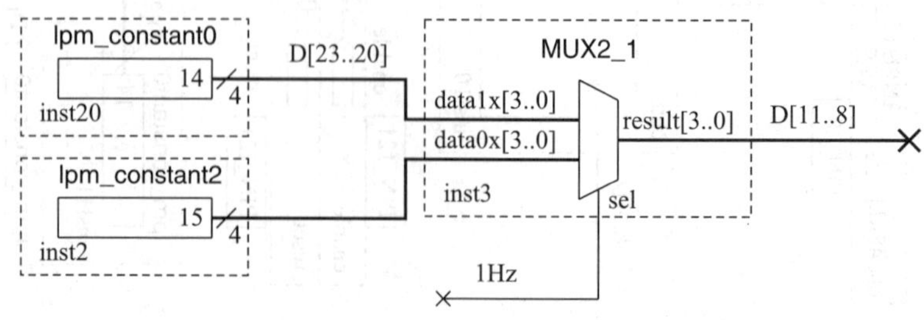

实验图 12-2 闪烁显示原理图

如有可能，增加闹钟、秒表、调时功能，并且尽量使用较少的按键。

四、实验参考程序

程序清单：cnt10.VHD

```
LIBRARY IEEE;
USE IEEE.STD_LOGIC_1164.ALL;
USE IEEE.STD_LOGIC_ARITH.ALL;
USE IEEE.STD_LOGIC_UNSIGNED.ALL;
ENTITY cnt10 IS
PORT(clk   :IN STD_LOGIC;
   en,rst  :IN STD_LOGIC;
   cnt     :OUT STD_LOGIC_VECTOR(3 DOWNTO 0);
   co      :OUT STD_LOGIC);
END;

ARCHITECTURE RTL OF cnt10 IS
SIGNAL counter:STD_LOGIC_VECTOR(3 DOWNTO 0);
BEGIN
PROCESS(clk)
BEGIN
   IF rst='0' THEN
        counter <= "0000";
        co<='0';
   ELSIF(clk'EVENT AND clk='1') THEN
       IF en ='1' THEN
           IF counter="1001" THEN
                counter<="0000";
                co<='1';
           ELSE
              counter<=counter+1;
              co<='0';
           END IF;
       END IF;
   END IF;
END PROCESS;
cnt<=counter;
END rtl;
```

程序清单：cnt10.V

```
module cnt10(clk,en,rst,cnt,co);
input clk,en,rst;
output[3:0] cnt;
output co;

reg [3:0] cnt;
reg co;

always@(posedge clk or negedge rst)
begin
   if(!rst)
   begin
       cnt<=4'b0000;
       co<=1'b0;
   end
   else
   begin
       if(en)
       begin
           if(cnt==4'b1001)
```

```
                begin
                     cnt<=4'b0000;
                     co<=1'b1;
                end
                else
                begin
                     cnt<=cnt+1'b1;
                     co<=1'b0;
                end
           end
      end
end
endmodule
```

程序清单：cnt24.VHD

```
LIBRARY IEEE;
USE IEEE.STD_LOGIC_1164.ALL;
USE IEEE.STD_LOGIC_ARITH.ALL;
USE IEEE.STD_LOGIC_UNSIGNED.ALL;
ENTITY cnt24 IS
PORT(clk   :IN STD_LOGIC;
   en,rst :IN STD_LOGIC;
   cnt    :OUT STD_LOGIC_VECTOR(7 DOWNTO 0);
   co     :OUT STD_LOGIC);
END;

ARCHITECTURE rtl OF cnt24 IS
SIGNAL counter:STD_LOGIC_VECTOR(7 DOWNTO 0);
BEGIN
PROCESS(clk)
BEGIN
   IF rst='0' THEN
        counter <= "00000000";
        co<='0';
   ELSIF(clk'EVENT AND clk='1') THEN
       IF en ='1' THEN
          IF counter="00100011" THEN
               counter<="00000000";
               co<='1';
          ELSE
              co<='0';
              IF counter(3 DOWNTO 0) ="1001" THEN
                 counter<=counter+7;
              ELSE
                  counter<=counter+1;
              END IF;
          END IF;
       END IF;
   END IF;
END PROCESS;
cnt<=counter;
END rtl;
```

程序清单：cnt24.V

```
module cnt24(clk,en,rst,cnt,co);
input clk,en,rst;
output[7:0] cnt;
output co;
```

```
reg [7:0] cnt;
reg co;

always@(posedge clk or negedge rst)
begin
     if(!rst)
     begin
         cnt<=8'b00000000;
         co<=1'b0;
   end
   else
   begin
        if(en)
        begin
            if(cnt==4'b00100011)
            begin
                cnt<=4'b00000000;
                co<=1'b1;
            end
            else
            begin
                co<=1'b0;
                if(cnt[3:0]==4'b1001)
                     cnt<=cnt+8'd7;
                else
                     cnt<=cnt+1'b1;

            end
        end
   end
end
endmodule
```

实验 13　状态机设计

一、实验目的

1）掌握状态图的分析方法。

2）掌握有限状态机的设计方法。

二、实验原理

有限状态机（finite state machine, FSM），又称有限状态自动机，简称状态机，是表示有限个状态以及在这些状态之间的转移和动作等行为的数学模型。在数字电路系统中，有限状态机是一种十分重要的设计。

有限状态机是指输出取决于过去输入部分和当前输入部分的时序逻辑电路。一般来说，除了输入部分和输出部分外，有限状态机还含有一组具有“记忆”功能的寄存器，这些寄存器的功能是记忆有限状态机的内部状态，它们常称为状态寄存器。在有限状态机中，状态寄存器的下一个状态不仅与输入信号有关，还与该寄存器的当前状态有关，因此有限状态机又可以认为是组合逻辑和寄存器逻辑的一种组合。其中，寄存器逻辑的功能是存储有限状态机的内部状态；而组合逻辑又可以分为次态逻辑和输出逻辑两部分，次态逻辑的功能是确定有限状态机的下一个状态，输出逻辑的功能是确定有限状态机的输出。

根据有限状态机的输出与当前状态和当前输入的关系，可以将有限状态机分为

Moore 型有限状态机和 Mealy 型有限状态机两种类型。Moore 型有限状态机的输出信号仅与当前状态有关，即可以把 Moore 型有限状态的输出看成当前状态的函数。Mealy 型有限状态机的输出信号不仅与当前状态有关，还与输入信号有关，即可以把 Mealy 型有限状态机的输出看成当前状态和输入信号的函数。

对于有限状态机的设计，一般应根据所设计电路的功能画出状态转换图，再用 HDL 语言的分支、条件等语句对状态机进行描述，本实验要求根据状态转换图写出对应的 HDL 程序。

三、实验步骤

1）新建工程。

新建文件夹，在该文件夹下新建工程 fsm。

2）编写 HDL 文件。

根据状态转换图，编写 HDL 文件。

这个状态机共有 4 个状态：state0、state1、state2、state3，每个状态下的输出分别为 out=001、out=010、out=100、out=111，默认输出为 out=001。

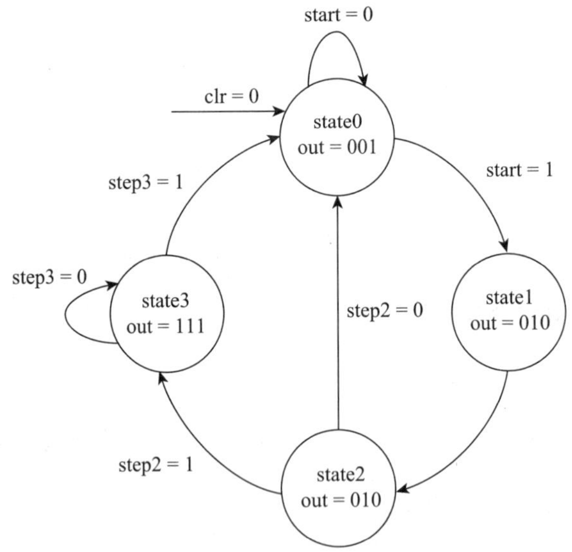

实验图 13-1 状态转换图

3）锁定引脚。

按实验表 13-1 锁定引脚，并重新进行编译，把引脚信息编译到下载文件中。

实验表13-1 引脚锁定表

名 称	Pin#	名 称	Pin#
clk	PIN_R28	out[2]	PIN_AJ5
clr	PIN_T29	start	PIN_T28
out[0]	PIN_AJ6	step2	PIN_U30
out[1]	PIN_AK5	step3	PIN_U29

4）下载。

下载后，观察 LED 输出结果与输入信号的关系，判断状态机当前处于哪一个状态。

四、实验参考程序

程序清单：fsm.V

```
module fsm(clk,clr,out,start,step2,step3);
input clk,clr,start,step2,step3;
output[2:0] out;
reg[2:0] out;
reg[1:0] state,next_state;

parameter          state0=2'b00,
             state1=2'b01,
                   state2=2'b11,
             state3=2'b10;

always @(posedge clk or posedge clr)
begin
if (clr)  state <= state0;
else         state <= next_state;
end

always @(state or start or step2 or step3)
begin
case (state)
   state0: begin
           if (start)     next_state = state1;
           else           next_state = state0;
           end
   state1: begin
           next_state = state2;
           end
   state2: begin
           if (step2)     next_state = state3;
           else           next_state = state0;
           end
   state3: begin
           if (step3)     next_state = state0;
           else           next_state = state3;
           end
   default:               next_state = state0;
   endcase
end

always @(state)
begin
    case(state)
    state0: out=3'b001;
    state1: out=3'b010;
    state2: out=3'b100;
    state3: out=3'b111;
    default:out=3'b001;
    endcase
end

endmodule
```

程序清单：fsm.VHD

```
LIBRARY IEEE;
USE IEEE.STD_LOGIC_1164.ALL;
ENTITY fsm IS
PORT (clk,clr,start,step2,step3:IN STD_LOGIC;
                    dout : OUT STD_LOGIC_VECTOR(2 DOWNTO 0));
END;
ARCHITECTURE behav OF fsm IS
  TYPE st_type IS (state0, state1, state2, state3);
   SIGNAL state, next_state : st_type ;
    BEGIN

    PROCESS(clk,clr)
     BEGIN
    IF clr ='1' THEN
         state <= state0 ;
    ELSIF CLK'EVENT AND CLK='1' THEN
         state <= next_state;
    END IF;
    END PROCESS;

    PROCESS(state)
    BEGIN
    CASE state IS
        WHEN state0 =>
           IF start = '1' THEN
              next_state <= state1;
           ELSE
               next_state <= state0;
           END IF;
           WHEN state1 =>
               next_state <= state2;
           WHEN state2 =>
               IF step2 = '1' THEN
                  next_state <= state3;
               ELSE
                  next_state <= state0;
               END IF;
           WHEN state3 =>
               IF  step3= '1' THEN
                   next_state <= state0;
               ELSE
                  next_state <= state3;
               END IF;
          WHEN OTHERS =>
               next_state <= state0;
          END CASE;
   END PROCESS;

    PROCESS(state)
    BEGIN
    CASE state IS
          WHEN state0 => dout <="001";
          WHEN state1 => dout <="010";
          WHEN state2 => dout <="100";
          WHEN state3 => dout <="111";
          WHEN OTHERS => dout <="001";
        END CASE;
   END PROCESS;
END behav;
```

实验 14　抢答器设计

一、实验目的

1）掌握抢答器的工作原理。

2）完成四人抢答器的设计。

二、实验原理

抢答器是一种应用非常广泛的设备，在各种竞赛、抢答场合中，它能迅速、客观地分辨出最先获得发言权的选手。在抢答比赛中，各组分别有一个抢答按钮。主持人有开始和结束、复位键。主持人按开始后，选手开始抢答为有效，选手指示灯亮。如果主持人没有按下开始键而选手就抢答视为犯规，扬声器持续发声。主持人可按键结束，新一轮抢答开始。

一个完整的抢答器应由 3 部分组成：基本抢答器、计时器和有效声光指示器部分。其结构框图如实验图 14-1 所示。

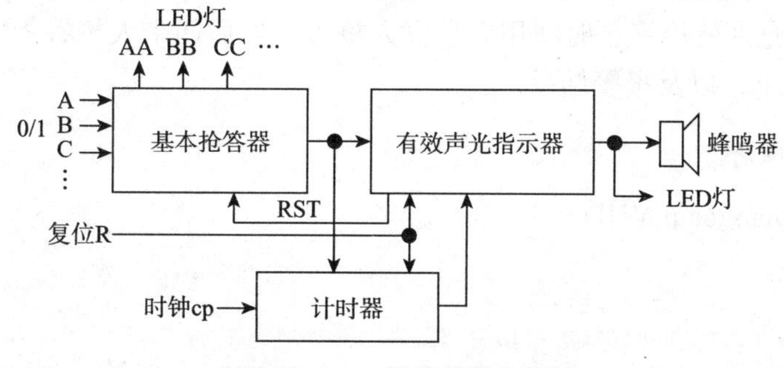

实验图 14-1　抢答器结构框图

本实验设计一个 4 人抢答器，要求如下。

- 设有 4 个输入和对应的 4 个指示灯，以表明有人抢答成功或超前抢答，并设置抢答有效的声光指示。
- 不能超前抢答，否则，超前抢答人对应的指示灯亮，而有效声光指示无反应。
- 在开始抢答或超前抢答后，如要重新开始，则系统均需复位。这里复位就是抢答开始的命令。

三、实验步骤

1）新建工程 qiangdaqi。

新建工程文件夹，在该文件夹中新建工程 qiangdaqi。

2）编写硬件描述语言文件。

新建 HDL 文件 qiangdaqi，参照实验图 14-1 所示抢答器结构框图编写硬件描述语言。

3）编译、锁定引脚、再编译。

我们先进行编译，发现错误进行纠正，直至成功为止。

按照实验表 14-1 锁定引脚。

实验表14-1　抢答器引脚锁定表

名　称	Pin#	名　称	Pin#
a[3]	PIN_121	Led2[3]	PIN_176
a[2]	PIN_122	Led2[2]	PIN_47
a[1]	PIN_123	Led2[1]	PIN_48
a[0]	PIN_124	Led2[0]	PIN_49
Led1[3]	PIN_50	Ctrl	PIN_143
Led1[2]	PIN_53	Clear	PIN_144
Led1[1]	PIN_54	CLK	PIN_28
Led1[0]	PIN_55	sp	PIN_175

再编译，把引脚锁定的信息编译到下载文件中。

4）下载。

连接电源，进行下载。

通过 clear 将系统清零，然后按 ctrl 按键进入抢答器正常工作状态，分别实验：正常抢答、裁判还没允许就抢答、时间用完后没人抢答、先后两个人抢答等情况。观察 led1 和 led2 的变化结果，以及报警结果。

四、实验参考程序

程序清单：qiangdaqi.VHD

```
LIBRARY IEEE;
USE IEEE.STD_LOGIC_1164.ALL;
USE IEEE.STD_LOGIC_UNSIGNED.ALL;
ENTITY qiangdaqi IS
PORT(
a : IN STD_LOGIC_VECTOR (3 downto 0);      -- 抢答器 4 个抢答输入口
ctrl,clear : IN STD_LOGIC;                 -- 控制输入端，用于开始抢答，清除上次结果
clk : IN STD_LOGIC;                        -- 时钟输入，用于开始抢答后的倒计时
led1,led2 : OUT STD_LOGIC_VECTOR (3 downto 0);
                                           --LED 输出，用于显示相关信息
sp : OUT STD_LOGIC);                       -- 超前抢答声音报警输出
END qiangdaqi;

ARCHITECTURE archqiangdaqi OF qiangdaqi IS
TYPE statetype IS (act,stop);              -- 两种内部状态
SIGNAL aoor : STD_LOGIC;                   -- 所有抢答输入信号的或，用于向寄存器 b 锁存第一个应答
SIGNAL countout,ban : STD_LOGIC;           -- 两个状态寄存器
SIGNAL b : STD_LOGIC_VECTOR (3 downto 0):="0000";
                                           -- 用于锁存抢答输入信号
SIGNAL state : statetype;
SIGNAL i : integer:=0;                     -- 计时用
BEGIN
aoor<=a(0) or a (1) or a(2) or a(3);
   states:                                 -- 内部状态转换进程
   PROCESS(ctrl,clear)
   BEGIN
      IF clear='1' THEN
          state<=stop;
      ELSE
          IF ctrl'event AND ctrl='1' THEN
```

```
            IF state=stop THEN
               state<=act;
            ELSE
                 state<=stop;
            END IF;
         END IF;
      END IF;
END PROCESS;

count:                                            -- 计时功能
PROCESS(clk,state)
BEGIN
    IF state=stop THEN                            -- 该状态计数器不工作
        i<=0;
    ELSE
           IF clk'event AND clk='1' THEN
               IF i<5000 AND state=act THEN --1k 时钟倒计时 5s
                   i<=i+1;
                ELSE
                   i<=5000;
                END IF;
           END IF;
       END IF;
       IF i=5000 THEN
            countout<='1';                         -- 计时结束，寄存器 countout 置位
       ELSE
            countout<='0';
       END IF;
END PROCESS;

mask:                                             --ban 寄存器处理
PROCESS(i,clear,aoor)
BEGIN
       IF clear='1' THEN                          -- 系统复位时清 0
            ban<='0';
       ELSE
           IF aoor'event AND aoor='1' THEN
               ban<='1';
           END IF;
       END IF;
END PROCESS;

main:                                             -- 主模块
PROCESS(aoor)
BEGIN
    IF clear='1' THEN
       b<="0000";
    ELSE
       IF aoor'event AND aoor='1' THEN
            IF ban='0' AND countout='0' THEN
                b<=a;
            END IF;
        END IF;
    END IF;
END PROCESS;

display:                                          -- 显示模块
PROCESS(state,b,ban,countout,clk)
BEGIN
    case b is
```

```
                when "0000"=>led1<="0000";
                when "0001"=>led1<="0001";
                when "0010"=>led1<="0010";
                when "0100"=>led1<="0011";
                when "1000"=>led1<="0100";
                when others=>led1<="1110";
            END case;
    IF state=stop THEN
         IF ban='1' THEN
            led2<="1110";
            sp<=clk;
         ELSE
            led2<="0000";
            sp<='0';
         END IF;
    ELSE
        sp<='0';
        IF ban='1' or countout='1' THEN
            led2<="1111";
        ELSE
           led2<="1010";
        END IF;
    END IF;
    END PROCESS;
END archqiangdaqi;
```

程序清单：qiangdaqi.V

```
module qiangdaqi(a,ctrl,clear,clk,led1,led2,sp);
input ctrl,clear;           --控制输入端，用于开始抢答，清除上次结果
input clk;                  --时钟
input[3:0] a;
output[3:0] led1,led2;      --led1 显示抢答成功的端口号，led2 显示提示信息
output sp;
reg[3:0] b;                 --用于锁存抢答器输入的信号
reg[3:0] led1,led2;
reg sp;
reg[1:0] state;
integer i;
wire allor;                 --所有抢答输入的或
reg countout,ban;           --两个状态寄存器，countout=1 表示抢答时间用完，
                            --ban=1 表示当前禁止抢答
parameter act=2'b01,stop=2'b10;        --状态机参数
assign allor=|a;                       --规约或，实现 a 的所有位或的功能

always@(posedge ctrl or posedge clear)
    begin
        if(clear==1'b1)
           state<=stop;
        else
            if(state==stop)
                 state<=act;
            else
                 state<=stop;
    end
always@(posedge clk)
    begin
        if(state==stop)
           i<=0;
        else
```

```
            if(i<5000&&state==act)
               i<=i+1;
            else
               i<=5000;
        if(i==5000)
            countout<=1'b1;
        else
           countout<=1'b0;
    end
always@(posedge clear or posedge allor)  --处理ban寄存器
    begin
        if(clear==1'b1)
           ban<=1'b0;
        else
            if(allor==1)
              ban<=1'b1;
    end
always@(posedge allor or posedge clear)  --处理b寄存器
    begin
       if(clear==1)
           b<='b0;
       else
           begin
               if(clear==1'b1)
                  b<='b0;
              else
                 if(allor==1'b1)
                     if(ban==1'b0&&countout==1'b0)
                        b<=a;
       end
     end
always@(posedge clear or b or ban or countout)
     begin
        if(clear==1)
           begin
              led1<=4'b0000;
              led2<=4'b0000;
              sp<=0;
           end
        else
           begin
              case(b)
                  8'b0000:led1<=4'b0000;
                  8'b0001:led1<=4'b0001;
                  8'b0010:led1<=4'b0010;
                  8'b0100:led1<=4'b0011;
                  8'b1000:led1<=4'b0100;
                  default:led1<=4'b1110;
              endcase
              if(state==stop)
                  begin
                      if(ban==1'b1)
                         begin
                            led2<=4'b1110;                          --提前抢答犯规
                            sp<=1;                                  --报警开启
                         end
                      else
                          begin
                             led2<=4'b0000;
                             sp<=0;
```

```
                        end
                    end
              else
                 begin
                    sp<=0;
                    if(ban==1||countout==1)
                       led2<=4'b1111;
              --表示有人抢答成功或者计时完后都没人抢答
                    else
                       led2<=4'b1010;
                 end
              end
end
endmodule
```

实验15 双控开关电路设计

一、实验目的

1）了解双控开关的原理。

2）掌握利用硬件描述语言实现双控开关的方法。

二、实验原理

双控开关是一种很普通的开关面板，是指不同地点的两个开关，任何一个开关都可以随时改变所控制的灯的状态。双控开关的用途很广，例如，在楼上楼下两处的开关控制楼道上的电灯，门口及床头两处的开关控制卧室的灯光照明，等等。

利用两个开关控制一盏灯，有不同的实现方法，本实验用下面两种方法实现双控开关的功能：1）任何一个开关的动作，都会使灯的状态发生变化；2）任何一个开关从"0"到"1"的变化，都会使输出的状态为"1"，与输出的上一个状态无关；任何一个开关从"1"到"0"的变化，都会使输出的状态为"0"，与输出的上一个状态无关。

三、实验步骤

1）新建工程。

新建文件夹，在该文件夹下新建工程lamp_2。

2）编写HDL文件。

编写HDL文件，实现双控开关的功能，任何一个开关的动作，都会使灯的状态发生变化，不支持两个开关同时动作。

3）锁定引脚。

按实验表15-1锁定引脚，并重新进行编译，把引脚信息编译到下载文件中。

实验表15-1 引脚锁定表

名 称	Pin#	名 称	Pin#
a	PIN_121	q	PIN_50
b	PIN_122		

4）下载。

下载后，观察LED显示与输入信号的关系。

5）新建工程。

新建文件夹，在该文件夹下新建工程 mux2_lamp。

6）编写 HDL 文件。

编写 HDL 文件，实现双控开关的功能，任何一个开关从“0”到“1”的变化，都会使输出的状态为“1”，与输出的上一个状态无关；任何一个开关从“1”到“0”的变化，都会使输出的状态为“0”，与输出的上一个状态无关。不支持两个开关同时动作。

7）锁定引脚。

按实验表 15-2 锁定引脚，并重新进行编译，把引脚信息编译到下载文件中。

实验表15-2 引脚锁定表

名 称	Pin#	名 称	Pin#
clk	PIN_28	b	PIN_124
a	PIN_123	q	PIN_53

8）下载。

下载后，观察 LED 显示与输入信号的关系。

四、实验参考程序

程序清单：lamp_2.VHD

```
LIBRARY IEEE;
USE IEEE.STD_LOGIC_1164.ALL;
ENTITY lamp_2 IS
PORT(a,b:IN STD_LOGIC;
   q:OUT STD_LOGIC);
END lamp_2;
ARCHITECTURE lamp_2_arc OF lamp_2 IS
component mux2
port(a,b: IN STD_LOGIC;
     sel: IN STD_LOGIC;
     q: OUT STD_LOGIC);
END component;
SIGNAL na:STD_LOGIC;
BEGIN
na<= not a;
u1:mux2
port map(a, na, b, q);
END lamp_2_arc;
```

程序清单：mux2.VHD

```
LIBRARY IEEE;
USE IEEE.STD_LOGIC_1164.ALL;
ENTITY mux2 IS
PORT(a,b  :IN STD_LOGIC;
       sel:IN STD_LOGIC;
         q:OUT STD_LOGIC);
END mux2;
ARCHITECTURE mux2_arc OF mux2 IS
BEGIN
  PROCESS(a,b,sel)
  BEGIN
     IF sel='0' THEN q<=a;
```

```
      ELSIF sel='1' THEN q<=b;
      ELSE q<='X';
    END IF;
  END PROCESS;
END mux2_arc;
```

程序清单：lamp_2.V

```
module lamp_2(a, b, q);
input a, b;
output q;
    assign q = b ? ~a : a;
endmodule
```

程序清单：mux2_lamp.VHD

```
LIBRARY IEEE;
USE IEEE.STD_LOGIC_1164.ALL;
ENTITY mux2_lamp IS
PORT(a,b,clk: in STD_LOGIC;
      q: out STD_LOGIC);
END mux2_lamp;
ARCHITECTURE a OF mux2_lamp IS
TYPE state_t IS ( ST0, ST1, ST2, ST3);
SIGNAL state, nxstate : state_t;
BEGIN

  PROCESS (clk,a,b)
  BEGIN
   IF clk'event AND clk='1' THEN
        IF a='0' AND b='0' THEN nxstate<=st0;
           ELSIF a='1' AND b='0' THEN nxstate<=st1;
           ELSIF a='0' AND b='1' THEN nxstate<=st2;
           ELSIF a='1' AND b='1' THEN nxstate<=st3;
        END IF;
   END IF;
  END PROCESS;

  PROCESS (clk,nxstate)
  variable d:STD_LOGIC;
  BEGIN
   IF clk'event AND clk='1' THEN
     state<=nxstate;
     IF state=st0 AND nxstate=st1 THEN d:='1';
     ELSIF state=st0 AND nxstate=st2 THEN d:='1';
     ELSIF state=st1 AND nxstate=st3 THEN d:='1';
     ELSIF state=st2 AND nxstate=st3 THEN d:='1';
     ELSIF state=st0 AND nxstate=st3 THEN d:='1';
     ELSIF state=st1 AND nxstate=st0 THEN d:='0';
     ELSIF state=st2 AND nxstate=st0 THEN d:='0';
     ELSIF state=st3 AND nxstate=st1 THEN d:='0';
     ELSIF state=st3 AND nxstate=st2 THEN d:='0';
     ELSIF state=st3 AND nxstate=st0 THEN d:='0';
   END IF;
    q<=d;
   END IF;
  END PROCESS;
END a;
```

程序清单：mux2_lamp.V

```
module mux2_lamp(a, b, clk, q);
```

```
    input a, b, clk;
    output q;

    reg [1:0] state, nxstate;
    reg       q;

    parameter  [1:0]   st0=2'b00,
                       st1=2'b01,
                       st2=2'b10,
                       st3=2'b11;

    always @(posedge clk)
        case({b,a})
            2'b00: nxstate <= st0;
            2'b01: nxstate <= st1;
            2'b10: nxstate <= st2;
            2'b11: nxstate <= st3;
        endcase

    always @(posedge clk)
        state <= nxstate;

    always @(posedge clk)
        case({state,nxstate})
            {st0, st1}: q <= 1;
            {st0, st2}: q <= 1;
            {st1, st3}: q <= 1;
            {st2, st3}: q <= 1;
            {st0, st3}: q <= 1;
            {st1, st0}: q <= 0;
            {st2, st0}: q <= 0;
            {st3, st1}: q <= 0;
            {st3, st2}: q <= 0;
            {st3, st0}: q <= 0;
        endcase
endmodule
```

实验 16　TLC549（A/D）采样控制

一、实验目的

1）掌握模 / 数转换芯片 TLC549 的使用方法。

2）掌握利用有限状态机实现一般时序逻辑分析的方法。

3）掌握一般状态机的设计与应用。

二、实验原理

TLC549 封装示意图如实验图 16-1 所示，它是一个 8 位的串行模数转换器，ANALOG_IN 为测量信号，REF+ 为转换所需的正电压基准（最大测量电压），REF- 为转换所需的负电压基准（最小测量电压），DATA_OUT 为转换数据输出，$\overline{CS}$ 为片选信号。

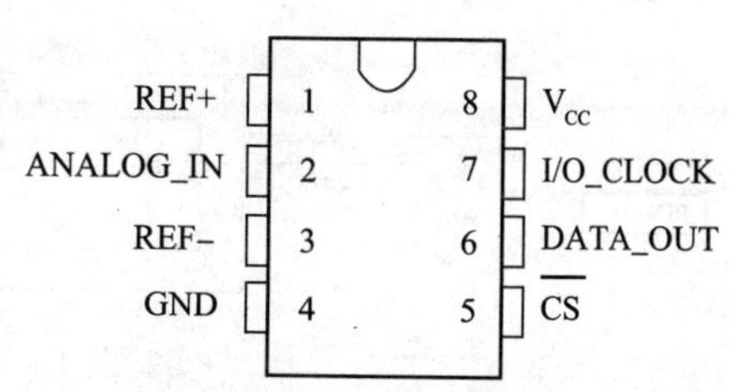

实验图 16-1　TLC549 封装示意图

A/D 的转换时间最大 17μs，I/O 时钟频率可达

1.1MHz。实验图 16-2 所示为 TLC549 的时序，从图中可以看出当片选信号 $\overline{CS}$ 为低电平时，ADC 的前一次转换数据（A）的最高位 A7 立即出现在数据线 DATA_OUT 上，之后的数据在时钟 I/O_CLOCK 的下降沿改变，可在 I/O_CLOCK 上升沿读取数据。读完 8 位数据后，如果片选信号 $\overline{CS}$ 置为高电平，ADC 开始采样、保持、转换、锁存转换结果，以便下一次读取。

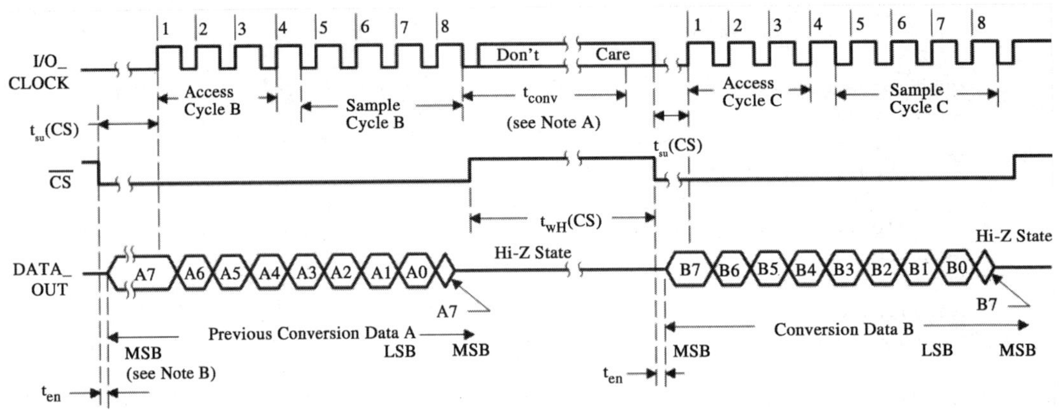

实验图 16-2　TLC549 工作时序图

在进行采样控制时，要注意操作时序之间的时间间隔要足够长，以使 ADC 能完成其相应的工作。如：t_{su}(CS) 为 $\overline{CS}$ 拉低到低电平后 I/O_CLOCK 第一个时钟到来时的时间，至少要 1.4μs；t_{conv} 为 ADC 的转换时间，至少 17μs；I/O_CLOCK 为系统时钟信号，不能超过 1.1MHz。其他参数请参照数据手册。

由于 ADC 是 8 位的，且硬件电路上的 REF+ 为 2.5V，REF- 接 GND，所以采样的电压值为 $V = D/255 \times V_{REF}$。

包括扫描显示部分，最后完成的电路如实验图 16-3 所示。

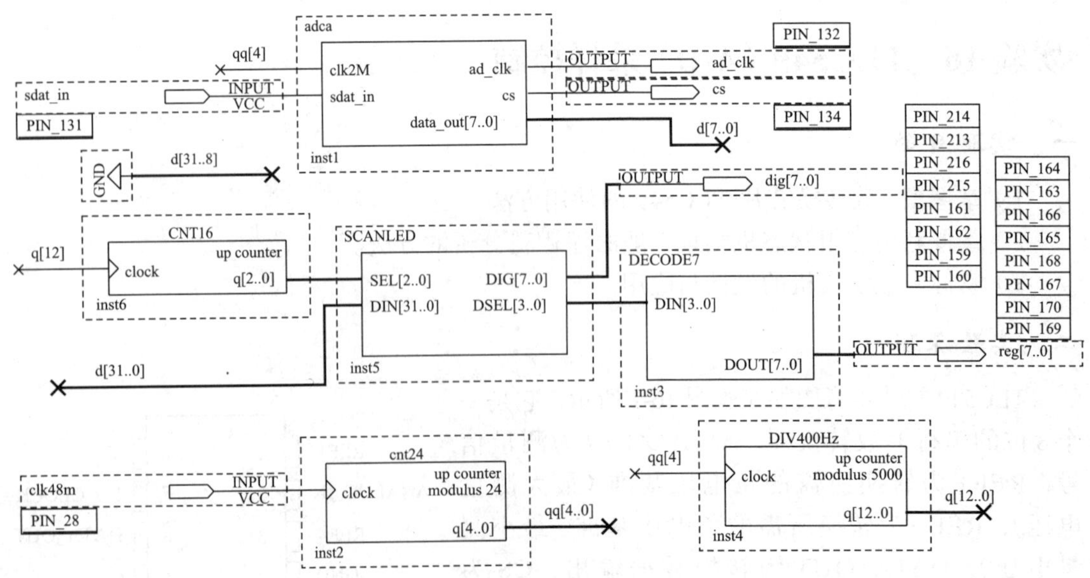

实验图 16-3　TLC549 采样控制顶层原理图

其中，adc3 为 AD549 的采样模块，需要说明的是：本状态机包括 5 个状态，分别为初始状态 St0、t_{WH} 状态 St1、t_{su} 状态 St2、AD_clk 高电平状态 St3、AD_clk 低电平状态 St4，如实验图 16-4 所示。

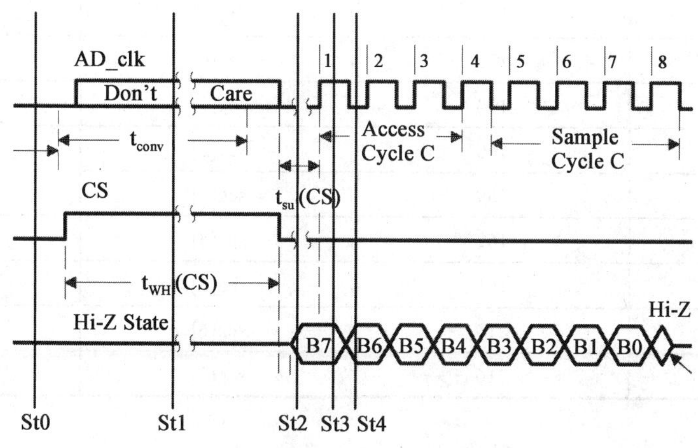

实验图 16-4　转换状态定义图

St1 状态：CS 的高电平的宽度就是 t_{WH}，该宽度需要满足一定的条件，故使用该 CS 的低电平作为计数器的复位信号，即可对该宽度进行计时，待满足时间要求后再进行状态跳转。

St2 状态：同样可以对 t_{su} 进行处理，使用 CS 的高电平作为计数器的复位信号。

St3 状态：产生 AD_clk 的高电平，并使用该上升沿进行数据读取并移位寄存。

St4 状态：产生 AD_clk 的低电平，同时对该下降沿的个数进行计数，若已进行了 8 次（使用的是 8 位 AD），则表示完成了一次采样，准备下一次的采样。

程序中合理利用了 CS 作为计数器的复位信号，进行等待时间的判断，这里的等待时间用于对 2MHz 频率的时钟进行计数，根据计数值进行判断。而读取数据的次数是对 AD_clk 的下降沿进行计数，从而判断是否已经完成了一次采样循环。这种方法需要理解状态机和 AD 器件的时序图。

在实际应用中，尤其是单片机控制中，经常使用串行 AD 进行模数转换，主要是因为串行 AD 所需要的引脚相对较少。

三、实验步骤

1）新建工程。

新建文件夹，在该文件夹下新建工程 tlc549。

2）编写低层 HDL 文件。

根据实验图 16-3 的内容，编写各个功能模块的 HDL 文件。

3）编写顶层原理图文件。

新建原理图文件，并添加各个模块。

设定为顶层文件，进行编译，如有错误，纠正直至成功为止。

4）锁定引脚。

根据实验表 16-1 引脚锁定，并重新进行编译，把引脚信息编译到下载文件中。

实验表16-1　TLC549采样控制电路引脚锁定表

名　称	Pin#	名　称	Pin#
clk48M	28	dig[6]	213
sdat_in	131	dig[7]	214
ad_clk	132	seg[0]	169
cs	134	seg[1]	170
dig[0]	160	seg[2]	167
dig[1]	159	seg[3]	168
dig[2]	162	seg[4]	165
dig[3]	161	seg[5]	166
dig[4]	215	seg[6]	163
dig[5]	216	seg[7]	164

5）下载。

下载后，调节电位器RW1，观察数码管的数值变化是否正确。

四、实验参考程序

程序清单：adc3.VHD

```
LIBRARY IEEE;
USE IEEE.STD_LOGIC_1164.ALL;
USE IEEE.STD_LOGIC_Arith.ALL;
USE IEEE.STD_LOGIC_Unsigned.ALL;

ENTITY adca IS
PORT(
clk2M:     IN      STD_LOGIC;                         -- 系统时钟
sdat_in:   IN      STD_LOGIC;                         --TLC549 串行数据输入
ad_clk:    OUT STD_LOGIC;                             --TLC549 I/O 时钟
cs:        OUT STD_LOGIC;                             --TLC549 片选控制
data_out:  OUT STD_LOGIC_VECTOR(7 DOWNTO 0)           --AD 转换数据输出
);
END;

ARCHITECTURE one OF adca IS

SIGNAL cnt_tsu: STD_LOGIC_VECTOR(2 downto 0);
SIGNAL cnt_ad_clk,clk_count: STD_LOGIC_VECTOR(3 downto 0);
SIGNAL cnt_twh: STD_LOGIC_VECTOR(5 downto 0);

SIGNAL data_reg: STD_LOGIC_VECTOR(7 downto 0);
signal ad_clk_r,cs_r:STD_LOGIC;

TYPE states IS(st0,st1,st2,st3,st4);
SIGNAL c_state,n_state:states;
BEGIN
ad_clk <= ad_clk_r;
cs <= cs_r;
-------------------------------------------<< 状态机 ADC
PROCESS (clk2M)
BEGIN
   IF RISING_EDGE(clk2M) THEN
```

```
        c_state<=n_state;

   END IF;
END PROCESS;
----------------------------------------------<<ADC 状态机转换逻辑
PROCESS (cs_r)
BEGIN
   IF RISING_EDGE(cs_r) THEN                          --CS 上升沿输出采样值
        data_out <=data_reg ;
   END IF;
END PROCESS;

PROCESS (clk2M,cs_r)
BEGIN
   IF cs_r ='0' THEN                                  --CS 低电平复位
        cnt_twh <="000000";
   ELSIF FALLING_EDGE(clk2M) THEN
        cnt_twh <=cnt_twh +'1';                       -- 记录 twh 的时间，以等待转换完成
   END IF;
END PROCESS;

PROCESS (clk2M,cs_r)
BEGIN
   IF cs_r ='1' THEN                                  --CS 高电平复位
        cnt_tsu <="000";
   ELSIF fallING_EDGE(clk2M) THEN
       if cnt_tsu <"111" then
           cnt_tsu <=cnt_tsu +'1';                    -- 记录 tsu 的时间，以等待读取
       else
            cnt_tsu <=cnt_tsu ;
       end if;
   END IF;
END PROCESS;

PROCESS (ad_clk_r,cs_r)
BEGIN
   IF cs_r ='1' THEN                                  --CS 高电平复位、清寄存器
        cnt_ad_clk <="0000";
        data_reg <= "00000000";
   ELSIF fallING_EDGE(ad_clk_r) THEN
        cnt_ad_clk <=cnt_ad_clk +'1';                 -- 记录 AD_clk 个数，即读取数据位数
        data_reg <=data_reg(6 downto 0) & sdat_in;    -- 移位寄存并入串出
   END IF;
END PROCESS;

PROCESS (c_state,n_state)
BEGIN
    CASE c_state  IS
        WHEN st0=>                                    -- 初始状态
            cs_r <= '0';
            ad_clk_r <= '0';
            n_state<=st1;
        WHEN st1=>
            cs_r <= '1';
            ad_clk_r <= '0';
            if cnt_twh >"101000" then                 -- 判断等待时间 twh 是否满足要求
                  n_state<=st2;
            else
                  n_state<=st1;
            end if;
```

```
        WHEN st2=>
            cs_r <= '0';
            ad_clk_r <= '0';
            if cnt_tsu >"100" then                   -- 判断等待时间 tsu 是否满足要求
                n_state<=st3;
            else
                n_state<=st2;
            end if;
        WHEN st3=>
            cs_r <= '0';
            ad_clk_r <= '1';                         -- 输出上升沿
            n_state<=st4;

        WHEN st4=>
            cs_r <= '0';
            ad_clk_r <= '0';
            if cnt_ad_clk >="1000" then              -- 已读取 8 位数据，完成一次采样
                n_state<=st0;
            else
                n_state<=st3;
            end if;
        WHEN OTHERS=>
            n_state<=st0;
    END CASE;
END PROCESS;
END;
```

程序清单：adc3.V

```
module adca(clk2m,sdat_in,ad_clk,cs,data_out);
input clk2m,sdat_in;
output ad_clk;
output cs;
output[7:0] data_out;

reg [2:0] cnt_tsu;
reg [3:0] cnt_ad_clk,clk_count;
reg [5:0] cnt_twh;
reg [7:0] data_reg,data_out;
reg ad_clk,cs;
reg [4:0] c_state,n_state;
parameter st0=5'b00001,st1=5'b00010,st2=5'b00100,st3=5'b01000,st4=5'b10000;

always@(posedge clk2m)
begin
   c_state<=n_state;
end

always@(posedge cs)
begin
    data_out<=data_reg;                              //CS 上升沿输出采样值
end

always@(negedge clk2m or negedge cs)
begin
    if(!cs)                                          //CS 低电平复位
        cnt_twh<=6'b000000;
    else
        cnt_twh<=cnt_twh+1'b1;                       // 记录 twh 的时间，以等待转换完成
end
```

```
always@(negedge clk2m or posedge cs)
begin
   if(cs)                                         //CS 高电平复位
        cnt_tsu<=3'b000;
   else
   begin
        if(cnt_tsu<3'b111)
             cnt_tsu <=cnt_tsu +1'b1;             //记录tsu的时间，以等待读取
        else
             cnt_tsu <=cnt_tsu ;
   end
end

always@(negedge ad_clk or posedge cs)
begin
   if(cs)                                         //CS 高电平复位、清寄存器
   begin
       cnt_ad_clk <=4'b0000;
       data_reg <= 8'b00000000;
   end
   else
   begin
       cnt_ad_clk <=cnt_ad_clk +1'b1;             //记录AD_clk个数，即读取数据位数
       data_reg <={data_reg[6:0],sdat_in};        //移位寄存采样结果
   end
end

always@(c_state or n_state)
begin
   case(c_state)
       st0:                                       //初始状态
       begin
            cs <= 1'b0;
            ad_clk <= 1'b0;
            n_state<=st1;
       end
       st1:
       begin
            cs <= 1'b1;
            ad_clk <= 1'b0;
            if(cnt_twh >6'b101000)                //判断等待时间twh是否满足要求
                n_state<=st2;
            else
            n_state<=st1;
       end
       st2:
       begin
            cs <= 1'b0;
            ad_clk <= 1'b0;
            if (cnt_tsu >3'b100)                  //判断等待时间tsu是否满足要求
                n_state<=st3;
            else
                n_state<=st2;
       end
       st3:
       begin
            cs <= 1'b0;
            ad_clk <= 1'b1;                       //输出上升沿
            n_state<=st4;
```

```
            end
            st4:
            begin
                cs <= 1'b0;
                ad_clk <= 1'b0;                       // 输出下降沿
                if (cnt_ad_clk >=4'b1000)    // 已读取 8 位数据，完成一次采样
                    n_state<=st0;
                else
                    n_state<=st3;
            end
            default: n_state<=st0;
        endcase
    end
endmodule
```

实验 17　TLC5620（D/A）控制

一、实验目的

1）掌握数 / 模转换芯片 TLC5620 的使用方法。

2）掌握利用有限状态机实现一般时序逻辑分析的方法。

3）掌握一般状态机的设计与应用。

二、实验原理

TLC5620 封装示意图如实验图 17-1 所示，它是一个 4 通道的 8 位串行数模（D/A）转换器，其最大转换速度可达 1MB/s。其引脚 REFA ～ REFD 为四个通道的参考电压，实验平台的参考电压均为 2.5V；DACA ～ DACD 为 4 路模拟信号输出通道；DATA 为串行数据输入；CLK 为 DAC 串行数据输入时钟，其下降沿锁存输入数据 DATA；LOAD 为串行数据锁存信号，低电平锁存；LDAC 为 DAC 输出更新控制信号。当 LDAC 为低电平时，则把锁存在锁存器的数据送到 DAC 并转换为模拟信号，在相应的通道进行输出，故可以始终把 LDAC 信号置为低电平，也就是说，加载信号一旦产生，数据立刻转换输出。

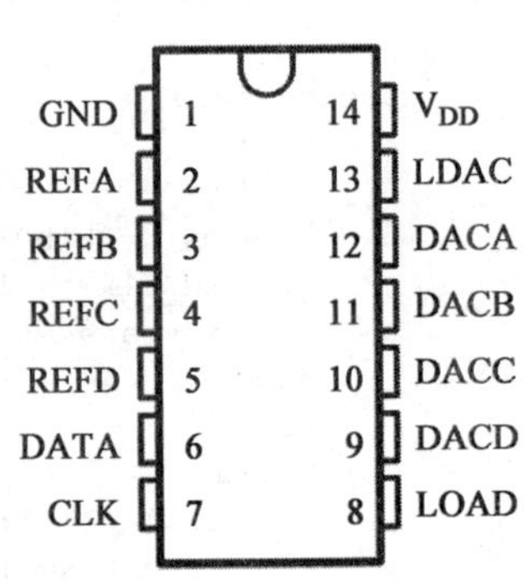

实验图 17-1　TLC5620 封装示意图

因为 TLC5620 为四通道的数模转换器，只有一个 DATA 数据输入端，所以传送的数据中要包含通道的信息，以便 DAC 能识别出该数据属于哪个通道，转换完成后的模拟信号输出到相应的通道中。TLC5620 传输的一帧数据为 11 位，先传送高位，后传送低位，帧格式如实验表 17-1 所示。

实验表17-1　TLC5620的数据结构

D10	D9	D8	D7	D6	D5	D4	D3	D2	D1	D0
通道选择	输出模式 RNG	8 位数据 D7 ～ D0								

D10、D9 为通道选择位，00 ～ 11 分别表示选择 DACA～DACD 通道。RNG 的数

值为 0 或 1，为输出倍数。TLC5620 的输出电压为：

$$V_O(\text{DACA/B/C/D}) = V_{\text{REFA/B/C/D}} \times \frac{\text{CODE}}{256}(1+\text{RNG})$$

简单地说，DAC 内部有移位寄存器和锁存器，我们要在工程中实现在 LOAD 高电平时把 11 位数据在 CLK 的下降沿逐位（由高位到低位）发送到 DAC 的 DATA 端，发送完毕后，LOAD 置为低电平，指示 DAC 进行数模转换。

TLC5620 的访问时序图如实验图 17-2 所示。

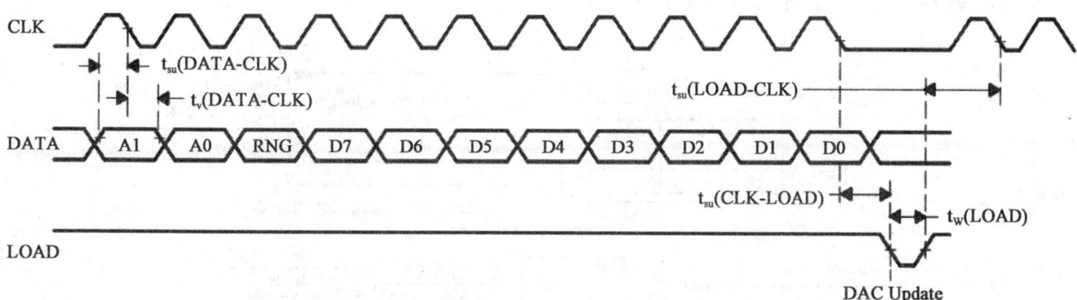

实验图 17-2 TLC5620 访问时序图

需要注意的是，LOAD 低电平的最小保持时间 t_w（LOAD）为 250ns，各个 t_{su} 和 t_v 的最小保持时间为 50ns。为了尽可能利用 DAC 的转换速度，为此状态机选用 16MHz（62ns）左右的输入时钟，在 LOAD 低电平时要等待 5 个状态机时钟 CLK16M。为此采用计数器判断等待时间是否满足条件，该计数器使用 LOAD 的高电平作为异步复位信号，低电平时，对 CLK16M 进行计数，当计数值大于 5 时，说明 LOAD 为低电平的时间 t_w(LOAD) 已满足，状态机可跳转到下一态。

在 LOAD 为高电平时，需要产生 11 个 DAC 的 CLK，同样根据计数器的计数值判断，该计数器中，LOAD 的低电平为异步复位信号，LOAD 为高电平时，对 DA_CLK 计数，满足计数器的计数值 >11 时，说明已送入了 11 位串行数据，可以置 LOAD 为低电平，对 11 位数据锁存进行数模转换。

DAC 状态机控制仿真文件结果图如实验图 17-3 所示。

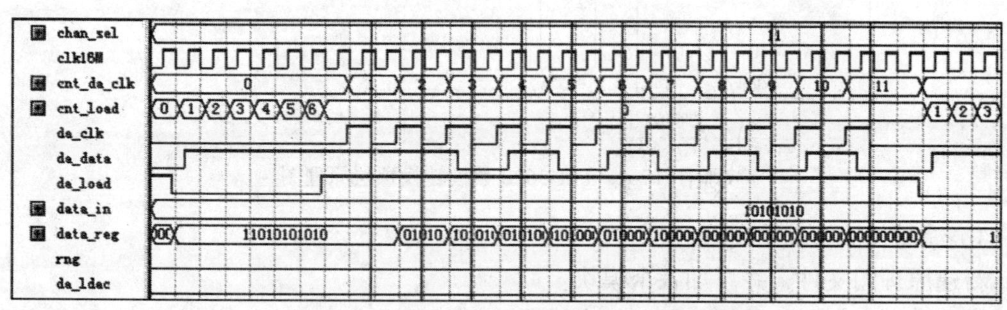

实验图 17-3 DAC 状态机控制仿真文件结果图

从实验图 17-3 可以看出，chan_sel 选择 D 通道，RNG 为低电平，待转换的 8 位二进制数为“10101010”，这样 TLC5620 的帧数据结构为“11010101010”，可以看到在 da_clk 的下降沿，模块给 DAC 的 DATA 端传送的数据顺序和帧数据结构相同，且 da_load

端的低电平时间为 6 个 clk16M 周期。

三、实验步骤

1）新建工程。

新建文件夹，在该文件夹下新建工程 tlc549。

2）编写低层 HDL 文件。

根据原理实验图 17-4 的内容，编写各个功能模块的 HDL 文件。

其中，romsin 模块是一个正弦信号产生的查表模块。也可以使用按键作为时钟信号的 8 位计数器生成一个 q[7..0] 的 8 位数据。

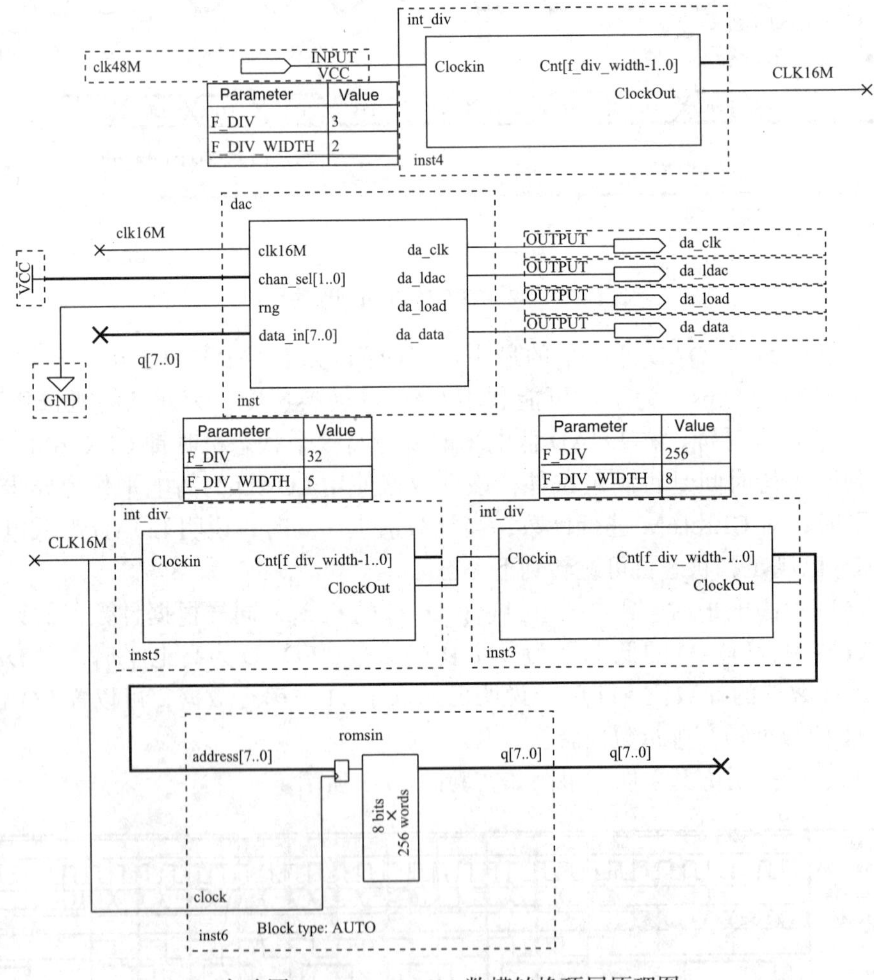

实验图 17-4　TLC5620 数模转换顶层原理图

3）编写顶层原理图文件。

新建原理图文件，并添加各个模块。

设定为顶层文件，进行编译，如有错误，纠正直至成功为止。

4）锁定引脚。

按实验表 17-2 锁定引脚，并重新进行编译，把引脚信息编译到下载文件中。

实验表17-2　TLC5620数模转换引脚锁定表

名　称	Pin#	名　称	Pin#
clk48M	PIN_28	da_ldac	PIN_125
da_clk	PIN_128	da_load	PIN_126
da_data	PIN_127		

5）下载。

下载后，用示波器观察 DA 输出结果是否为正弦波信号。因实验箱的 DA 输出对地接了电容，故信号衰减严重。

四、实验参考程序

程序清单：dac.VHD

```
LIBRARY IEEE;
USE IEEE.STD_LOGIC_1164.ALL;
USE IEEE.STD_LOGIC_Arith.ALL;
USE IEEE.STD_LOGIC_Unsigned.ALL;

ENTITY dac IS
PORT(
clk16M:    IN      STD_LOGIC;      --系统时钟
chan_sel:  IN      STD_LOGIC_VECTOR(1 DOWNTO 0);
rng:       IN      STD_LOGIC;
data_in:   IN      STD_LOGIC_VECTOR(7 DOWNTO 0);
da_clk:            OUT STD_LOGIC;
da_ldac:   OUT STD_LOGIC;
da_load:   OUT STD_LOGIC;
da_data:   OUT STD_LOGIC
);
END;

ARCHITECTURE one OF dac IS

SIGNAL cnt_load: STD_LOGIC_VECTOR(2 downto 0);
SIGNAL cnt_da_clk: STD_LOGIC_VECTOR(3 downto 0);

SIGNAL data_reg: STD_LOGIC_VECTOR(11 downto 0);
signal da_clk_r,da_load_r:STD_LOGIC;

TYPE states IS(st0,st1,st2,st3,st4);
SIGNAL c_state,n_state:states;
BEGIN
da_clk <= da_clk_r;
da_load <= da_load_r;
da_data <= data_reg(11);
da_ldac <= '0';
PROCESS (clk16M)
BEGIN
   IF RISING_EDGE(clk16M) THEN
        c_state<=n_state;
   END IF;
END PROCESS;

PROCESS (clk16M,da_load_r)
BEGIN
```

```
   IF da_load_r ='1' THEN                              --DA_load 高电平，计数器复位
       cnt_load <="000";
   ELSIF FALLING_EDGE(clk16M) THEN
       if cnt_load <"111" then
            cnt_load <=cnt_load +'1';                  -- 计数 DA_load 的时间宽度
       else
            cnt_load <=cnt_load ;
          end if;
   END IF;
END PROCESS;

PROCESS (da_load_r,da_clk_r)
BEGIN
   IF da_load_r ='0' THEN                                      --DA_load 低电平
       cnt_da_clk <="0000";                                    -- 计数器复位
       data_reg <= '0' & chan_sel & rng & data_in ;            -- 加载待传送数据
   ELSIF RISING_EDGE(da_clk_r) THEN                            --DA_clk 下降沿
       cnt_da_clk <=cnt_da_clk +'1';
       data_reg <=data_reg(10 downto 0) & '0';                 -- 移位，最高位为传送数据
   END IF;
END PROCESS;


PROCESS (c_state,n_state)
BEGIN
   CASE c_state   IS
       WHEN st0=>                                              -- 初始状态
          da_load_r <= '1';
          da_clk_r <= '0';
          n_state<=st1;
       WHEN st1=>
          da_load_r <= '0';
          da_clk_r <= '0';
          if cnt_load >"101" then                              --tw(LOAD) 的宽度满足要求
              n_state<=st2;
          else
              n_state<=st1;
          end if;
    WHEN st2=>
        da_load_r <= '1';
        da_clk_r <= '0';
        if cnt_da_clk >="1011" then                            -- 已传送 11 位数据
            n_state<=st0;
        else
            n_state<=st3;
        end if;
    WHEN st3=>
        da_load_r <= '1';
        da_clk_r <= '1';                                       --DA_clk 上升沿
        n_state<=st2;                                          -- 跳转 st2，出现下降沿
    WHEN OTHERS=>
        n_state<=st0;
   END CASE;
END PROCESS;

END;
```

程序清单：dac.V

```
module dac(clk16m,chan_sel,rng,data_in,da_clk,da_ldac,da_load,da_data);
```

```
input clk16m;
input [1:0] chan_sel;
input rng;
input [7:0] data_in;
output da_clk,da_ldac,da_load,da_data;

reg [2:0] cnt_load;
reg [3:0] cnt_da_clk;
reg [11:0] data_reg;
reg da_clk_r,da_load_r;
reg [4:0] c_state,n_state;

parameter st0=5'b00001,st1=5'b00010,st2=5'b00100,st3=5'b01000,st4=5'b10000;

assign da_clk = da_clk_r,da_load = da_load_r;
assign da_data = data_reg[11],da_ldac = 1'b0;

always@(posedge clk16m)
begin
    c_state<=n_state;
end

always@(posedge da_load_r or negedge clk16m)
begin
   if(da_load_r)                                            //DA_load 高电平，计数器复位
      cnt_load <=3'b000;
   else
   begin
      if(cnt_load <3'b111)
         cnt_load <=cnt_load +1'b1;                         // 计数 DA_load 的时间宽度
      else
         cnt_load <=cnt_load ;
   end
end

always@(negedge da_load_r or posedge da_clk_r)
begin
   if(!da_load_r)                                           //DA_load 低电平
   begin
      cnt_da_clk <=4'b0000;                                 // 计数器复位
      data_reg <= {1'b0,chan_sel,rng,data_in} ;             // 加载待传送数据
   end
   else                                                     //da_clk 下降沿
   begin
      cnt_da_clk <=cnt_da_clk +1'b1;
      data_reg <={data_reg[10:0] ,1'b0};                    // 移位，确保待发送数据为最高位
   end
end

always@(c_state or n_state)
begin
   case(c_state)
      st0:                                                  // 初始状态
      begin
         da_load_r <= 1'b1;
         da_clk_r <= 1'b0;
         n_state<=st1;
      end
      st1:
      begin
```

```
            da_load_r <= 1'b0;
            da_clk_r <= 1'b0;
            if (cnt_load >3'b101)                        //tw(LOAD) 的宽度满足要求
                 n_state<=st2;
            else
                 n_state<=st1;
            end
            st2:
            begin
                da_load_r <= 1'b1;
                da_clk_r <= 1'b0;
                if (cnt_da_clk >=4'b1011)                //已传送 11 位数据
                    n_state<=st0;
                else
                   n_state<=st3;
            end
            st3:
            begin
                da_load_r <= 1'b1;
                da_clk_r <= 1'b1;                        //da_clk 上升沿
                n_state<=st2;                            //跳转 st2，da_clk 出现下降沿
            end
            default:n_state<=st0;
    endcase
end
endmodule
```

实验 18　LED 16×16 点阵显示电路

一、实验目的

1）了解 LED 16×16 点阵显示硬件电路。

2）掌握状态机设计。

3）掌握串行数据传输的设计思路。

二、实验原理

我们在一些公共场所，经常看到一些点阵显示的屏幕，点阵显示屏由若干个半导体发光二极管像素点均匀排列组成。点阵显示就是把待显示的字符或图像等面积地分成若干个点阵单元（像素），有图像的单元点亮相应的二极管，无图像区域对应的二极管处于灭状态，整体组合成一幅完整的图像，对于字符也是按照图像进行处理的。对于一个字符，例如一个汉字，把它分为多少个单元，决定了其显示时的平滑程度。一般来说，在 16×16 的点阵 LED 上可以比较清晰地显示一个不太复杂的汉字。

实验箱上有一个 16×16 的点阵 LED，其硬件内部电路如实验图 18-1 所示。

实验箱电路中采用 SPI 接口的方式对 LED 点阵进行操作，LATTICE_SI 对应 SPI 的 MOSI，LATTICE_STR 对应 SPI 的 nCS，LATTICE_SCK 对应 SPI 的 SCK。4 个 74HC595 级联构成一个 32 位串入并出的移位寄存器。当 STR 低电平时，32 位数据在 32 个 SCK 时钟上升沿由 SI 串行输入并移位寄存，当 STR 由低电平变为高电平时（上升沿），32 位数据并行输出。在主板上数据输出 LDA~LDP 对应 16 行，而 LED1 ~ LED16 对应列，最先移入的数据被当做 16 列（LED16），最后移入的数据被当做第 1 行（LDA）。

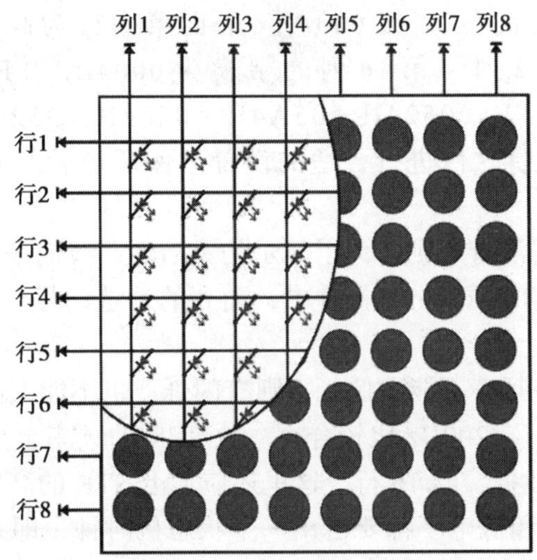

实验图 18-1　点阵 LED 内容结构图

在这里我们需要明确的是以下几点。

1）一屏图像可以逐行扫描显示，也可以逐列扫描显示，本实验采取逐列扫描显示，即把显示整屏的时间分为 16 个时间段，第 n 个时间段显示第 n 列，点亮该列相应的 LED 单元。

2）若扫描显示某列，需要片选该列的列单元（低电平），例如，为了显示第 1 列，需要把列 1 的电平置为低电平，其他列电平为高电平。如果该列某一行对应的单元亮，则该行对应的电平为高电平，不亮的单元对应的行电平为低电平。

3）不论显示哪一列，对于 16 × 16 的点阵来说，都要在 STR 低电平时通过 SI 线串行送出 32 位数据，先送某一列上由上至下的 16 个点的数据（即行电平），然后再送由左至右该列对应的片选数据（列电平）。发送完毕该 32 位数据后，把 STR 信号拉高以锁存且并行输出该 32 位数据，点亮相应的 LED。

4）这和扫描显示电路类似，也有片选，也有译码，只不过此处的“译码”是不规则的，是对字符的译码。这里的数据传输使用了一根 SI 线，通过 SCK 模拟的时钟信号，一个 CLK 发送一位数据，发送完毕后，通过 STR 信号锁存输出。

5）把一个汉字分为 16 × 16 个点阵区域后，可以得到每个区域的“有无”状态信息，如果手动划分太麻烦，可利用已有的字模软件。使用时需要注意要采用 16 × 16 的点阵取模，且要按列取模。如实验图 18-2 所示，“南”最左面的一列取模后应为

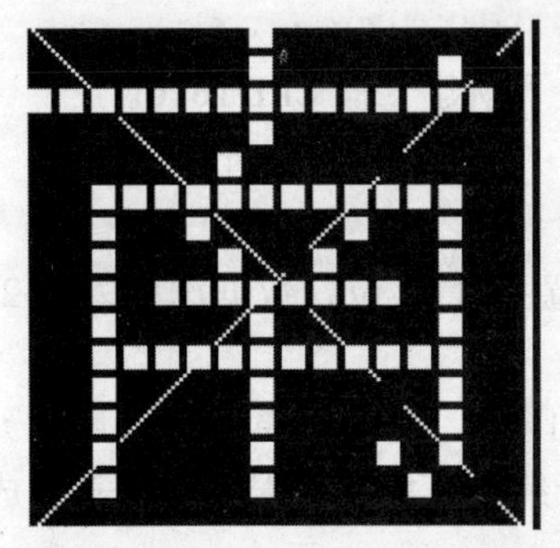

实验图 18-2　汉字“南”的字模图片

2000H（上面第一行为高位），或 0004H（下面第一行为高位），我们以“下面行为高位”操作，则第 2 列 ~ 第 16 列的字模为 0004H，7FE4H，0424H，0524H，0564H，05B4H，7F2FH，0524H，05A4H，0564H，2524H，4424H，3FE6H，0004H，0000H。对字模软件进行合适的设置，保证最后的取模结果要和设计的思路一致。

6）因为字模的数据没有规则，为了显示的灵活性，我们采用 ROM 进行数据读取，把字模数据按列保存在 16 位的 mif 文件中，而列的片选信号仍采用类似扫描显示电路的方法。

7）我们扫描一屏的频率不能太低，否则有闪烁；也不能太高，否则 LED 发光效果不好。所以频率选择 50 ~ 200Hz 比较合适。故 SCK 的频率至少是该频率的 32 × 16 倍（扫描每列需要送 32 位数据，共 16 行，这里还应加上 STR 的高电平锁存输出时间），采用状态机，SCK 高电平和低电平都要占用一个状态机时钟，即 SCK 本身相当于一个二分频。实验中状态机的频率要大于 50kHz，我们采用 60kHz。

注意：实验例程上 LED 16 × 16 模块通过对 48MHz 的系统时钟产生了 60kHz 的频率，而滚动效果采用了 4 行 / 秒的滚动速度。该 4Hz 的信号也是由 48MHz 的系统时钟分频产生的。这里产生了“冗余”，应该是 48MHz 分频到 60kHz，给 LED1616 的状态机时钟，同时对 60kHz 再分频得到 4Hz 的时钟信号。

8）每一个 STR 对应刷新显示屏幕一次，该信号可以当做 16 列片选的计数器 CNT4b 的时钟信号；CNT4b 的计数值作为片选译码的 16 种状态编号，同时也作为 ROM 的地址信号（只是静态显示一屏的时候），假如计数器值为 0 时，片选第一列，那么 ROM 的地址 ADDR 为 0，ROM 的数据输出 q 为第一列对应的 LED 单元数据。同时，在状态机程序中，也利用 STR 对 ROM 的输出数据和片选信号进行锁存。

9）对于滚动字幕效果，在 ROM 中数据足够的情况下，只需要把 ROM 的地址加上一个偏移量即可，即在扫描显示片选第一列的时候，ROM 输出第 2 列对应的数据（偏移量为 1），以此类推，就实现了字幕向左滚动了 1 列，这个偏移量自动增大，则会实现连续滚动。

10）ROM 中的数据是 280 个，MAX280 模块对输入进行求余数运算，是为了实现完全循环显示，下载时比较有无该模块对结果的影响。

其最终原理图如实验图 18-3 所示。

三、实验步骤

1）新建工程。

新建文件夹，在该文件夹下新建工程 LED1616。

2）编写底层 HDL 文件，并生成相应的 symbol。

3）编写 MIF 文件。

这里的 MIF 文件的数据宽度为 16 位，数据深度为 512，如实验图 18-4 所示。

4）编写顶层原理图文件。

编写顶层原理图文件 led1616，把各个模块封装后的元件符号添加到该原理图文件中，并设定为顶层文件，进行编译，如有错误，纠正直至成功为止。

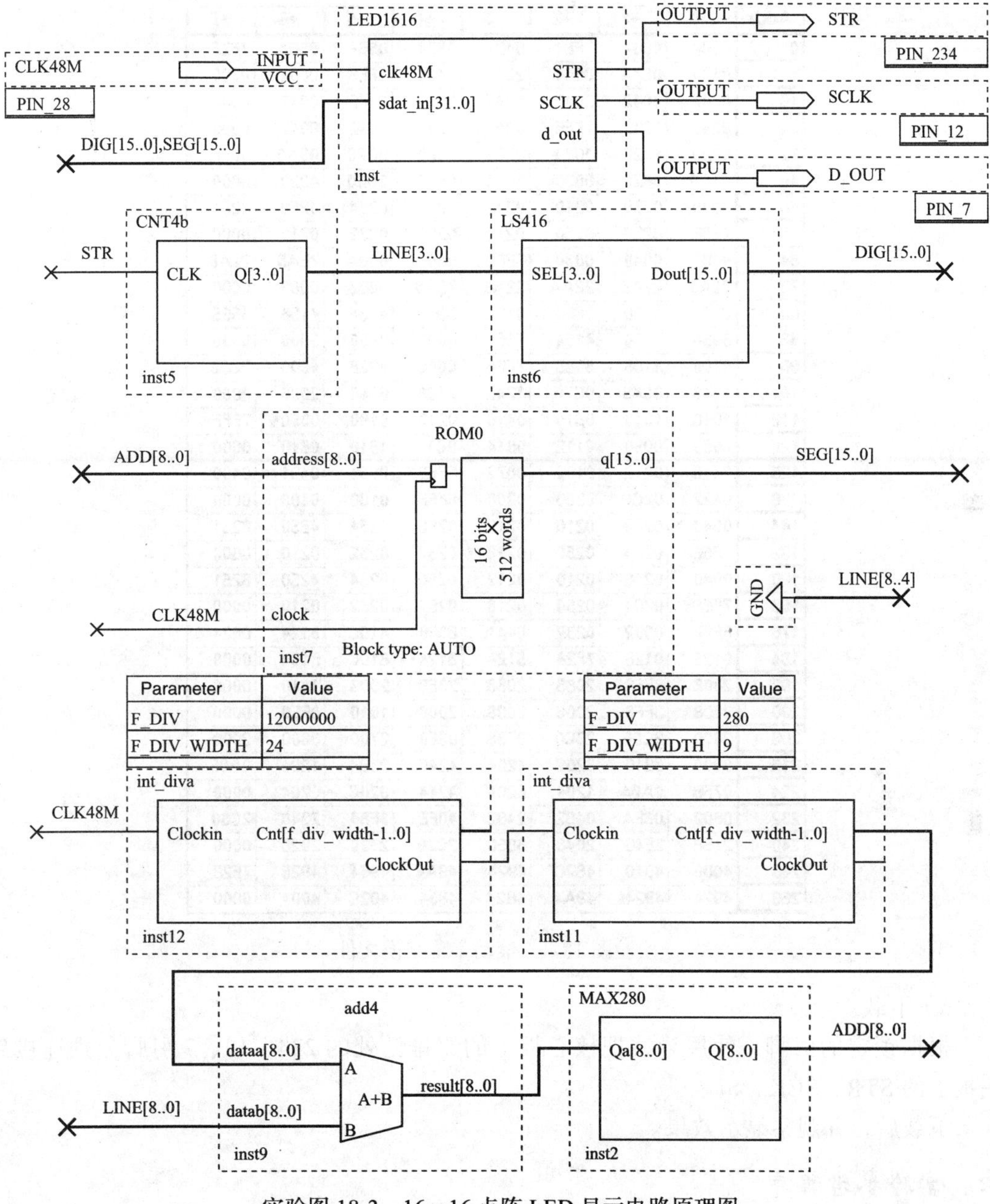

实验图 18-3　16×16 点阵 LED 显示电路原理图

5）锁定引脚。

根据实验表 18-1 进行引脚锁定，并重新进行编译，把引脚信息编译到下载文件中。

实验表18-1　点阵显示电路引脚锁定表

名　称	Pin#	名　称	Pin#
STR	PIN_234	D_OUT	PIN_7
SCLK	PIN_12	clk48M	PIN_28

Addr	+0	+1	+2	+3	+4	+5	+6	+7
0	0004	0004	7FE4	0424	0524	0564	05B4	7F2F
8	0524	05A4	0564	2524	4424	3FE6	0004	0000
16	0040	4042	2042	1042	0C42	03FE	0042	0042
24	0042	0042	7FFE	0042	0042	0042	0042	0000
32	0020	8020	4020	2020	1020	0C20	03A0	007F
40	01A0	0620	0820	3020	6020	C020	4020	0000
48	0040	0230	0210	0212	025C	0254	4250	8251
56	7F5E	02D4	0250	0218	0257	0232	0210	0000
64	0080	0040	0030	7FFC	0007	000A	7EA8	22A8
72	22A9	22AE	22AA	22A8	7EA8	0008	0008	0000
80	0000	2000	3800	01FC	3D54	4154	4156	4555
88	5954	4154	4154	71FC	0000	0800	3000	0000
96	0108	4108	8088	7FFF	0048	4028	4000	20C8
104	1348	0C48	0C7F	1248	21C8	6048	2008	0000
112	1010	1010	0810	0410	0210	0190	0050	7FFF
120	0050	0090	0112	0614	0C10	1810	0810	0000
128	0410	0212	0192	0072	FFFE	0051	0491	0400
136	0422	02CC	0200	0200	FFFF	0100	0100	0000
144	0040	0230	0210	0212	025C	0254	4250	8251
152	7F5E	02D4	0250	0218	0257	0232	0210	0000
160	0040	0230	0210	0212	025C	0254	4250	8251
168	7F5E	02D4	0250	0218	0257	0232	0210	0000
176	FFFE	0002	0232	044A	8386	410C	3124	0F24
184	0125	0126	7F24	8124	8124	810C	F104	0000
192	2008	3FF8	2088	2088	23E8	2008	1810	0000
200	2008	3FF8	2008	2008	2008	1010	0FE0	0000
208	2000	3C00	23C0	0238	02E0	2700	3800	2000
216	0000	8210	820C	4204	424C	23B4	1294	0A05
224	07F6	0A04	1204	E204	4214	020C	0204	0000
232	0802	08FA	0482	2482	40FE	3F80	2240	2C60
240	2158	2E46	2048	3050	2C20	2320	2020	0000
248	4000	4010	482C	4924	49A4	4964	4925	7F26
256	4924	4924	49A4	4B24	4834	402C	4004	0000

实验图 18-4　滚动字幕字模文件

6）下载。

根据锁定的引脚，使用导线把核心板上的双排针处的 234、12、7 引脚分别连接到底板上的 STR、SCK、SI。

下载后，并观察显示效果。

四、实验参考程序

程序清单：LED1616.VHD

```
LIBRARY IEEE;
USE IEEE.STD_LOGIC_1164.ALL;
USE IEEE.STD_LOGIC_Arith.ALL;
USE IEEE.STD_LOGIC_Unsigned.ALL;
ENTITY LED1616 IS
PORT(
clk48M:    IN      STD_LOGIC;                                   --系统时钟
sdat_in:   IN      STD_LOGIC_VECTOR(31 downto 0);
STR:       OUT STD_LOGIC;
SCLK:      OUT STD_LOGIC;
d_out:     OUT STD_LOGIC );
END;
```

```
ARCHITECTURE one OF LED1616 IS
SIGNAL clk_count: integer range 0 to 400;
SIGNAL cnt32: STD_LOGIC_VECTOR(5 downto 0);
SIGNAL clk60K,STR_R,SCLK_R,d_out_R: STD_LOGIC;
SIGNAL data_shift: STD_LOGIC_VECTOR(31 downto 0);

TYPE states IS(st0,st1,st2,st3);
SIGNAL c_state,n_state:states;
BEGIN
   STR <=STR_R;
   SCLK <=SCLK_R;
   d_out <=d_out_R;
   d_out_R <=data_shift(31);              --把最高位连接到 LED 电路的数据输入端

PROCESS (clk48M)
BEGIN
   IF RISING_EDGE(clk48M) THEN
       IF clk_count =399 THEN
           clk_count<=0;
           clk60K<=not clk60K;            --T 触发器，800 次分频 60kHz
       ELSE
           clk_count<=clk_count+1;
       END IF;
   END IF;
END PROCESS;

PROCESS (clk60K)
BEGIN
   IF RISING_EDGE(clk60K) THEN
        c_state<=n_state;                 -- 主控时序进程
   END IF;
END PROCESS;

PROCESS (c_state)
BEGIN
   CASE c_state   IS
       WHEN st0=>
           n_state<=st1;
           STR_R <='1';
           SCLK_R <='0';

       WHEN st1=>
           n_state<=st2;
           STR_R <='0';                   --STR 低电平，SCLK 有效
           SCLK_R <='0';                  --SCLK 低电平
       WHEN st2=>
           n_state<=st3;
           STR_R <='0';                   --STR 低电平，SCLK 有效
           SCLK_R <='1';                  --SCLK 高电平，产生上升沿，移位寄存
       WHEN st3=>                         -- 本状态可以合并到 st1 中，更加简练
          if (cnt32 >= "100000") then
              n_state<=st0;               -- 已发送 32 个数据，完成一列
          else
              n_state<=st2;
           end if;
           STR_R <='0';
           SCLK_R <='0';

       WHEN OTHERS=>
```

```
            n_state<=st0;
    END CASE;
END PROCESS;

PROCESS (SCLK_R)
BEGIN
    if (STR_R = '1') then
            data_shift <=sdat_in;                   -- 加载需要发送的数据
            cnt32 <="000000";                       -- 已发送数据的个数复位
    elsIF FAllING_EDGE(SCLK_R) THEN                 --SCLK 下降沿
            data_shift(31 downto 0)<=data_shift(30 downto 0) & '0';
                        -- 待发送数移位，确保最高位为待发送的串行数据
            cnt32 <= cnt32 + '1';                   -- 记录本次发送的数据个数
END PROCESS;

END;
```

程序清单：LED1616.V

```
module led1616(clk48m,sdat_in,str,sclk,d_out);
input clk48m;
input [31:0] sdat_in;
output str,sclk,d_out;

reg [8:0] clk_count;
reg [5:0] cnt32;
reg clk60k,str,sclk;
reg [31:0] data_shift;

reg [3:0] c_state,n_state;
parameter st0=4'b0001,st1=4'b0010,st2=4'b0100,st3=4'b1000;
wire d_out;

always@(posedge clk48m)
begin
    if(clk_count==9'd399)
    begin
        clk_count<=1'b0;
        clk60k<=~clk60k;                    //T 触发器，800 次分频 60kHz
    end
    else
       clk_count<=clk_count+1'b1;
end

always@(posedge clk60k)
begin
     c_state<=n_state;
end

always@(c_state)
begin
     case(c_state)
          st0:
          begin
              n_state<=st1;
              str<=1'b1;
              sclk<=1'b0;
          end
          st1:
          begin
```

```
            n_state<=st2;
            str<=1'b0;                    //STR 低电平，SCLK 有效
            sclk<=1'b0;                   //SCLK 低电平
          end
          st2:
          begin
              n_state<=st3;
              str<=1'b0;                  //STR 低电平，SCLK 有效
              sclk<=1'b1;                 //SCLK 高电平，产生上升沿，移位寄存
          end
          st3:                            // 本状态可以合并到 st1 中，更加简练
          begin
              if(cnt32>=6'b100000)        // 已发送 32 个数据，完成一列
                  n_state<=st0;
              else
                  n_state<=st2;
              str<=1'b0;
              sclk<=1'b0;
          end
          default:n_state<=st0;
    endcase
end
assign d_out=data_shift[31];

always@(negedge sclk or posedge str)
begin
     if(str)
     begin
         data_shift <=sdat_in;                -- 加载需要发送的数据
         cnt32 <=6'b000000;                   -- 已发送数据的个数复位
    end
    else
    begin
         data_shift[31:0]<={data_shift[30:0],1'b0};
                                              -- 待发送数移位，确保最高位为待发送的串行数据
         cnt32 <= cnt32 + 1'b1;               -- 记录本次发送的数据个数
    end
end
endmodule
```

程序清单：LS416.VHD

```
LIBRARY IEEE;
USE IEEE.STD_LOGIC_1164.ALL;
USE IEEE.STD_LOGIC_UNSIGNED.ALL;
USE IEEE.STD_LOGIC_ARITH.ALL;
ENTITY LS416 IS
  PORT(SEL:IN STD_LOGIC_VECTOR(3 DOWNTO 0);
       Dout:OUT STD_LOGIC_VECTOR(15 DOWNTO 0));
END LS416;
ARCHITECTURE BHV OF LS416 IS
BEGIN
 PROCESS(SEL)
  BEGIN
   CASE SEL IS
    WHEN "0000" =>Dout<="1111111111111110";
    WHEN "0001" =>Dout<="1111111111111101";
    WHEN "0010" =>Dout<="1111111111111011";
    WHEN "0011" =>Dout<="1111111111110111";
    WHEN "0100" =>Dout<="1111111111101111";
```

```
    WHEN "0101" =>Dout<="1111111111011111";
    WHEN "0110" =>Dout<="1111111110111111";
    WHEN "0111" =>Dout<="1111111101111111";
    WHEN "1000" =>Dout<="1111111011111111";
    WHEN "1001" =>Dout<="1111110111111111";
    WHEN "1010" =>Dout<="1111101111111111";
    WHEN "1011" =>Dout<="1111011111111111";
    WHEN "1100" =>Dout<="1110111111111111";
    WHEN "1101" =>Dout<="1101111111111111";
    WHEN "1110" =>Dout<="1011111111111111";
    WHEN "1111" =>Dout<="0111111111111111";

    WHEN OTHERS => NULL;
   END CASE;
  END PROCESS;
 END BHV;
```

程序清单：ls416.V

```
module ls416(sel,dout);
input [3:0] sel;
output[15:0] dout;

reg[15:0] dout;

always@(sel)
begin
    case(sel)
         4'b0000:dout<=16'b1111111111111110;
         4'b0001:dout<=16'b1111111111111101;
         4'b0010:dout<=16'b1111111111111011;
         4'b0011:dout<=16'b1111111111110111;
         4'b0100:dout<=16'b1111111111101111;
         4'b0101:dout<=16'b1111111111011111;
         4'b0110:dout<=16'b1111111110111111;
         4'b0111:dout<=16'b1111111101111111;
         4'b1000:dout<=16'b1111111011111111;
         4'b1001:dout<=16'b1111110111111111;
         4'b1010:dout<=16'b1111101111111111;
         4'b1011:dout<=16'b1111011111111111;
         4'b1100:dout<=16'b1110111111111111;
         4'b1101:dout<=16'b1101111111111111;
         4'b1110:dout<=16'b1011111111111111;
         4'b1111:dout<=16'b0111111111111111;
         default:begin end
   endcase
end
endmodule
```

程序清单：MAX280.VHD

```
LIBRARY IEEE;
USE IEEE.STD_LOGIC_1164.ALL;
USE IEEE.STD_LOGIC_UNSIGNED.ALL;
USE IEEE.STD_LOGIC_ARITH.ALL;
ENTITY MAX280 IS
PORT ( Qa : IN STD_LOGIC_VECTOR(8 DOWNTO 0);
       Q  : OUT STD_LOGIC_VECTOR(8 DOWNTO 0));
END MAX280;
ARCHITECTURE BEH OF MAX280 IS
   SIGNAL Q1 : STD_LOGIC_VECTOR(3 DOWNTO 0);
```

```
BEGIN
    PROCESS (Qa)
    BEGIN
        IF(Qa>=280) then
            Q <= Qa-280;
        else
            Q <=Qa;
        END IF;
    END PROCESS;
END BEH;
```

程序清单：MAX280.V

```
module max280(qa,q);
input [8:0] qa;
output [8:0] q;

reg[8:0] q;

always@(qa)
begin
    if(qa>=9'd280)
        q<=qa-9'd280;
    else
        q<=qa;
end

endmodule
```

实验 19 VGA 显示器彩条方格显示电路设计

一、实验目的

1）了解加色法三原色显示机理。

2）掌握 VGA 显示器工作原理。

3）掌握 VGA 显示器彩条和方格显示设计。

二、实验原理

人的眼睛是根据所看见光的波长来识别颜色的。可见光谱中的大部分颜色可以由三种基本色光按不同的比例混合而成，这三种基本色光的颜色就是红（Red）、绿（Green）、蓝（Blue）三原色光。若这三种光以相同的比例混合且达到一定的强度，就呈现白色（白光）；若三种光的强度均为零，就是黑色（黑暗）。这就是加色法原理，加色法原理被广泛应用于电视机、监视器等主动发光的产品中。

在计算机显示器中，所谓的 24 位真彩色，就是 RGB 分别使用一个字节（即 8 位二进制数）表示，这样，显示器就可以显示 256^3 种颜色，尽管没有显示自然界的全部颜色，但对于图像显示足够了。RGB 的值为（0，0，0）显示为黑色，（255，0，0）显示为红色，（0，255，0）显示为绿色，（0，0，255）显示为蓝色，（0，255，255）显示为品青色，（255，0，255）显示为洋红，（255，255，0）显示为黄色，（255，255，255）显示为白色。品青和红色、洋红和绿色、黄色和蓝色分别为互补色。

计算机显示器 RGB 信号输入端输入的是 0 ~ 5V 的模拟信号，如果显示为真彩色，需要 3 个高速的 8 位 DA，把数字信号转化为模拟信号。我们这里只输出 GND 或 VCC，对应数字信号的 0 和 255。

计算机显示器的显示器采用逐行扫描显示，扫描从屏幕的左上方开始，从左到右、从上到下进行扫描，每扫描显示完一行，用行同步信号进行行同步，回到下一行的起点再进行扫描显示；扫描完所有行，即显示了整个屏幕后，用场同步信号进行场同步，并使扫描回到屏幕的左上方，同时进行场消隐，预备下一场的扫描。

整个显示，显示器需要接收 RGB 三个模拟信号、行同步、场同步信号。这里没有时钟信号，需要显示器和“显卡”精确的时钟匹配。对应 640×480×60Hz 的模式，工业标准所要求的时钟频率为 25.175MHz，行周期 Ts 为 800 个时钟，场周期 Ts 为 525 个行周期。我们无法得到 25.175 的时钟频率，在设计中采用 25MHz 的频率驱动行计数器。

需要强调的是：行同步和场同步信号都是负极性，即同步头脉冲要求是负脉冲。设计时需要注意两个问题：一个是时序驱动，这是完成设计的关键，时序稍有偏差，显示必然不正常，甚至会损坏显示器；另一个是 VGA 信号的电平驱动，它是模拟信号。

VGA 行扫描、场扫描时序示意图如实验图 19-1 所示。

实验表 19-1 和实验表 19-2 是 VGA 行扫描、场扫描时序要求。

实验表19-1　行扫描时序要求

（单位：像素，即输出一个像素的时间间隔）

		行同步头			行图像		行周期
对应位置	Tf	Ta	Tb	Tc	Td	Te	Tg
时间（像素）	8	96	40	8	640	8	800

实验表19-2　场扫描时序要求

（单位：行，即输出一行的时间间隔）

		场同步头			场图像		场周期
对应位置	Tf	Ta	Tb	Tc	Td	Te	Tg
时间（行）	2	2	25	8	480	8	525

说明：实验表 19-1 和实验表 19-2 的时序是针对 640×480×60Hz 的显示分辨率而言；对不同的分辨率，时序参数不同，且始终频率也不同。

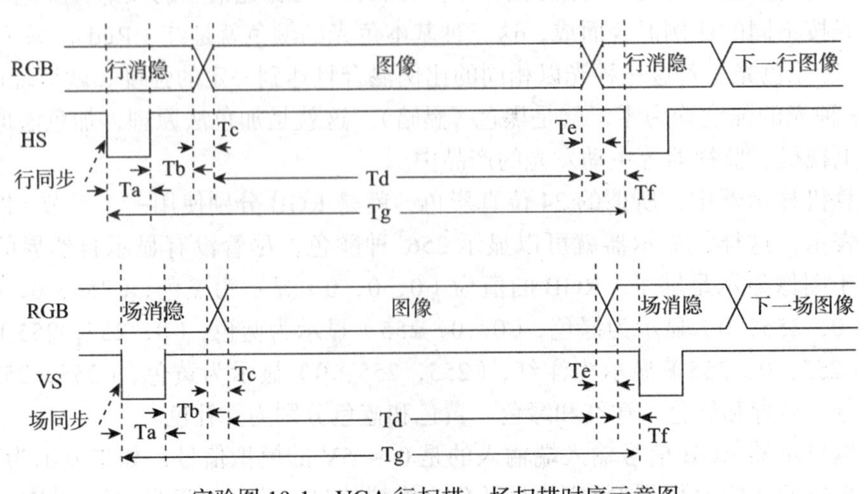

实验图 19-1　VGA 行扫描、场扫描时序示意图

因涉及的相关知识比较多，简介如下。

每行 800 个时钟脉冲，驱动行计数器 hcnt，前 640 个时钟频率分别对应某行的 640 个点，不同的时间输出相应点的颜色值，使之显示相应的颜色；在第 640 ~ 800 个时钟频率 RGB 均输出低电平；在行计数器值为 648 时，场计数器 vcnt 加 1 或清零（扫描完一屏）；行计数器值为 656 ~ 752 时，行同步信号 HS 为低电平（低电平有效），其他时刻为高电平；场计数器 vcnt 值为 490 ~ 492 时，场同步信号 VS 为低电平（低电平有效），其他时刻为高电平。尽管这里的思路中，行同步头和场同步头在行图像和场图像的“后面”，但因为整个扫描显示过程是循环的，每个周期中相对的时间位置是正确的，显示就是正常的。

实验箱上的电路采用了电阻网络的方法产生 VGA 所需的不同电压信号，输入端共有 8 个信号线，因此能产生 256 种不同的颜色，这里把红色的 3 个线输出相同的 R 信号电平，其他相同。

我们根据行计数器 hcnt 的值产生 8 个竖彩条，宽度为 80 个像素；根据场计数器 vcnt 的值产生 8 个横彩条，宽度为 60 个像素。分别通过异或和同或产生棋盘方格状颜色。

三、实验步骤

1）新建工程，新建文件夹，在该文件夹下新建工程 VGA_line。

2）编写底层 HDL 文件，并生成相应的 symbol。

3）使用宏功能元器件生成 PLL 锁相环模块。

本设计需要得到 25MHz 的时钟信号，而实验箱的时钟频率为 48MHz，普通的分频无法得到 25MHz 的频率，故需要使用宏功能元件 ALTPLL。1C6 和 1C12 器件均包含两个 PLL，每个 ALTPLL 可以产生多种频率，我们只需要使用一种频率，故只使用“c0”，在定制 ALTPLL 元件时，需要按实验图 19-2 的示意进行设置。

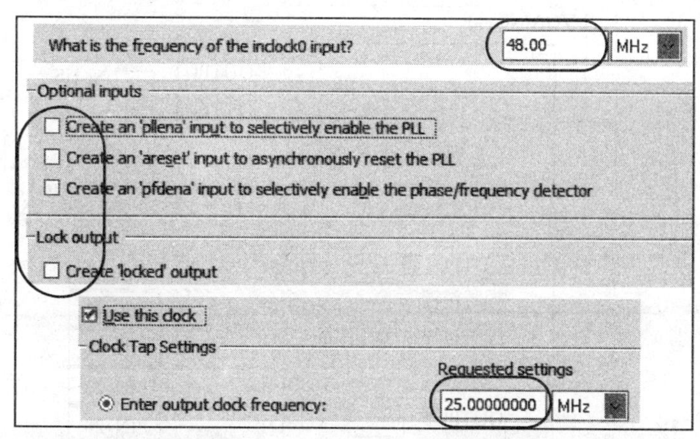

实验图 19-2 ALTPLL 设置示意图

4）完成顶层文件，并进行编译。

5）锁定引脚，重新编译。

根据实验表 19-3 进行引脚锁定，最后完成的顶层文件如实验图 19-3 所示。其中，网标“R, G, B”分别对应 RGBOUT[2..0] 的 3 个引脚。

实验表19-3 VGA显示器彩条方格显示引脚锁定表

名　称	Pin#	名　称	Pin#
VS	PIN_15	RGB[2]	PIN_18
RGB[7]	PIN_45	RGB[1]	PIN_16
RGB[6]	PIN_43	RGB[0]	PIN_14
RGB[5]	PIN_41	HS	PIN_17
RGB[4]	PIN_23	CLK48M	PIN_28
RGB[3]	PIN_20	KEYA	PIN_124

6）连接显示器，进行下载。

实验箱上的VGA接口的连线没有连通，需要使用导线把锁定的引脚（核心板PACK模块的插针）按顺序连接到VGA_COM的相应插针上。

进行下载，按KEYA对应的按键，观察效果。

注意：例程里没有对按键进行消抖处理。

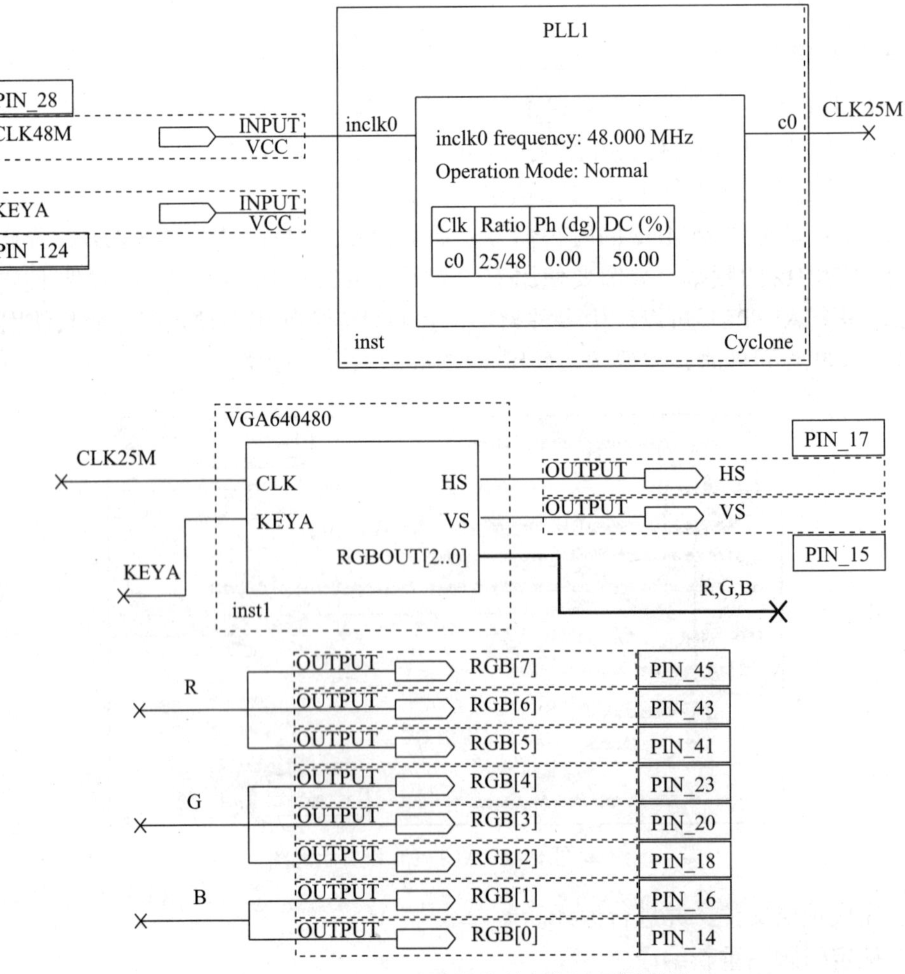

实验图19-3 VGA显示器彩条方格显示原理图

四、实验参考程序

程序清单：VGA640480.VHD

```
LIBRARY IEEE;
USE IEEE.STD_LOGIC_1164.ALL;
USE IEEE.STD_LOGIC_UNSIGNED.ALL;
ENTITY VGA640480 IS
PORT(  CLK,KEYA: IN STD_LOGIC;
       HS,VS: OUT STD_LOGIC;
       RGBOUT: OUT STD_LOGIC_VECTOR(2 DOWNTO 0)
   );
END VGA640480;

ARCHITECTURE BEH OF VGA640480 IS
SIGNAL HCNT,VCNT :STD_LOGIC_VECTOR(9 DOWNTO 0);
SIGNAL RGBX,RGBY, RGBXY:STD_LOGIC_VECTOR(2 DOWNTO 0);
SIGNAL MMD:STD_LOGIC_VECTOR(1 DOWNTO 0);
BEGIN

PROCESS(CLK)
BEGIN
   IF RISING_EDGE(CLK) THEN
       IF (HCNT = 799 ) THEN
          HCNT<=(OTHERS => '0');
       ELSE
          HCNT <= HCNT +1;
       END IF;
   END IF;
END PROCESS;

PROCESS(CLK)
BEGIN
   IF RISING_EDGE(CLK) THEN
       IF (HCNT = 639+8 ) THEN
           IF (VCNT = 524) THEN
               VCNT<=(OTHERS => '0');
           ELSE
               VCNT <= VCNT +1;
           END IF;
          END IF;
   END IF;
END PROCESS;

PROCESS(CLK)
BEGIN
   IF RISING_EDGE(CLK) THEN
       IF ((HCNT >= 639+8+8) AND (HCNT < 639+8+8+96 ))THEN
           HS <= '0';
       ELSE
           HS <= '1';
       END IF;
   END IF;
END PROCESS;
PROCESS(VCNT)
BEGIN
   IF ((VCNT >= 480+8+2) AND (VCNT <480+8+2+2)) THEN
       VS <= '0';
   ELSE
       VS <= '1';
```

```
   END IF;
END PROCESS;

PROCESS(CLK)
BEGIN
   IF RISING_EDGE(CLK) THEN
        IF (HCNT<80) THEN
            RGBX <= "111";                  --White
        ELSIF (HCNT<160) THEN
            RGBX <= "110";                  --Yellow
        ELSIF (HCNT<240) THEN
            RGBX <= "101";                  --Magenta
        ELSIF (HCNT<320) THEN
            RGBX <= "100";                  --Red
        ELSIF (HCNT<400) THEN
            RGBX <= "011";                  --Cyan
        ELSIF (HCNT<480) THEN
            RGBX <= "010";                  --Green
        ELSIF (HCNT<560) THEN
            RGBX <= "001";                  --Blue
        ELSE
            RGBX <= "000";                  --Black
        END IF;

        IF (VCNT<60) THEN
            RGBX <= "111";                  --White
        ELSIF (VCNT<120) THEN
            RGBX <= "110";                  --Yellow
        ELSIF (VCNT<180) THEN
            RGBX <= "101";                  --Magenta
        ELSIF (VCNT<240) THEN
            RGBX <= "100";                  --Red
        ELSIF (VCNT<300) THEN
            RGBX <= "011";                  --Cyan
        ELSIF (VCNT<360) THEN
            RGBX <= "010";                  --Green
        ELSIF (VCNT<420) THEN
            RGBX <= "001";                  --Blue
        ELSE
            RGBX <= "000";                  --Black
        END IF;

   END IF;
END PROCESS;

PROCESS(KEYA)
BEGIN
   IF FALLING_EDGE(KEYA) THEN
        MMD <= MMD +1;
   END IF;
END PROCESS;

PROCESS(MMD)
BEGIN
   CASE MMD IS
   WHEN "00"=> RGBXY <= RGBX;
   WHEN "01"=> RGBXY <= RGBY;
   WHEN "10"=> RGBXY <= RGBX XOR RGBY;  -- 异或
   WHEN "11"=> RGBXY <= RGBX XNOR RGBY; -- 同或
   WHEN OTHERS => NULL;
```

```
    END CASE;
END PROCESS;

PROCESS(HCNT,VCNT)
BEGIN
    IF ((HCNT<640) AND (VCNT<525)) THEN
         RGBOUT <= RGBXY;
    ELSE
         RGBOUT <= "000";           -- 消隐
    END IF;
END PROCESS;


END BEH;
```

程序清单：vga640480.v

```
module vga640480(clk,keya,hs,vs,rgbout);
input clk,keya;
output hs,vs;
output [2:0] rgbout;

reg [9:0] hcnt,vcnt;
reg [2:0] rgbx,rgby,rgbxy;
reg [1:0] mmd;
reg hs,vs;
reg [2:0] rgbout;

always@(posedge clk)
begin
    if(hcnt==10'd799)
       hcnt<=10'd0;
    else
       hcnt<=hcnt+1'b1;
end

always@(posedge clk)
begin
    if(hcnt==10'd639+10'd8)
    begin
        if(vcnt==10'd524)
           vcnt<=10'd0;
        else
           vcnt<=vcnt+1'b1;
   end
end

always@(posedge clk)
begin
    if((hcnt>=10'd639+10'd8+10'd8)&&(hcnt<10'd639+10'd8+10'd8+10'd96))
       hs<=1'b0;
    else
       hs<=1'b1;
end

always@(vcnt)
begin
    if((vcnt>=10'd480+10'd8+10'd2)&&(vcnt<10'd480+10'd8+10'd2+10'd2))
        vs<=1'b0;
    else
```

```
        vs<=1'b1;
end

always@(posedge clk)
begin
    if(hcnt<10'd80)
        rgbx<=3'b111;
    else if(hcnt<10'd160)
        rgbx<=3'b110;
    else if(hcnt<10'd240)
        rgbx<=3'b101;
    else if(hcnt<10'd320)
        rgbx<=3'b100;
    else if(hcnt<10'd400)
        rgbx<=3'b011;
    else if(hcnt<10'd480)
        rgbx<=3'b010;
    else if(hcnt<10'd560)
        rgbx<=3'b001;
    else
        rgbx<=3'b000;

    if(vcnt<10'd60)
        rgby<=3'b111;
    else if(vcnt<10'd120)
        rgby<=3'b110;
    else if(vcnt<10'd180)
        rgby<=3'b101;
    else if(vcnt<10'd240)
        rgby<=3'b100;
    else if(vcnt<10'd300)
        rgby<=3'b011;
    else if(vcnt<10'd360)
        rgby<=3'b010;
    else if(vcnt<10'd420)
        rgby<=3'b001;
    else
        rgby<=3'b000;
end

always@(negedge keya)
begin
    mmd<=mmd+1'b1;
end

always@(mmd)
begin
    case(mmd)
        2'b00:rgbxy <=rgbx;
        2'b01: rgbxy <=rgby;
        2'b10: rgbxy <=rgbx ^ rgby;
        2'b11: rgbxy <=rgbx ^~ rgby;
        default:begin end
   endcase
end

always@(hcnt or vcnt)
begin
    if((hcnt<10'd640) && (vcnt<10d'480))
        rgbout <= rgbxy;
    else
```

```
        rgbout <= 3'b000;
end

endmodule
```

实验 20　VGA 显示器图像静态显示电路设计

一、实验目的

1）掌握 VGA 显示器图像显示设计。

2）学会灵活运用 ROM 方法。

二、实验原理

一般来说，图像的信息量比较大，对于 640×480 像素的显示器，显示一个 24 位真彩色的整屏图像需要 640×480×24 位数据，即使显示 3 位颜色的整屏的图像也需要 640×480×3 = 900Kbit 的数据，这么大的信息量无法保存在 FPGA 中。

我们使用的 FPGA 器件，有 234Kbit 的 ROM，且实验箱上的 VGA 电路采用了电阻网络的方法，可以显示 8 位 256 色的图像，故 ROM 中可以最大保存 256 × 128 个像素的 8 位颜色值，但是对于一幅真彩色的图像，需要对图像的每个点的颜色值进行色调分离处理。对于红色和绿色通道，分别占用了 3 位的数据，故需要进行 8 级的色调分离处理。对于一幅无压缩的图像，需要编写一个程序把它转化为我们可以使用的数据。

为了简便起见，把 128×64 像素的图像的信息保存在 ROM 中，每个像素点的颜色值保存为一个 8 位数据，其保存顺序为先保存第一行从左到右的 128 个像素颜色数据，然后保存下一行的数据，其地址线共有 13 位。如果采用平铺的方法进行整屏显示，那么在显示器的水平方向，可以循环显示 5 次，行计数器 HCNT 的低 7 位就是 ROM 地址的低 7 位。在地址线高 6 位不变的情况下（假设均为 0），HCNT 的值在为 0 ~ 127 时，该图片的第一行依次显示出来，当 HCNT 变为 128 时，其低 7 位变为“0000000”，又变为 0，继续重复读取第一个 ROM 的数据值，这样实现了重复显示。而场计数器 VCNT 的低 6 位就是 ROM 地址的高 6 位。需要注意的是，采用这种方法比较方便，灵活应用了数字电路中计数器的周期性，而这种自动的周期性建立在 $2N$ 进制计数器的基础上，否则没有这种周期性，所以在设计时，为了方便起见，尽量使用 $2N$ 进制计数器。

故我们只须在彩条显示的基础上，把行计数器 HCNT 和场计数器 VCNT 的值输出，组合为 ROM 的地址线；同时把 ROM 的数据输出到显示器的扫描显示模块中，并进行处理，因为当 HCNT 介于 640 ~ 800 之间时，RGB 的信号为 0，需要进行消隐处理。

三、实验步骤

1）新建工程。新建文件夹，在该文件夹下新建工程 VGA_image。

2）编写底层 HDL 文件，并生成相应的 symbol。

3）使用宏功能元器件生成 PLL 模块，产生 25MHz 的频率。

4）使用宏功能元器件生成 ROM 模块，制作 mif 文件。

5）完成顶层文件，并进行编译。

6）锁定引脚，重新编译。

根据实验表 20-1 进行引脚锁定，完成的最后的顶层文件如实验图 20-1 所示。

7）连接显示器，进行下载，观察效果。

实验箱上 VGA 接口的连线没有连通，需要使用导线把锁定的引脚（核心板 PACK 模块的插针）按顺序连接到 VGA_COM 的相应插针上。

进行下载，观察显示效果。

实验表20-1 VGA静态图像显示引脚锁定表

名　称	Pin#	名　称	Pin#
VS	PIN_15	RGB[2]	PIN_18
RGB[7]	PIN_45	RGB[1]	PIN_16
RGB[6]	PIN_43	RGB[0]	PIN_14
RGB[5]	PIN_41	HS	PIN_17
RGB[4]	PIN_23	CLK48M	PIN_28
RGB[3]	PIN_20		

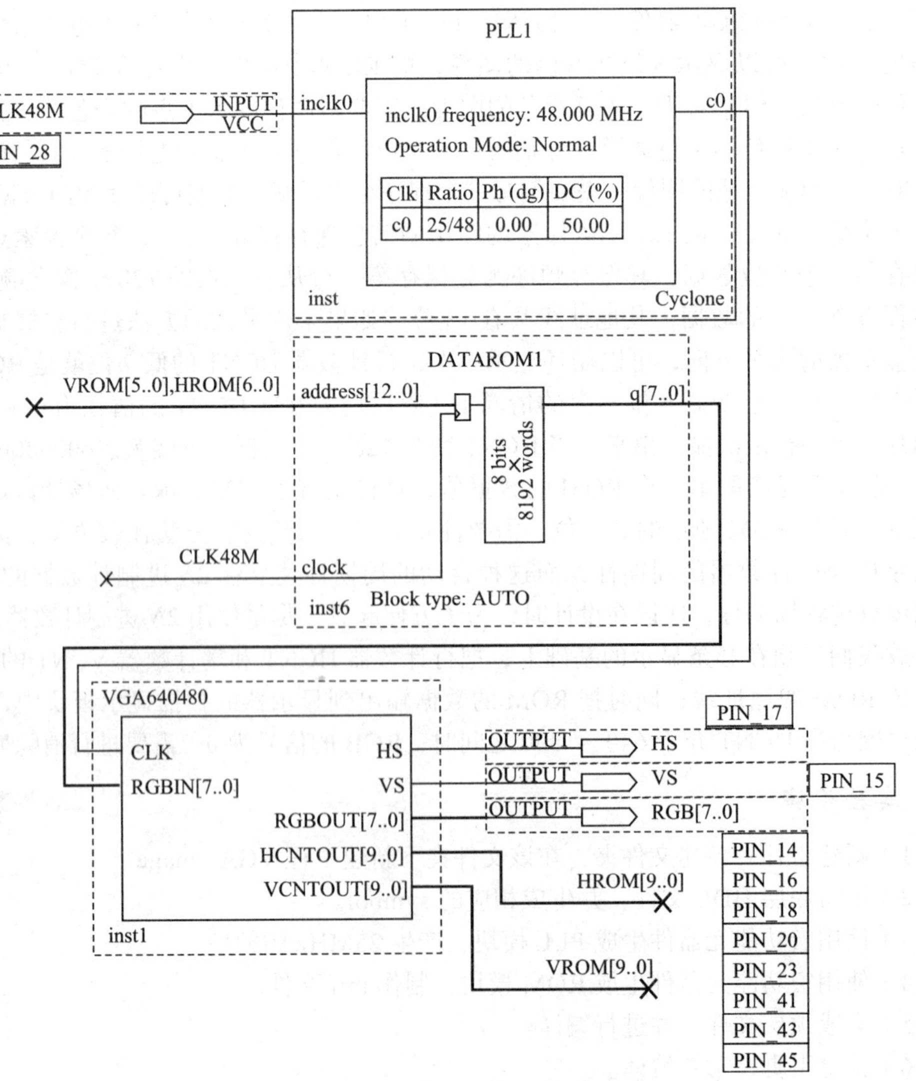

实验图 20-1　VGA 静态图像显示原理图

四、实验参考程序

程序清单：VGA640480.VHD

```
LIBRARY IEEE;
USE IEEE.STD_LOGIC_1164.ALL;
USE IEEE.STD_LOGIC_UNSIGNED.ALL;
ENTITY VGA640480 IS
PORT(      CLK: IN STD_LOGIC;
           RGBIN:IN STD_LOGIC_VECTOR(7 DOWNTO 0);
           HS,VS: OUT STD_LOGIC;
           RGBOUT: OUT STD_LOGIC_VECTOR(7 DOWNTO 0);
           HCNTOUT,VCNTOUT: OUT STD_LOGIC_VECTOR(9 DOWNTO 0)
    );
END VGA640480;

ARCHITECTURE BEH OF VGA640480 IS
SIGNAL HCNT,VCNT :STD_LOGIC_VECTOR(9 DOWNTO 0);
BEGIN
HCNTOUT <= HCNT;
VCNTOUT <= VCNT;
PROCESS(CLK)
BEGIN
   IF RISING_EDGE(CLK) THEN
       IF (HCNT =799) THEN
            HCNT<=(OTHERS => '0');
       ELSE
            HCNT <= HCNT +1;
       END IF;
   END IF;
END PROCESS;

PROCESS(CLK)
BEGIN
   IF RISING_EDGE(CLK) THEN
       IF (HCNT =639+8) THEN
            IF (VCNT = 524) THEN
                VCNT<=(OTHERS => '0');
            ELSE
                VCNT <= VCNT +1;
            END IF;
       END IF;
   END IF;
END PROCESS;

PROCESS(CLK)
BEGIN
   IF RISING_EDGE(CLK) THEN
       IF ((HCNT >=639+8+8) AND (HCNT <639+8+8+96)) THEN
            HS<='0';
       ELSE
            HS <= '1';
       END IF;
   END IF;
END PROCESS;
PROCESS(VCNT)
BEGIN
   IF ((VCNT >= 480+8+2) AND (VCNT <480+8+2+2)) THEN
        VS <= '0';
   ELSE
        VS <= '1';
```

```
   END IF;
END PROCESS;

PROCESS(CLK)
BEGIN
   IF RISING_EDGE(CLK) THEN
        IF ((HCNT <640) AND (VCNT <480)) THEN
            RGBOUT <= RGBIN;
        ELSE
            RGBOUT <= "00000000";
        END IF;
   END IF;
END PROCESS;

END BEH;
```

程序清单：vga640480.v

```
module vga640480(clk,hs,vs,rgbout,rgbin,hcntout,vcntout);
input clk;
input [7:0] rgbin;
output hs,vs;
output [7:0] rgbout;
output [9:0] hcntout,vcntout;

reg [9:0] hcnt,vcnt;
reg hs,vs;
reg [7:0] rgbout;
assign hcntout=hcnt,vcntout=vcnt;

always@(posedge clk)
begin
   if(hcnt==10'd799)
      hcnt<=10'd0;
   else
      hcnt<=hcnt+1'b1;
end

always@(posedge clk)
begin
   if(hcnt==10'd639+10'd8)
   begin
       if(vcnt==10'd524)
          vcnt<=10'd0;
       else
          vcnt<=vcnt+1'b1;
   end
end

always@(posedge clk)
begin
   if((hcnt>=10'd639+10'd8+10'd8)&&(hcnt<10'd639+10'd8+10'd8+10'd96))
       hs<=1'b0;
   else
       hs<=1'b1;
end

always@(vcnt)
begin
   if((vcnt>=10'd480+10'd8+10'd2)&&(vcnt<10'd480+10'd8+10'd2+10'd2))
       vs<=1'b0;
   else
```

```
        vs<=1'b1;
    end

    always@(posedge clk)
    begin
       if((hcnt<10'd640)&&(vcnt<10'd480))
           rgbout<=rgbin;
       else
           rgbout<=8'b00000000;
    end

    endmodule
```

实验 21 VGA 动态数字时钟显示电路设计

一、实验目的

1）掌握 VGA 动态数字时钟显示设计。

2）学会灵活运用 ROM 方法。

二、实验原理

在 VGA 静态图像显示设计中，我们使用 ROM 存储图像数据，根据查表所得到的数据，平铺显示一幅图片。本实验是把数字时钟的数字显示在 VGA 显示器上，显示格式为 00:00:00，分别为 hr:min:sec，待显示的数据是动态变化的，如何能正确显示？需要有正确的设计思路。

在显示器上显示数字，其实仍然是显示图片，每个数字对应“一幅”图片，共有 11 幅图片（0 ~ 9 和冒号），为了方便起见，这些图片都是黑白的，且我们对显示器仍然采用 640×480 的分辨率，我们把图像显示在显示器的正中间位置；故每幅数字图片的最大宽度为 80 像素。对于数字来说，一般高度是宽度的 2 倍，这样显示效果比较美观；同时为了方便处理，我们把每幅数字图片选为 $2N$ 个像素；综合所使用的 FPGA 的 ROM 空间大小一起考虑，我们采用每幅数字图片的分辨率为 32×64。显示器上一共显示“8 幅”数字图片，故在显示区域中 HCNT 为 192 ~ 447，VCNT 为 208 ~ 271，其余区域一直为黑色。ROM 的数据宽度为 1 位，图片的每个点存储为 ROM 中的一个数据；整个 ROM 文件连续存储了 12 幅图片的数据。

同样采用类似平铺的思路，我们把 HCNT-192（记作 HROMOUT）和 VCNT-208（记作 VROMOUT）的值作为待显示图片 ROM 地址的低 5 位和高 6 位。这样我们可以在显示区域平铺显示 8 幅相同的数字图片。

如何分别在 8 个 32×64 的区域（从左到右记作 A0 ~ A7）显示不同的 8 幅图片呢？这和数码管扫描显示电路一样，以小时的十位数为例（设待显示数据为 1），数码管扫描显示电路是在把 1 译码后通过片选显示在 A0 数码管上。而本设计需要把 1 对应的图片显示在 HROMOUT 为 0 ~ 31、VROMOUT 为 0 ~ 63 的区域上，而 8 个 32×64 的区域也就对应 8 个数码管。扫描显示是由一个八进制计数器 CNT8 驱动扫描显示的状态，CNT8 为 0 ~ 7，分别对应输出 8 个待显示数据和相应的片选信号，在本设计中，这个 CNT8 就是 HROMOUT[7..5]。当 HROMOUT[7..5]=0 时，即需要显示 A0 区域，要选择小时的十位数字所对应的图片；当 HROMOUT[7..5]=1 时，即需要显示 A1 区域，要选择小时的个位数字所对应的图片……需要 11 个数字或字符图片，这样需要 11 个 ROM，比较麻烦，我们把 ROM 合成在一个 ROM 中，其顺序为 0 的逐行（共 64 行，每行 32 个点）的数据，然后是 1 的逐行数据，最后是冒号的逐行数据，其地址 ADDR 宽度为 15 位。那么根据 HROMOUT[7..5] 所代表的显示区域编号，选择出待显示的数字，这就对应 ADDR 的高 4 位。这样根据行计数器和场计数器就可以把待显示的数字所对应的图片数据显示在屏幕上了。

制作 MIF 文件比较麻烦，首先要逐行取模，且高位在前。即保证输出的第一个点是左上方的那个像素点；一般的字模软件都是 8 个点取模的，结果是十六进制数据，需要转换为二进制数据，根据 MIF 文件的格式，编写需要的 C 程序或其他程序进行转换。

如果需要对某一个区域闪烁显示（假设为 1Hz），就是时亮时灭地显示，灭可以当做一个“全黑”的图片，在这里就使用一个二选一模块，使用占空比为 1∶1 的时钟信号作为选择信号，对待显示数据和“全黑”数据的地址代码进行片选即可实现。

三、实验步骤

1）新建工程。

新建文件夹，在该文件夹下新建工程 VGA_CLK。

2）编写底层 HDL 文件，并生成相应的 symbol。

3）使用宏功能元器件生成 PLL 锁相环模块，产生 25MHz 的频率。

4）生成 ROM 模块，制作 mif 文件。

5）完成顶层文件，并进行编译。

6）锁定引脚，重新编译。

根据实验表 21-1 进行引脚锁定，最后完成的顶层文件如实验图 21-1 所示。

实验表21-1　VGA动态时钟显示电路引脚锁定表

名　称	Pin#	名　称	Pin#
VS	PIN_15	RGB[2]	PIN_18
SEG[7]	PIN_164	RGB[1]	PIN_16
SEG[6]	PIN_163	RGB[0]	PIN_14
SEG[5]	PIN_166	HS	PIN_17
SEG[4]	PIN_165	EN	PIN_122
SEG[3]	PIN_168	DIG[7]	PIN_214
SEG[2]	PIN_167	DIG[6]	PIN_213
SEG[1]	PIN_170	DIG[5]	PIN_216
SEG[0]	PIN_169	DIG[4]	PIN_215
RST	PIN_121	DIG[3]	PIN_161
RGB[7]	PIN_45	DIG[2]	PIN_162
RGB[6]	PIN_43	DIG[1]	PIN_159
RGB[5]	PIN_41	DIG[0]	PIN_160
RGB[4]	PIN_23	CLK48M	PIN_28
RGB[3]	PIN_20		

7）连接显示器，进行下载，观察效果。

实验箱上 VGA 接口的连线没有连通，需要使用导线把锁定的引脚（核心板 PACK 模块的插针）按顺序连接到 VGA_COM 的相应插针上。

进行下载，观察显示效果。

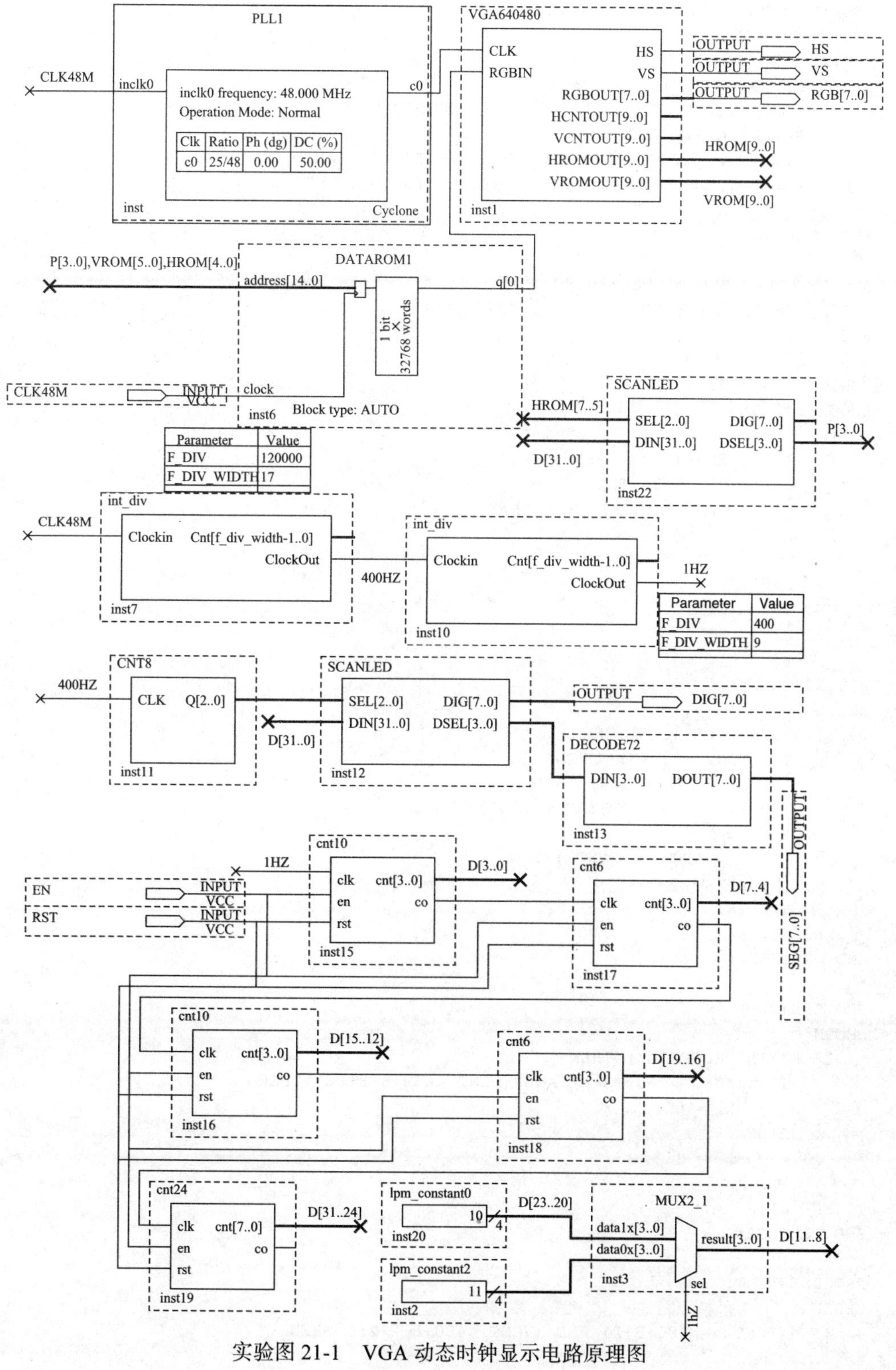

实验图 21-1　VGA 动态时钟显示电路原理图

四、实验参考程序

程序清单：VGA640480.VHD

```
LIBRARY IEEE;
USE IEEE.STD_LOGIC_1164.ALL;
USE IEEE.STD_LOGIC_UNSIGNED.ALL;
ENTITY VGA640480 IS
PORT(  CLK: IN STD_LOGIC;
        HS,VS: OUT STD_LOGIC;
        RGBOUT: OUT STD_LOGIC_VECTOR(7 DOWNTO 0);
        RGBIN:IN STD_LOGIC;
        HCNTOUT,VCNTOUT: OUT STD_LOGIC_VECTOR(9 DOWNTO 0);
        HROMOUT,VROMOUT: OUT STD_LOGIC_VECTOR(9 DOWNTO 0)
   );
END VGA640480;

ARCHITECTURE BEH OF VGA640480 IS
SIGNAL HCNT,VCNT :STD_LOGIC_VECTOR(9 DOWNTO 0);
BEGIN
HCNTOUT <= HCNT;
VCNTOUT <= VCNT;
PROCESS(CLK)
BEGIN
    IF RISING_EDGE(CLK) THEN
        IF (HCNT =799) THEN
             HCNT<=(OTHERS => '0');
        ELSE
             HCNT <= HCNT +1;
        END IF;
    END IF;
END PROCESS;

PROCESS(CLK)
BEGIN
    IF RISING_EDGE(CLK) THEN
        IF (HCNT =639+8) THEN
            IF (VCNT = 524) THEN
                VCNT<=(OTHERS => '0');
            ELSE
                VCNT <= VCNT +1;
            END IF;
        END IF;
    END IF;
END PROCESS;

PROCESS(CLK)
BEGIN
    IF RISING_EDGE(CLK) THEN
        IF ((HCNT >=639+8+8) AND (HCNT <639+8+8+96))THEN
            HS<='0';
        ELSE
            HS <= '1';
        END IF;
    END IF;
END PROCESS;

PROCESS(VCNT)
BEGIN
    IF ((VCNT >= 480+8+2) AND (VCNT <480+8+2+2)) THEN
```

```
        VS <= '0';
    ELSE
        VS <= '1';
    END IF;
END PROCESS;

PROCESS(CLK)
BEGIN
    IF RISING_EDGE(CLK) THEN
        IF ((HCNT >191) AND (HCNT <448) AND (VCNT >207) AND (VCNT <272)) THEN
            IF (RGBIN = '1') THEN
                RGBOUT <= (OTHERS => '1');
            ELSE
                RGBOUT <= (OTHERS => '0');
            END IF;
            HROMOUT <= HCNT - 192;
            VROMOUT <= VCNT - 208;
        ELSE
            RGBOUT <= "00000000";
            HROMOUT <= (OTHERS => '0');
            VROMOUT <= (OTHERS => '0');
        END IF;
    END IF;
END PROCESS;

END BEH;
```

程序清单：vga640480.v

```
module vga640480(clk,hs,vs,rgbout,rgbin,hcntout,vcntout,hromout,vromout);
input clk,rgbin;
output hs,vs;
output [7:0] rgbout;
output [9:0] hcntout,vcntout,hromout,vromout;

reg [9:0] hcnt,vcnt,hromout,vromout;
reg hs,vs;
reg [7:0] rgbout;
assign hcntout=hcnt,vcntout=vcnt;

always@(posedge clk)
begin
   if(hcnt==10'd799)
      hcnt<=10'd0;
   else
      hcnt<=hcnt+1'b1;
end

always@(posedge clk)
begin
   if(hcnt==10'd639+10'd8)
   begin
      if(vcnt==10'd524)
         vcnt<=10'd0;
      else
         vcnt<=vcnt+1'b1;
   end
end

always@(posedge clk)
```

```
begin
   if((hcnt>=10'd639+10'd8+10'd8)&&(hcnt<10'd639+10'd8+10'd8+10'd96))
       hs<=1'b0;
   else
       hs<=1'b1;
end

always@(vcnt)
begin
   if((vcnt>=10'd480+10'd8+10'd2)&&(vcnt<10'd480+10'd8+10'd2+10'd2))
       vs<=1'b0;
   else
       vs<=1'b1;
end

always@(posedge clk)
begin
   if((hcnt>10'd191)&&(hcnt<10'd448)&&(vcnt>10'd207)&&(vcnt<10'd272))
   begin
      if(rgbin==1'b1)
         rgbout<=8'b11111111;
      else
         rgbout<=8'b00000000;
         hromout<=hcnt-10'd192;
         vromout<=vcnt-10'd208;
   end
   else
   begin
       rgbout<=8'b00000000;
       hromout<=10'd0;
       vromout<=10'd0;
   end
end

endmodule
```

实验 22 正弦波、三角波发生器

一、实验目的

1）学会利用可编程逻辑器件设计 D/A 器件的接口控制电路。

2）完成正弦波、三角波发生器的设计。

3）掌握 SignalTap Ⅱ 逻辑分析仪的使用。

二、实验原理

对于一个正弦信号 sin$x$，FPGA 无法方便地进行计算，故本实验采取查表法来实现信号发生器。对于一个正弦信号，其 X 轴是时间，且具有周期性，设其周期为 T，把一个周期等间隔地分为若干份，把各个时刻点对应的幅度值处理后放在一个表中，然后把这些数据等时间间隔地顺序输出到 DA 进行转换，于是 DA 的模拟输出就符合正弦变化，这就是查表法，也称为描点法，只要在一个周期上输出足够的数据点，该信号就不会有明显的失真。假设一个周期上有 $2N$ 个数据点，之所以选用 $2N$ 个数据点，是因为利用计数器本身的周期性设计起来更加方便，计数器计满后会自动清零，完成计数值的一个周期。一般来说，在设计中，计数器的周期和正弦信号的周期相匹配，会很方便。

FPGA 处理的是数字信号，而信号发生器是模拟信号，需要 DA 把数字信号转化为模拟信号。高速的 DA 转换器，都是不需要进行控制的，而是直接转换的，这里不做介绍。假设 DA 的输入为 M 位的数字信号。因为大部分 DA 是无极性的，即其输入的数字信号是无符号的，输入的范围为 $0 \sim 2^M-1$，而正弦信号的幅度值为 $-1 \sim 1$，是有负电压的，所以对于正弦信号的幅度值 -1 要映射到 0，而把 1 映射到 2^M-1，对于非整数值的映射值，采用四舍五入进行取整。这样才能最有效地利用 DA 的分辨率。所以正弦信号的查表数据应为：

$$\frac{\sin\frac{2\pi i}{2^N}+1}{2}\times(2^M-1)$$

其中，i 为采样点的序号，取值范围为 $0 \sim 2^N-1$，正好为一个周期；M 为 DA 的位数；2^N 为一个周期上的采样点数，这个要根据具体的设计情况和 FPGA 的 ROM 空间而定，一般来说，一个周期上取 64 个点就够了。本设计采用 256 个采样点。

把 2^N 个采样点的值保存在 ROM 表中，在每个时钟 CLK，把 ROM 的地址增加 delt，经过 2^N /delt 个 CLK，一个正弦周期的表数据循环查询一次，这样 DA 就输出了一个周期的正弦波，故此时正弦波的频率为：$f_{clk}\times \text{delt}/2^N$，在这里，delt 取 1，即计数器是加 1 计数器。

在这里，ROM 的地址 ADDR，其实就是输出正弦的相位。这一点尤其重要。如果有采用此设计的两个相同信号发生器，它们的 ADDR 一直相差 $2^N/2$，则这两个正弦一直有 π/2 的相位差；若 ADDR 一直相差 $2^N/4$，则这两个正弦一直有 π/4 的相位差。

假设我们采用 10 位的 DA，根据公式$\dfrac{\sin\frac{\pi i}{128}+1}{2}\times 1023$，可以得到各个采样点的值；可以编写程序，生成 mif 文件；可以用电子表格 Excel 软件方便地得出具体数值，制作出相应的 mif 文件。如果按 10 位 DA 完成设计后，而实际使用的是 8 位 DA，也可以使用，只不过把 ROM 输出的 10 位数据的高 8 位锁定到该 DA 的引脚即可。

对于锯齿波来说，我们把一个 10 位计数器的值输出到 DA 上，计数器值为 0 ~ 1023，且均匀递增，故 DA 输出的电压为 0 ~ VCC 且均匀变化，就生成了锯齿波。

对于三角波来说，DA 的输出电压按 0 ~ VCC ~ 0 变化，前半个周期为一个周期的锯齿波，同样使用一个 10 位计数器的值（0 ~ 1023）输出到 DA 上，而后半个周期为 1023 ~ 0。我们采用一个 11 位计数器，一旦计数器值 CNT 到 1024 之后，即计数器值的最高位 CNT[10] 为 1 时，低 10 位取反即可实现低 10 位由 1023 至 0 递减；而计数器值的最高位 CNT[10] 为 0 时，结果仍然是 CNT[9..0]。

根据以上思路，假设我们需要产生一个 1kHz 的正弦波信号，故输出到 ROM 地址的计数器的时钟应为 256kHz。48MHz 的频率需要 187.5 次分频，我们选用 187 次分频；而产生 1kHz 的三角波信号，需要 23.4 次分频，我们选用 23 次分频，可见这种方法有一定的误差，至于如何处理，在以后的实验中再进行讨论。

使用一个 2 选 1 电路，把正弦信号和三角波信号选择输出到 DA 上，分别观察。

三、实验步骤

1）新建工程，新建文件夹，在该文件夹下新建工程 SIGNAL_GEN。

2）编写底层 HDL 文件，并生成相应的 symbol。

3）生成 ROM 模块，制作 mif 文件。

4）完成顶层文件，并进行编译。最后完成的顶层文件如实验图 22-1 所示。

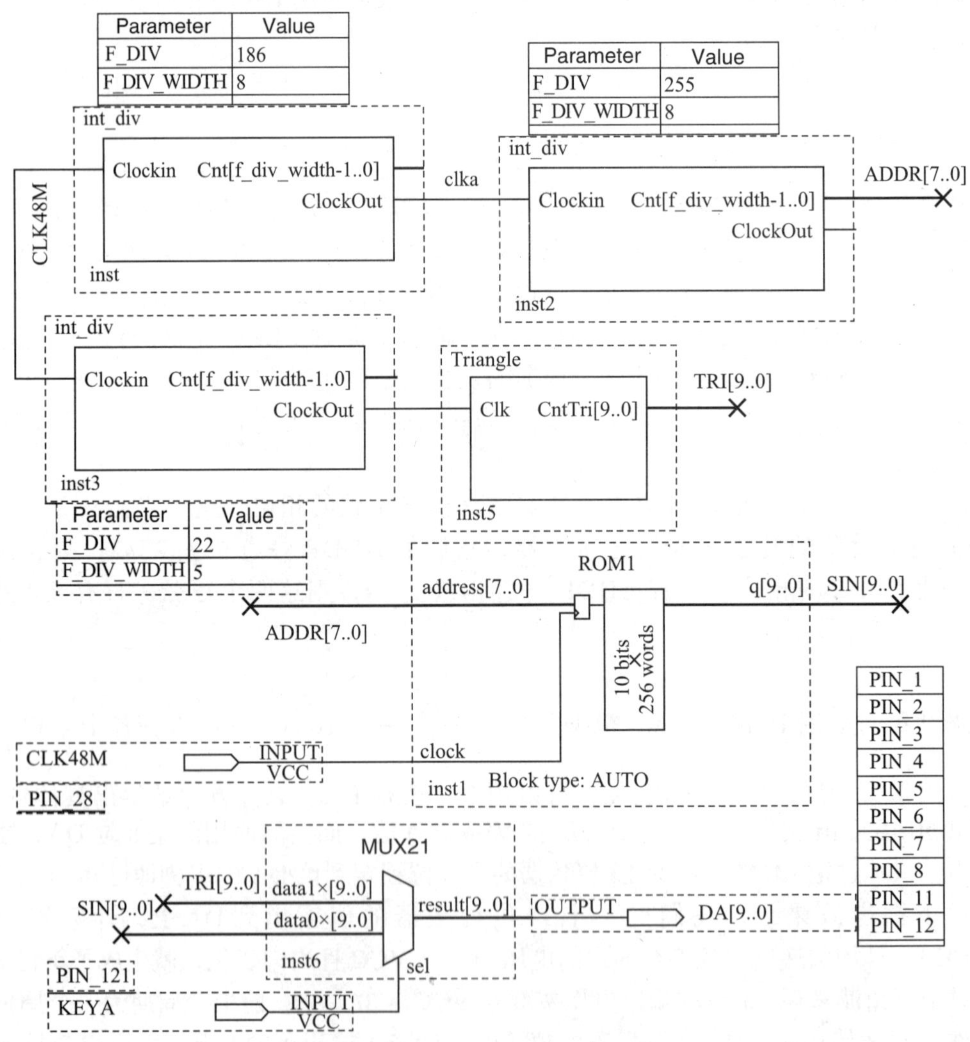

实验图 22-1 信号发生器原理图

5）锁定引脚，重新编译。

根据实际的 DA 硬件引脚连接电路，进行锁定。

6）使用软件自带的 SignalTap Ⅱ 逻辑分析仪观察结果。

具体方法见下面的内容。

7）编程下载，连接好相应的硬件，编程下载，使用示波器观察波形。

四、嵌入式逻辑分析仪 SignalTap Ⅱ

在设计中，如果没有合适的数模转换器，我们可以利用 SignalTap Ⅱ逻辑分析仪在线观察输出到 DA 的数据。

逻辑分析仪是数字电路测试不可或缺的设备，但是这种测试只有当硬件系统完全搭建起来之后才能进行。随着逻辑设计复杂性的不断增加，仅依赖于软件方式的仿真测试来了解设计系统的硬件功能已经远远不能满足要求，一旦最终测试出错，重新设计系统十分困难。为了解决这些问题，设计者可以结合一种高效的硬件测试手段和传统的系统测试方法起来完成设计，这就是嵌入式逻辑分析仪最初产生的原因。它可以随设计文件一同下载到目标芯片中，用以捕捉目标芯片内部系统信号节点处的信息或总线上的数据流，同时还不影响原硬件系统的正常工作。这就是 Quartus Ⅱ嵌入式逻辑分析仪 SignalTap Ⅱ的强大之处。在实际检测中，SignalTap Ⅱ将测得的样本信号暂存于目标器件中的嵌入式 RAM 中，然后通过器件的 JTAG 端口将采样的信息传出，送入计算机进行显示和分析。

嵌入式逻辑分析仪 SignalTap Ⅱ允许对设计中所有层次模块的信号节点进行测试，可以使用多时钟驱动，而且还能通过设置来确定前后触发捕捉信号信息的比例。

使用 SignalTap Ⅱ之前需要建立相应的文件，具体操作方法为选择 File→New 命令，在 New 对话框中选择 Other Files 选项卡中的 SignalTap Ⅱ Logic Analyzer File。单击 OK 按钮即可弹出 SignalTap Ⅱ的编辑窗口，如实验图 22-2 所示。

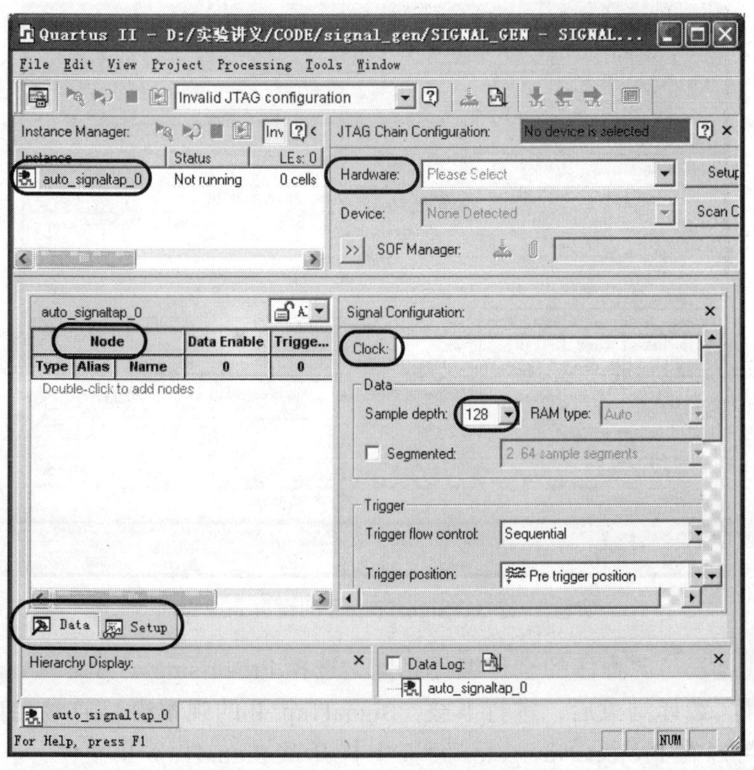

实验图 22-2　SignalTap Ⅱ的编辑窗口

文件中自动建立了一个 auto_signaltap_0 的逻辑分析文件，可以更改其名称。

在 setup 选项卡中可以进行如下设置。

在 Hardware 选项中可以选择相应的下载方式。

在 Node 区域双击鼠标可以增加相应的观察节点，在实际操作中，不要增加不需要观察的那些节点，否则会造成资源的不足。

在 Signal Configuration 区域设置采样 Clock（时钟）和 Sample depth（采样深度）。Clock 是对观察的节点而言的，如果采样频率太大，就会造成采样数据的增大；而 Sample depth 就是保存在 FPGA 中的采样点的个数。二者要综合考虑，才能较好地观察到输出的波形。这里选择的 Sample depth 是正弦波对应的地址线的输入时钟，即上一级分频模块的 Clockout 信号，而“采样深度”选择 128，这样可以观察到多个波形。

在 Data 选项卡中，在节点观察区，可以设置观察信号的显示格式。这里我们观察三角波和正弦信号，在节点 DA 中单击鼠标右键，在悬浮窗中选择 Bus Display Format 中的 Unsigned Line Charters 格式。

本实验中，其他参数不用设置，对于其他参数的设置方法和具体含义，可查阅相关资料。完成后的界面如实验图 22-3 所示。

设置完成之后，单击“保存”图标后，将弹出提示“ Do you want to enable SignalTap Ⅱ...”，此时单击 Yes 按钮，表示同意再次编译时将此 SignalTap Ⅱ文件与工程捆绑在一起综合、适配，以便共同下载进 FPGA 芯片中实现实时测试。

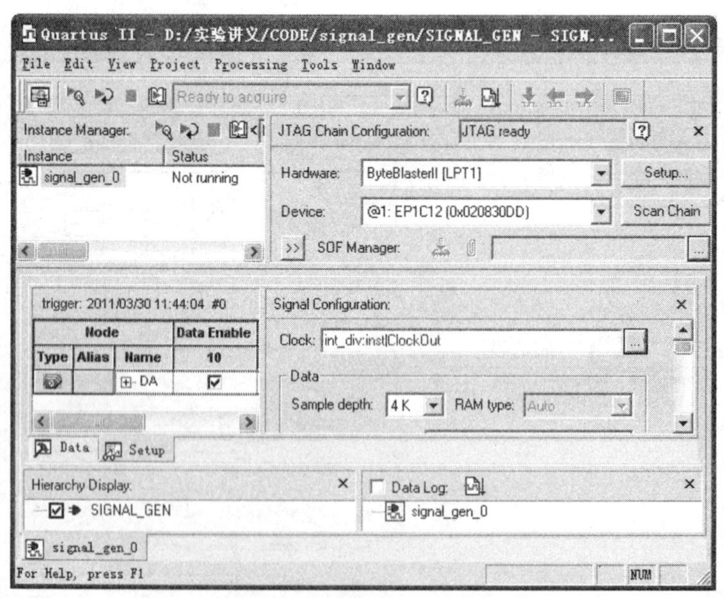

实验图 22-3 SignalTap Ⅱ的设置完成界面

编译下载过程与源程序的全程编译相同，选择 Processing → Start Compilation 命令启动全程编译。编译结束后，进行下载，SignalTap Ⅱ的观察窗口通常会自动打开，如果没有打开可以在 Project Navigator 面板中打开该 SignalTap Ⅱ文件，在 Date 选项卡中，单击 Autorun analysis 按钮，可以观察到信号实时波形。正弦波信号的结果如实验图 22-4 所示。

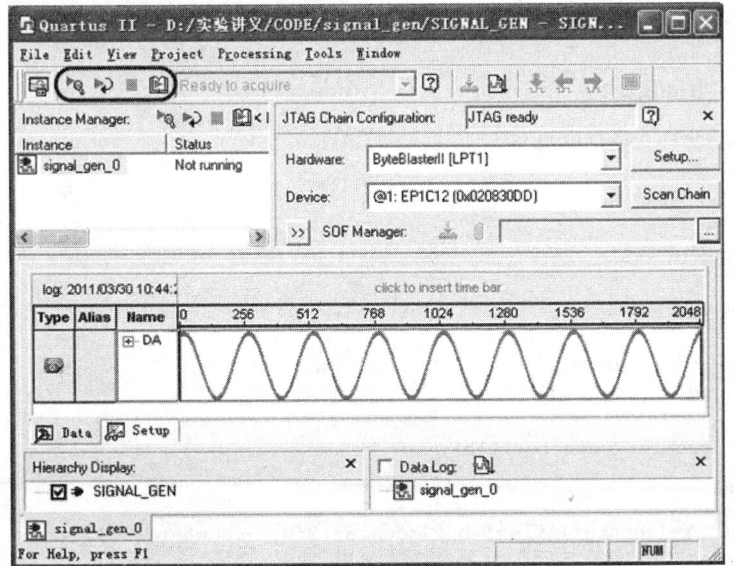

实验图 22-4　SignalTap Ⅱ的逻辑分析结果图

五、实验参考程序

程序清单：Triangle .VHD

```
LIBRARY IEEE;
USE IEEE.STD_LOGIC_1164.ALL;
USE IEEE.STD_LOGIC_Arith.ALL;
USE IEEE.STD_LOGIC_Unsigned.ALL;

ENTITY Triangle IS
Port(Clk: IN STD_LOGIC;
     CntTri: out std_logic_vector(9 downto 0)
   );
END;

ARCHITECTURE Devider OF Triangle IS
SIGNAL Counter:std_logic_vector(10 downto 0);

BEGIN
   PROCESS(Clk)
BEGIN
IF RISING_EDGE(Clk) THEN
   IF Counter=2047 THEN
        counter<=(others =>'0');
   ELSE
        Counter<=Counter+1;
   END IF;
END IF;

IF (Counter(10) = '0') THEN
     CntTri <= Counter(9 downto 0);
ELSE
     CntTri <= NOT Counter(9 downto 0);
end if;

END PROCESS;
```

```
END;
```

程序清单：triangle .V

```
module triangle(clk,cnttri);
input clk;
output [9:0] cnttri;

reg [10:0] counter;

always@(posedge clk)
begin
   if(counter==11'd2047)
          counter<=11'd0;
   else
          counter<=counter+1'b1;
end

assign cnttri=(counter[10]==1'b0)?counter[9:0]:~counter[9:0];
endmodule
```

实验 23　基于 Nios Ⅱ的流水灯设计

一、实验目的

1）熟悉嵌入式设计方法和流程。

2）了解嵌入式系统设计。

二、实验原理

Nios Ⅱ是 Altera 公司自己开发的嵌入式 CPU 软内核，几乎可以用在 Altera 所有的 FPGA 内部。Nios 处理器及其外设都是用 HDL 语言编写的，在 FPGA 内部利用通用的逻辑资源实现，所以在 Altera 的 FPGA 内部实现嵌入式系统具有极大的灵活性和可定制性。Nios 常常应用在一些集成度较高、对成本敏感，以及功耗要求低的场合。

Nios Ⅱ处理器是一个通用的 32 位 RISC 处理器内核。它的主要特点如下。

- 完全的 32 位指令集、数据通道和地址空间；
- 可配置的指令和数据缓存；
- 32 个通用寄存器；
- 32 个有优先级的外部中断源；
- 单指令的 32 × 32 乘除法，产生 32 位结果；
- 专用指令用来计算 64 位或 128 位乘积；
- 单指令桶式移位器；
- 可以访问多种片上外设，可以和片外存储器和外设接口；
- 具有硬件协助的调试模块，可以使处理器在 IDE 中完成各种调试工作；
- 在不同的 Nios Ⅱ系统中，指令集结构（ISA）完全兼容；
- 性能达到 150DMIPS 以上。

一个典型的 Nios Ⅱ处理器系统，包括一个可配置的 CPU 软内核、FPGA 片内的存储器和外设、片外的存储器和外设接口等，如实验图 23-1 所示。

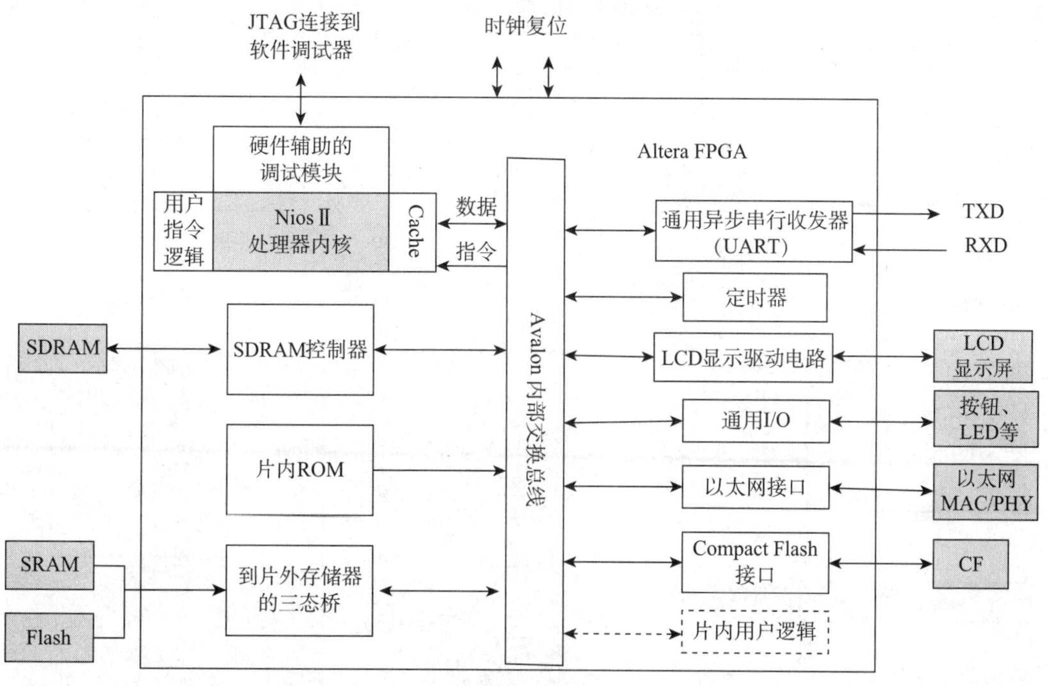

实验图 23-1　Nios Ⅱ处理器系统的典型构架

Nios Ⅱ系统的基本开发流程如实验图 23-2 所示。

首先，利用 SOPC Builder 定制系统，产生输出文件。然后，在 Quatus Ⅱ中进行逻辑综合、布局布线。另一方面，在软件开发流程中，利用 Nios Ⅱ IDE 环境，建立工程、编译设计、调试等。

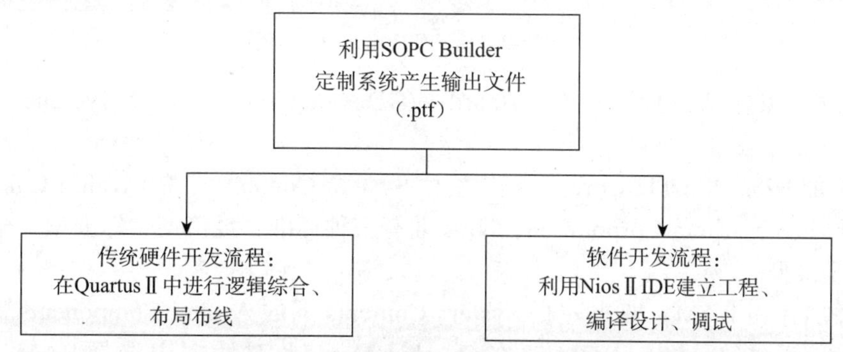

实验图 23-2　Nios Ⅱ系统开发基本流程

SOPC Builder 设计全流程示意图如实验图 23-3 所示。

三、实验步骤

1）打开 Quartus Ⅱ 软件，新建工程 LED_test，然后选择 Tools | SOPC Builder 进入 SOPC Builder。注意，若没有工程打开，Tools | SOPC Builder 不可选，所以先创建工程。在 Create New system 对话框中把这个系统命名为“Nios Ⅱ”，选择 Verilog 硬件描述语言。

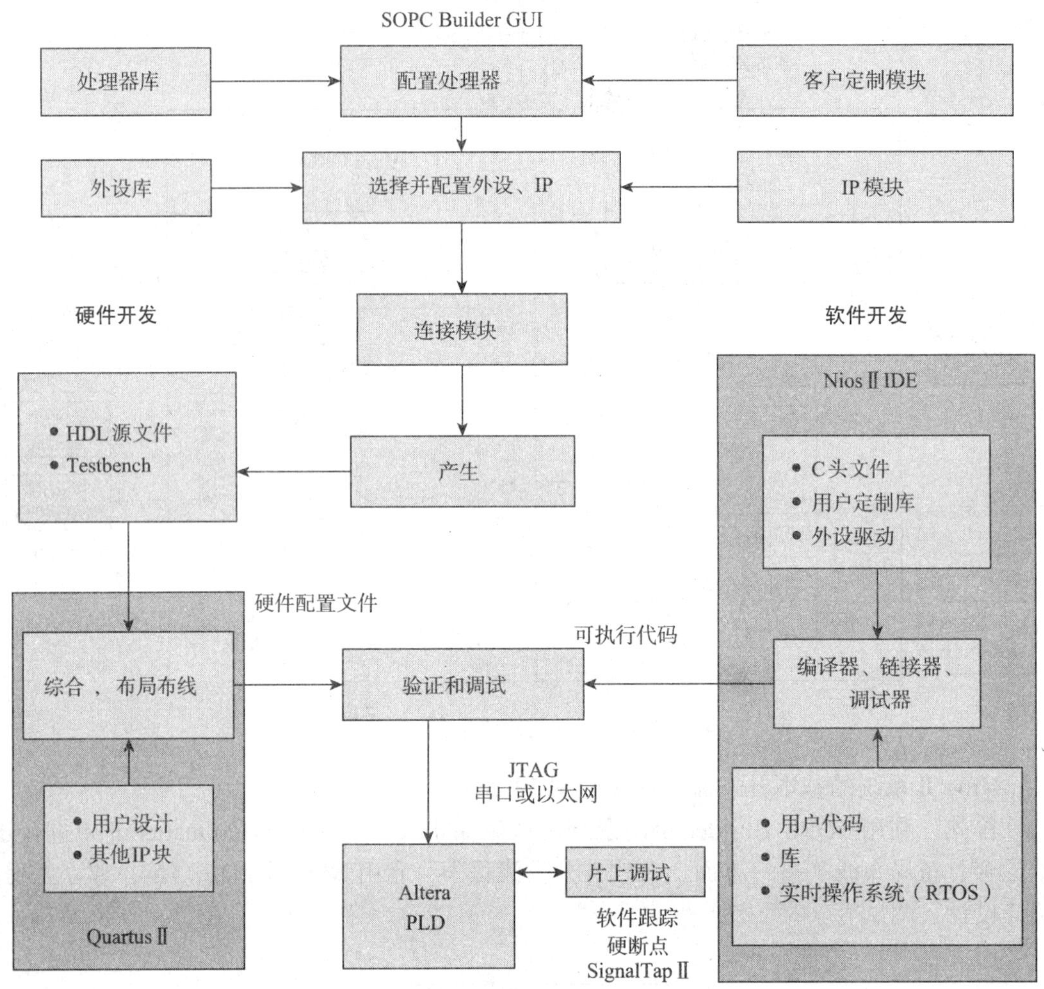

实验图 23-3　SOPC Builder 设计流程

2）在 Board 栏选择 Unspecified Board，在 Device Family 栏选择 Cyclone Ⅱ，clk 栏为 50MHz。

3）添加 Nios Ⅱ CPU Core。双击左栏 System Contents 下的 Avalon Components | Nios Ⅱ Processor-Altera Corporation，Nios Ⅱ有三种标准：经济型、标准型、全功能型。这里选择经济型。

4）添加片内 RAM。双击左栏 System Contents 下的 Avalon Components | Memory| On-Chip Memory（RAM or ROM），在 On-chip Memory 对话框中选择 RAM，Memory Width 为 32 位，容量大小 Total Memory Size 为 40Kbyte，注意，要把应用程序放在这里，默认的 4KB 是不够的，为保证足够存储空间设置为 40KB。对于 Slave s1 选择 1。最后单击 Finish 按钮完成 RAM 的添加。右击默认生成的 RAM 名称，选择 Rename 选项，把它更改为 ram_0。

5）添加 PIO 口。双击左栏 System Contents 下的 Avalon Components | Other |PIO（Parallel I/O），具体设置如实验图 23-4 所示。8 位输出，对应开发板上的 8 个 LED。

最后单击 Finish 按钮完成 PIO 口的添加，右击默认生成的 PIO 口名称，选择 Rename 选项，把它改为“pio_led”。

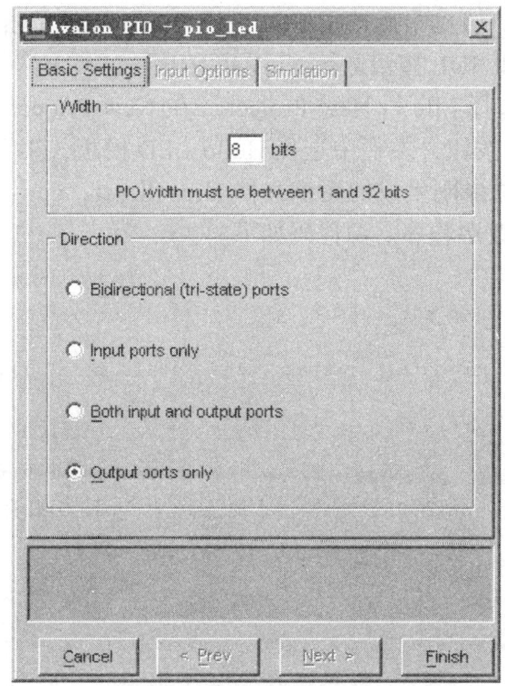

实验图 23-4 添加 PIO 口

注意：软件开发编程时要与这里的模块组件名称一致。

6）系统 Nios Ⅱ所需组件添加完毕，自动分配基地址和中断，分别选择 System |Auto-Assign Base Addresses 和 System | Auto-Assign IRQs。如实验图 23-5 所示。

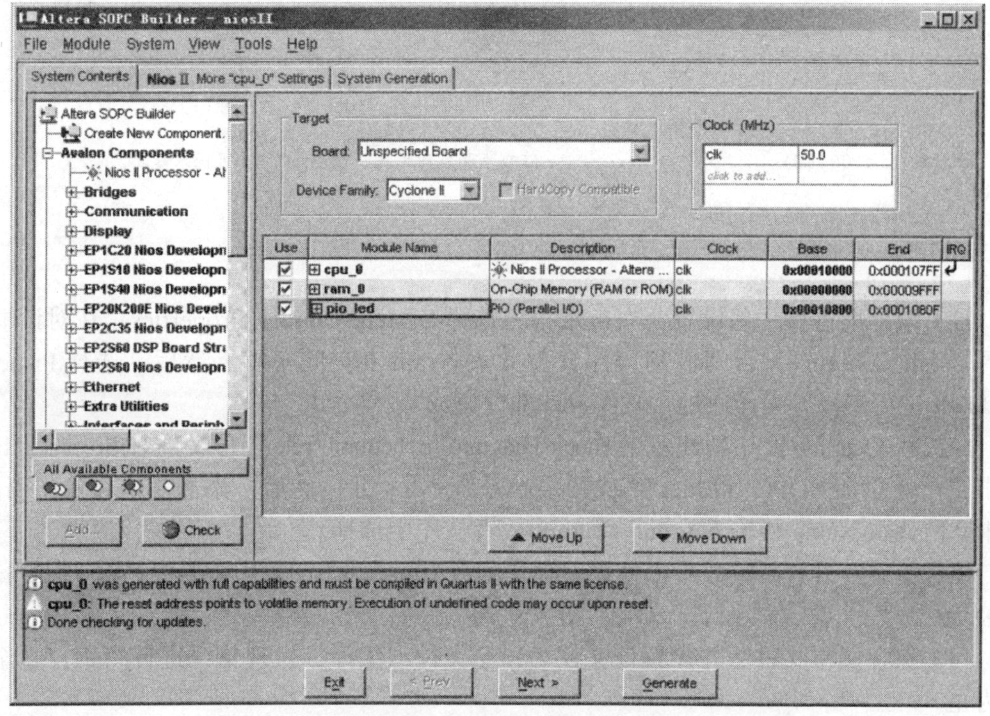

实验图 23-5 Nios Ⅱ系统硬件开发

7）单击 Next 按钮，直到最后选中 HDL 和 Simulation，单击 Generate 按钮。

8）单击 Run Nios Ⅱ IDE 按钮运行 Nios Ⅱ IDE。

9）新建工程，选择 File → New Project，在 New Project 对话框中选择 C/C++ Application，单击 Next 按钮，左栏中选择 Hello LED 模板，工程名默认为 hello_led_0，SOPC Builder System 选择刚生成的系统文件 Nios Ⅱ.ptf，cpu 为定制的 cpu_0。

10）结合开发板修改源程序。源代码如下。

```
#include "system.h"
#include "altera_avalon_pio_regs.h"
#include "alt_types.h"
int main (void) __attribute__ ((weak, alias ("alt_main")));
int alt_main (void)
{
alt_u8 led = 0x2;
alt_u8 dir = 0;
volatile int pio_led_data=0;      --添加的代码，对应 pio_led 输出的 8 位数据
volatile int i;
while (1)
{
if (led & 0x81)
{
dir = (dir ^ 0x1);
}
if (dir)
{
led = led >> 1;
}
else
{
led = led << 1;
}
pio_led_data=~led;                --添加的代码，本开发板 LED 低电平亮，实现逐个点亮功能
IOWR_ALTERA_AVALON_PIO_DATA(PIO_LED_BASE, pio_led_data);
                                  --与定制组件名称"pio_led"一致
i = 0;
while (i<100000)                  --LED 点亮延时时间，根据 50MHz 可任意修改
i++;
}
return 0;
}
```

11）编译前进行一些设置，右击工程名选择 System Library Properties，在对话框中选择 Small C library，否则应用程序文件太大，ram_0 空间不够。然后，选择 Project | Build all 进行编译。编译通过，软件设计部分完成。

12）在 Quartus Ⅱ 中新建一个 Block Diagram /Schematic File 图形文件 Hello_world.bdf。双击空白处添加 SOPC Builder 生成的最小系统 Nios Ⅱ。然后，添加输入和输出引脚，双击空白处在 Name 栏输入 input、output 或者从库中选择。

注意：添加引脚后，需要把输出引脚重命名为 user_LED[7..0]，其中 [7..0] 表示输出为 8 位。

13）保存图形文件，并设置该文件为顶层文件。编译，发现错误进行纠正，直至成功为止。

14）引脚分配。按照实验表 23-1 锁定引脚。再编译，把引脚锁定的信息编译到下载

文件中，结果如实验图 23-6 所示。

实验表23-1　引脚锁定表

名　称	Pin#	名　称	Pin#
Led[7]	PIN_50	Led[2]	PIN_47
Led[6]	PIN_53	Led[1]	PIN_48
Led[5]	PIN_54	Led[0]	PIN_49
Led[4]	PIN_55	Clear	PIN_121
Led[3]	PIN_176	CLK	PIN_28

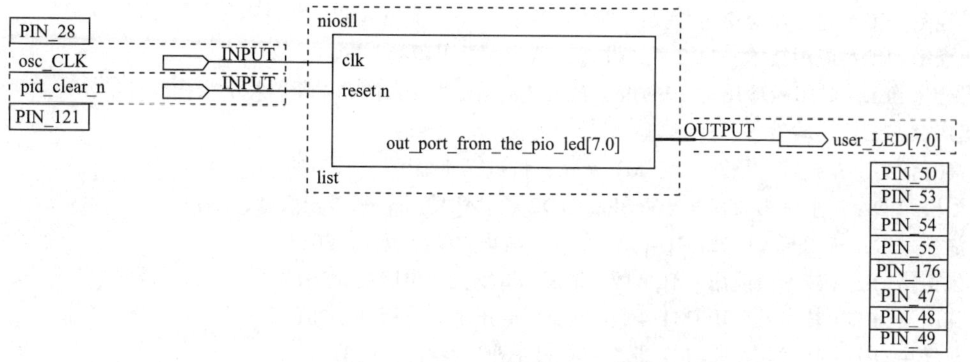

实验图 23-6　LED 流水灯原理图

15）下载文件。观察实验结果。这里下载的应是“i<1000000”程序对应的 sof 文件。

四、实验内容

1）通过使用 SOPC Builder 定制一个只含“cpu、on_chip_ram、pio”的 Nios Ⅱ系统，完成硬件开发。

2）使用 Nios Ⅱ IDE 编写应用程序，编译完成软件开发。

3）下载整个系统，观察实验结果。

参考文献

[1] 周立功 . EDA 实验与实践 [M]. 北京：北京航空航天大学出版社，2007.
[2] Cyclone Device Handbook，Volume 1[G]. Altera，2008.
[3] Quartus Ⅱ Handbook Version 9.0[G]. Altera，2009.
[4] 何宾. EDA 原理及应用实验教程 [M]. 北京：清华大学出版社，2009.
[5] Quartus Ⅱ Handbook Version 10.0，Altera，2010.
[6] 林连冬 . EDA 原理及应用实验教程 [M]. 北京：国防工业出版社，2011.
[7] 焦素敏 . EDA 应用技术 [M]. 2 版，北京：清华大学出版社，2011.
[8] 谭会生 . EDA 技术及应用——Verilog_HDL 版 [M]. 西安：西安电子科技大学出版社，2011.
[9] 孟庆斌 . EDA 实验教程 [M]. 天津：南开大学出版社，2011.
[10] 高有堂 . EDA 技术与创新实践 [M]. 北京：机械工业出版社，2012.
[11] 潘松 . EDA 技术应用教程——Verilog_HDL 版 [M]. 北京：科学出版社，2013.
[12] 潘松 . EDA 技术与 VHDL[M]. 4 版 . 北京：清华大学出版社，2013.
[13] 朱正伟 . EDA 技术及应用 [M]. 2 版 . 北京：清华大学出版社，2013.
[14] 江国强 . EDA 技术及应用 [M]. 4 版 . 北京：电子工业出版社，2013.
[15] 花汉兵 . EDA 技术与实验 [M]. 北京：机械工业出版社，2013.
[16] 孙志雄 . EDA 技术及应用 [M]. 北京：机械工业出版社，2013.
[17] Serial Configuration（EPCS）Devices Datasheet[G]. Altera，2014.
[18] Nios Ⅱ Processor Reference Handbook[G]. Altera，2014.
[19] Nios Ⅱ Software Developer's Handbook[G]. Altera，2014.
[20] 艾明晶 . EDA 技术实验教程 [M]. 北京：清华大学出版社，2014.

推荐阅读

电路基础（英文版·第5版）

作者：（美）Charles K. Alexander 等 于歆杰 注释 ISBN：978-7-111-41184-0 定价：129.00元

本书是电类各专业“电路”课程的一本经典教材，被美国众多名校采用，是美国最有影响力的“电路”课程教材之一。本书每章开始增加了中文“导读”，适合用做高校“电路”课程双语授课或英文授课的教材。本书前4版获得了极大的成功，第5版以更清晰、更容易理解的方式阐述了电路的基础知识和电路分析方法，并反映了电路领域的最新技术进展。全书总共包括2447道例题和各类习题，并在书后给出了部分习题答案。

交直流电路基础：系统方法

作者：（美）Thomas L. Floyd 译者：殷瑞祥 等 ISBN：978-7-111-45360-4 定价：99.00元

本书是知名作者Folyd的最新力作，在国外被广泛使用。本书系统介绍了直流和交流电路理论，强调直流/交流电路基本概念在实际系统中的应用。全书丰富的实例，有助于学生的理解系统模块、接口和输入/输出信号之间的关系。书中实例使用Multisim进行仿真，并提出在模拟电路与系统和排除故障中存在的问题及解决方法。本书可作为电子信息、电气工程、自动化等电类专业的电路课程教材。

应用电路分析（英文版）

作者：（美）Matthew N. O. Sadiku 等 ISBN：978-7-111-41781-1 定价：89.00元

中文版 预计出版时间：2014年8月

本书可作为高等院校电类专业“电路分析”双语课的教材，以更清晰、生动、易于理解的方式来阐述电路分析的方法。全书分为两部分，第一部分包括第1~10章，主要介绍直流电路；第二部分包括第11~19章，主要介绍交流电路。本书可以作为大学两学期或三学期的教材，授课教师也可选择适当的章节，将其用作一学期课程的教材。

推荐阅读

电路基础（原书第5版）

作者：（美）Charles K. Alexander 等 译者：段哲民 等 ISBN：978-7-111-47088-0 定价：129.00元

本书是电类各专业“电路”课程的一本经典教材，被美国众多名校采用，是美国最有影响力的“电路”课程教材之一。本书每章开始增加了中文“导读”，适合用做高校“电路”课程双语授课或英文授课的教材。本书前4版获得了极大的成功，第5版以更清晰、更容易理解的方式阐述了电路的基础知识和电路分析方法，并反映了电路领域的最新技术进展。全书总共包括2447道例题和各类习题，并在书后给出了部分习题答案。

交直流电路基础：系统方法

作者：（美）Thomas L. Floyd 译者：殷瑞祥 等 ISBN：978-7-111-45360-4 定价：99.00元

本书是知名作者Folyd的最新力作，在国外被广泛使用。本书系统介绍了直流和交流电路理论，强调直流/交流电路基本概念在实际系统中的应用。全书丰富的实例，有助于学生的理解系统模块、接口和输入/输出信号之间的关系。书中实例使用Multisim进行仿真，并提出在模拟电路与系统和排除故障中存在的问题及解决方法。本书可作为电子信息、电气工程、自动化等电类专业的电路课程教材。

应用电路分析

作者：（美）Matthew N. O. Sadiku 等 译者：苏育挺 等 ISBN：978-7-111-47077-9 定价：99.00元

本书可作为高等院校电类专业“电路分析”课程的教材，以更清晰、生动、易于理解的方式来阐述电路分析的方法。全书分为两部分，第一部分包括第1~10章，主要介绍直流电路；第二部分包括第11~19章，主要介绍交流电路。本书可以作为大学两学期或三学期的教材，授课教师也可选择适当的章节，将其用作一学期课程的教材。